Wilfried Gawehn

FINITE-ELEMENTE-METHODE

Aus dem Programm
Maschinenbau/Informatik

FINITE-ELEMENTE-METHODE
Lehrbuch
Grundbegriffe der Energiemethoden und FEM in der linearen Elastostatik
von Wilfried Gawehn

FINITE-ELEMENTE-METHODE
FORTRAN-Programm für die Elemente Stab, Balken und Scheibendreieck,
von Wilfried Gawehn

Das Standard-Lehrwerk:

Die Methode der Finiten Elemente
von J. Argyris und H. P. Mlejnek

Bd. 1: Verschiebungsmethode in der Statik

Bd. 2: Kraft- und gemischte Methoden, Nichtlinearitäten

Bd. 3: Grundlagen der elementaren Strukturmechanik, Dynamik

Vieweg

Wilfried Gawehn

FINITE-ELEMENTE-METHODE

Lehrbuch

Grundbegriffe der Energiemethoden und FEM in der linearen Elastostatik

3., verbesserte Auflage

Mit 105 Abbildungen
und 63 Beispielen

Friedr. Vieweg & Sohn Braunschweig/Wiesbaden

Der Verlag Vieweg ist ein Unternehmen der Verlagsgruppe Bertelsmann

1. Auflage 1985
2., durchgesehene Auflage 1986
3., verbesserte Auflage 1988

Umschlaggestaltung: Peter Neitzke, Köln
Druck und buchbinderische Verarbeitung: W. Langelüddecke, Braunschweig
Printed in Germany

ISBN 3-528-23354-0

VORWORT

Die Finite-Element-Methode hat sich in den letzten 2 Jahrzehnten zu einem der wichtigsten Näherungsverfahren einer Reihe von Feldproblemen wie der Festigkeitslehre, Strömungslehre, Elektrotechnik usw. entwickelt. Die Auswahl deutschsprachiger Literatur ist momentan relativ klein, während es eine große Auswahl englischsprachiger Lehrbücher gibt. Der Verfasser formuliert hier die FEM innerhalb der linearen Elastizitätstheorie. Mit diesem Buch soll dem Interessierten ein erster Einstieg in die FEM ermöglicht werden. Es ist geeignet sowohl für Studenten der technischen Studiengänge, die sich erstmalig mit der Methode beschäftigen als auch für praktisch tätige Ingenieure, die sich zu ihrer Anwendung in der FEM ein gewisses Hintergrundwissen aneignen wollen.

Das Buch ist aus einer Vorlesung entstanden, die der Verfasser seit 1981 an der FH Osnabrück für Studenten des Fachbereichs Maschinenbau hält. Die FEM als Anwendung auf die Festigkeitslehre kann nur entwickelt werden, wenn die mathematischen Grundlagen sowohl der linearen Elastizitätstheorie als auch der FEM bekannt sind. Deshalb werden einerseits die notwendigen Sachverhalte der Matrizenrechnung, linearer Gleichungssysteme, der Integralsätze und der Variationsrechnung wie andererseits Grundlagen der linearen Elastizitätstheorie, z.B. der Energiesatz und das Prinzip vom Minimum der totalen potentiellen Energie, ausführlich vorgetragen. Dem Leser stehen damit alle notwendigen Grundbegriffe zur Verfügung. Vorausgesetzt werden nur Grundelemente der Analysis und Vektorrechnung.

Das Verfahren der FEM wird auf die Verschiebungsmethode beschränkt. Hat der Anfänger das Prinzip der FEM verstanden, kann er leicht auf andere Anwendungsbereiche wechseln.

Zur linearen Elastizitätstheorie ist anzumerken, daß es sich um eine zweifach lineare Theorie handelt. Erstens wird angenommen, daß bei der geringen Größe der Verzerrungen ein linearisierter Zusammenhang zwischen Verzerrungen und Verschiebungen ausreicht. Zweitens werden die physikalischen Eigenschaften des Werkstoffs durch das Hooke'sche Gesetz beschrieben, das einen linearen Zusammenhang zwischen Spannungen und Verzerrungen herstellt.

In einem Folgeband wird ein in FORTRAN IV erstelltes FEM-Programm vorgestellt, das die Elemente Stab (2D,3D), Balken (2D,3D) und Scheibendreieck realisiert.

Osnabrück

Wilfried Gawehn

INHALTSVERZEICHNIS

Inhaltsverzeichnis

FORTRAN-Programm zur FINITE-ELEMENTE-METHODE

1.1 GRUNDBEGRIFFE DER MATRIZENRECHNUNG

1.1.1 *Matrizen*

Ein lineares Gleichungssystem aus m Gleichungen mit n Unbekannten hat folgendes Aussehen:

$$\begin{aligned}
a_{11}x_1 + a_{12}x_2 + \dots + a_{1n}x_n &= b_1 \\
a_{21}x_1 + a_{22}x_2 + \dots + a_{2n}x_n &= b_2 \\
&\vdots \\
a_{i1}x_1 + a_{i2}x_2 + \dots + a_{in}x_n &= b_i \\
&\vdots \\
a_{m1}x_1 + a_{m2}x_2 + \dots + a_{mn}x_n &= b_m
\end{aligned} \qquad (1.1)$$

Dabei sind die Größen $x_1, x_2, \dots, x_n$ die Unbekannten, die in der 1. Potenz, d.h. linear vorkommen. Sie werden mit den vorgegebenen Koeffizienten a_{ij}, $i = 1,\dots,m$, $j = 1,\dots,n$ verknüpft und ergeben auf den rechten Seiten der Gleichungen die bekannten Größen $b_1, b_2, \dots, b_m$.

Die Koeffizienten dieses Gleichungssystems bilden ein Rechteckschema von reellen Zahlen:

$$A = \begin{bmatrix} a_{11} & a_{12} & \dots & a_{1j} & \dots & a_{1n} \\ a_{21} & a_{22} & \dots & a_{2j} & \dots & a_{2n} \\ & \vdots & & & & \\ a_{i1} & a_{i2} & \dots & a_{ij} & \dots & a_{in} \\ & \vdots & & & & \\ a_{m1} & a_{m2} & \dots & a_{mj} & \dots & a_{mn} \end{bmatrix} \qquad (1.2)$$

← i-te Zeile

↑ j-te Spalte

Wir nennen ein solches Rechteckschema eine *Matrix*. Matrizen werdem mit großen Buchstaben bezeichnet. Man kann die obige Matrix A auch abkürzend schreiben:

$$A = (a_{ij}) \quad , \quad \begin{matrix} i = 1,\dots,m \\ j = 1,\dots,n \end{matrix}$$

Die Matrix A besteht aus m Zeilen und n Spalten. Wir sagen auch, A ist eine (m,n)-Matrix. Wir haben es hier nur mit Matrizen über dem Körper der reellen Zahlen zu tun, $a_{ij} \varepsilon R$.

Zu linearen Gleichungssystemen aus n Gleichungen mit n Unbekannten gehört die Matrix

$$A = (a_{ij}) \quad , \quad i,j = 1,\dots,n ,$$

d.h. eine (n,n)-Matrix. Eine solche Matrix heißt eine *quadratische Matrix*.

Vektoren sind auch Matrizen, wenn wir sie komponentenweise in einem Koordinatensystem erfassen. Der Vektor

$$\vec{a} = \begin{bmatrix} a_1 \\ a_2 \\ \vdots \\ a_n \end{bmatrix} \tag{1.3}$$

kann daher als (n,1)-Matrix aufgefaßt werden. Einen so geschriebenen Vektor nennen wir auch *Spaltenvektor*. Der Vektor

$$\vec{b} = \begin{bmatrix} b_1, b_2, \dots, b_m \end{bmatrix} \tag{1.4}$$

ist eine (1,m)-Matrix. Wir bezeichnen ihn auch als *Zeilenvektor*. Im folgenden definieren wir spezielle Matrizen.

Bei quadratischen Matrizen sprechen wir von einer *Einheitsmatrix* I, wenn die Diagonalelemente a_{ii} , $i=1,\dots,n$ den Wert 1 haben und alle anderen Elemente 0 annehmen:

$$I = \begin{bmatrix} 1 & 0 & 0 & \dots & 0 & 0 \\ 0 & 1 & 0 & \dots & 0 & 0 \\ 0 & 0 & 1 & \dots & 0 & 0 \\ & \vdots & & & & \\ 0 & 0 & 0 & \dots & 0 & 1 \end{bmatrix}$$

bzw. kurz $I = (a_{ij})$, wobei $a_{ij} = \left\{ \begin{matrix} 1 \text{ für } i=j \\ 0 \text{ für } i \neq j \end{matrix} \right\}$, $i,j=1,\dots,n$.

Die Einheitsmatrix ist ein spezieller Fall der *Diagonalmatrix*, die außerhalb der Diagonalen nur Nullen, auf der Diagonalen beliebige Werte annehmen kann:

$$D = \begin{bmatrix} a_{11} & 0 & 0 & \dots & 0 \\ 0 & a_{22} & 0 & \dots & 0 \\ 0 & 0 & a_{33} & \dots & 0 \\ & \vdots & & & \\ 0 & 0 & 0 & \dots & a_{nn} \end{bmatrix}$$

oder kurz $D = (a_{ij})$, $a_{ij} = 0$ für $i \neq j$.

Nun treten speziell in der Finite-Element-Methode Matrizen auf, bei denen nur in der Hauptdiagonalen und einigen benachbarten Nebendiagonalen Zahlenwerte $\neq 0$ auftreten. Solche Matrizen heißen *Bandmatrizen*.

● Beispiel 1.1:

$$\begin{bmatrix} 1 & 3 & 0 & 0 & 0 & 0 \\ 2 & 0 & 2 & 0 & 0 & 0 \\ 0 & 4 & 1 & 9 & 0 & 0 \\ 0 & 0 & 5 & 1 & 7 & 0 \\ 0 & 0 & 0 & 9 & 0 & 4 \\ 0 & 0 & 0 & 0 & 2 & 6 \end{bmatrix}$$ ●

Eine Matrix A geht in ihre *transponierte Matrix* A^T über, wenn man in A die Zeilen als Spalten schreibt (und umgekehrt):

$$A = \begin{bmatrix} a_{11} & a_{12} & \cdots & a_{1j} & \cdots & a_{1n} \\ \vdots \\ a_{i1} & a_{i2} & \cdots & a_{ij} & \cdots & a_{in} \\ \vdots \\ a_{m1} & a_{m2} & \cdots & a_{mj} & \cdots & a_{mn} \end{bmatrix}$$

$$A^T = \begin{bmatrix} a_{11} & a_{21} & \cdots & a_{i1} & \cdots & a_{m1} \\ \vdots \\ a_{1j} & a_{2j} & \cdots & a_{ij} & \cdots & a_{mj} \\ \vdots \\ a_{1n} & a_{2n} & \cdots & a_{in} & \cdots & a_{mn} \end{bmatrix}$$

Eine Matrix wird demnach transponiert, indem man den Zeilenindex als Spaltenindex und den Spaltenindex als Zeilenindex verwendet. Wenn A eine (m,n)-Matrix ist, wird A^T eine (n,m)-Matrix.

● Beispiel 1.2:

$$A = \begin{bmatrix} 1 & 2 & 3 \\ 4 & 5 & 6 \end{bmatrix} \qquad A^T = \begin{bmatrix} 1 & 4 \\ 2 & 5 \\ 3 & 6 \end{bmatrix}$$ ●

Eine quadratische Matrix heißt *symmetrisch*, wenn sie gleich ihrer transponierten ist.

● Beispiel 1.3:

$$A = A^T = \begin{bmatrix} 3 & 4 & 5 & 6 \\ 4 & 3 & 7 & 8 \\ 5 & 7 & 2 & 9 \\ 6 & 8 & 9 & 1 \end{bmatrix}$$ ●

Die Transponation eines Spaltenvektors ergibt einen Zeilenvektor und umgekehrt:

$$\vec{v} = \begin{bmatrix} v_1 \\ v_2 \\ \vdots \\ v_n \end{bmatrix} \qquad \vec{v}^T = \begin{bmatrix} v_1, v_2, \ldots, v_n \end{bmatrix} .$$

Wir wollen Vektoren als Spaltenvektoren auffassen, sie aber aus drucktechnischen Gründen in der transponierten Form hinschreiben. Das Skalarprodukt zweier Vektoren $\vec{a}$ und $\vec{b}$ schreibt man daher in der Form

$$\vec{a}^T \cdot \vec{b} \quad .$$

Dies wird bei der Definition des Matrizenprodukts einsichtig.

Eine *Nullmatrix* ist eine Matrix, die nur Nullen enthält:

$$N = \begin{bmatrix} 0 & 0 & \ldots & 0 \\ 0 & 0 & \ldots & 0 \\ & \vdots & & \\ 0 & 0 & \ldots & 0 \end{bmatrix}$$

Zwei Matrizen A und B heißen *gleich*, wenn für alle $a_{ij} \varepsilon A$ und $b_{ij} \varepsilon B$ $a_{ij} = b_{ij}$ gilt. Wir schreiben A = B. Matrizen unterschiedlicher Zeilen- und/oder Spaltenzahl können also nicht gleich sein.

1.1.2 *Rechenoperationen*

Wir wollen nun auf der Menge der Matrizen Rechenoperationen definieren.

Definition 1.1: *Seien $k \varepsilon R$ ein Skalar und A eine (m,n)-Matrix. Wir definieren das Produkt des Skalars k mit der Matrix A durch*

$$k \cdot \begin{bmatrix} a_{11} & \ldots & a_{1n} \\ \vdots & & \\ a_{m1} & \ldots & a_{mn} \end{bmatrix} \underset{Def.}{=} \begin{bmatrix} k \cdot a_{11} & \ldots & k \cdot a_{1n} \\ \vdots & & \\ k \cdot a_{m1} & \ldots & k \cdot a_{mn} \end{bmatrix} .$$

Wir können auch kurz schreiben: $k(a_{ij}) = (k \cdot a_{ij})$.

● Beispiel 1.4:

$$2 \cdot \begin{bmatrix} 1 & 2 \\ 3 & 4 \\ 5 & 6 \end{bmatrix} = \begin{bmatrix} 2 & 4 \\ 6 & 8 \\ 10 & 12 \end{bmatrix}$$ ●

Definition 1.2: *Seien die beiden Matrizen A und B (m,n)-Matrizen, d.h. Matrizen gleicher Zeilen- und Spaltenzahl. Wir definieren die Summen- bzw. Differenzmatrix $C = A \pm B$ durch*

$$c_{ij} = a_{ij} \pm b_{ij} \quad ,$$

wobei die $a_{ij} \in A$, $b_{ij} \in B$, $c_{ij} \in C$ *für* $\begin{matrix} i=1,\dots,m \\ j=1,\dots,n \end{matrix}$.

● Beispiele 1.5: a) $$\begin{bmatrix} 4 & 2 & 1 \\ 0 & 3 & 5 \end{bmatrix} + \begin{bmatrix} -1 & 3 & 8 \\ 2 & -3 & 4 \end{bmatrix} = \begin{bmatrix} 3 & 5 & 9 \\ 2 & 0 & 9 \end{bmatrix}$$

b) $$\begin{bmatrix} 3 & 8 \\ 6 & 7 \end{bmatrix} - \begin{bmatrix} 5 & 6 \\ 1 & 0 \end{bmatrix} = \begin{bmatrix} -2 & 2 \\ 5 & 7 \end{bmatrix}$$ ●

Sei A eine beliebige (m,n)-Matrix und N die (m,n)-Nullmatrix. Dann gilt

$$A + N = A \quad .$$

Die Nullmatrizen sind also die neutralen Elemente der Addition. Auf weitere Regeln wollen wir hier und bei den folgenden Rechenoperationen nicht näher eingehen.

Hinsichtlich der Definition der Multiplikation zweier Matrizen wollen wir uns an das Skalarprodukt zweier Vektoren erinnern.

Definition 1.3: *Das Skalarprodukt der Vektoren* $\vec{a}$ *und* $\vec{b}$, *die den Winkel* ϕ *einschließen, ist definiert durch*

$$\vec{a} \cdot \vec{b} \underset{Def.}{=} |\vec{a}| \cdot |\vec{b}| \cdot \cos \phi$$

Seien die Vektoren $\vec{a}$ und $\vec{b}$ durch ihre Komponenten gegeben. Es läßt sich zeigen, daß das Skalarprodukt die Produktsumme des Zeilenvektors $\vec{a}$ mit dem Spaltenvektor $\vec{b}$ ist:

$$\vec{a}^T \cdot \vec{b} = [a_1, a_2, \dots, a_n] \cdot \begin{bmatrix} b_1 \\ b_2 \\ \vdots \\ b_n \end{bmatrix} = a_1 b_1 + \dots + a_n b_n \quad .$$

Wir schreiben das Skalarprodukt in Zukunft in der Form $\vec{a}^T \cdot \vec{b}$.

Der Begriff der Produktsumme spiegelt sich bei der Definition der Matrizenmultiplikation wieder.

Definition 1.4:. *Seien A eine (m,p)-Matrix und B eine (p,n)-Matrix. Die Spaltenzahl von A stimmt also mit der Zeilenzahl von B überein. Unter dem Produkt C = A·B verstehen wir die (m,n)-Matrix C mit den Elementen*

$$c_{ij} = a_{i1} b_{1j} + \dots + a_{ip} b_{pj}$$

$$= \sum_{k=1}^{p} a_{ik} \cdot b_{kj} \quad \text{für} \quad \begin{matrix} i=1,\dots,m \\ j=1,\dots,n \end{matrix} \quad ,$$

wobei die $a_{ik} \in A$, $b_{kj} \in B$.

Die Definition besagt, daß sich jedes Element c_{ij} der Produktmatrix C als das Skalarprodukt der i-ten Zeile von A mit der j-ten Spalte von B ergibt. Aus diesem Grund muß die Spaltenzahl von A mit der Zeilenzahl von B übereinstimmen. Das folgende Bild veranschaulicht noch einmal die Definition:

$$\text{i-te Zeile} - \begin{bmatrix} & \vdots & \\ a_{i1} & a_{i2} \cdots & a_{ip} \\ & \vdots & \end{bmatrix} \cdot \begin{bmatrix} & b_{1j} & \\ & b_{2j} & \\ \cdots & \vdots & \cdots \\ & b_{pj} & \end{bmatrix} = \begin{bmatrix} & \vdots & \\ \cdots & c_{ij} & \cdots \\ & \vdots & \end{bmatrix} - \text{i-te Zeile}$$

j-te Spalte　　　　j-te Spalte

● Beispiele 1.6:

a)

$$\begin{bmatrix} 2 & -1 & 0 \\ 3 & 1 & -2 \end{bmatrix} \cdot \begin{bmatrix} 1 & 4 & 2 \\ -2 & 0 & 1 \\ 1 & 3 & 5 \end{bmatrix} = \begin{bmatrix} 4 & 8 & 3 \\ -1 & 6 & -3 \end{bmatrix}$$

Das Produkt der (2,3)-Matrix mit der (3,3)-Matrix ergibt eine (2,3)-Matrix.

b)

$$\begin{bmatrix} 1 & 5 & 7 \\ 4 & 2 & 1 \\ 8 & 2 & -2 \end{bmatrix} \cdot \begin{bmatrix} 1 \\ -1 \\ 2 \end{bmatrix} = \begin{bmatrix} 10 \\ 4 \\ 2 \end{bmatrix}$$

Die Multiplikation eines Vektors mit einer Matrix ergibt einen Vektor. Vertauschen wir die Reihenfolge der Faktoren, können wir die Matrizen der Definition 1.4 entsprechend nicht miteinander multiplizieren.

c) Seien A eine beliebige (m,n)-Matrix und I die (n,n)-Einheitsmatrix. Dann gilt

$$A \cdot I = A \quad .$$

d)

$$\begin{bmatrix} 1 & 2 & 3 \end{bmatrix} \cdot \begin{bmatrix} 3 \\ 2 \\ 1 \end{bmatrix} = 10$$

Das Produkt ist eine (1,1)-Matrix, also ein Skalar. Dieses Beispiel ist das Skalarprodukt zweier dreistelliger Vektoren.

e) Vertauschen wir in d) die Reihenfolge der Matrizen, erhalten wir eine (3,3)-Matrix:

$$\begin{bmatrix} 3 \\ 2 \\ 1 \end{bmatrix} \cdot \begin{bmatrix} 1 & 2 & 3 \end{bmatrix} = \begin{bmatrix} 3 & 6 & 9 \\ 2 & 4 & 6 \\ 1 & 2 & 3 \end{bmatrix}$$ ●

Aus den Beispielen d) und e) erkennen wir, daß die Matrizenmultiplikation im allgemeinen nicht kommutativ ist, $A \cdot B \neq B \cdot A$.

Da bei der handschriftlichen Ausführung der Matrizenmultiplikation leicht Fehler auftreten können, sollte man die Rechnung mit dem *Falk'schen Schema* durchführen. Dazu ordnet man die zu multiplizierenden Matrizen A und B so an, daß sich für das Produkt A·B die Matrixelemente als "Schnittpunkte" der Zeilen von A mit den Spalten von B ergeben:

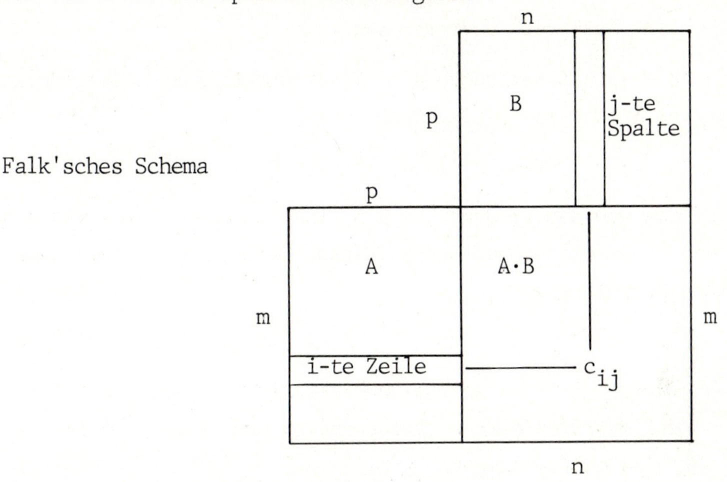

Bild 1-1

● Beispiel 1.7:

		2	-1	0	B
		3	1	-2	
1	4	14	3	-8	
-2	0	-4	2	0	C = A·B
1	3	11	2	-6	
A					

●

Definition 1.5: *Sei A eine quadratische, d.h. (n,n)-Matrix. Dann heißt die Matrix A^{-1} Kehrmatrix oder inverse Matrix zu A, wenn gilt*

$$A^{-1} \cdot A = A \cdot A^{-1} = I$$

(I ist die (n,n)-Einheitsmatrix).

Nicht zu jeder quadratischen Matrix A existiert die inverse Matrix A^{-1}. Wenn A^{-1} existiert, heißt A *regulär*, andernfalls heißt A *singulär*.

● Beispiele *1.8:*

a) $A = \begin{bmatrix} 1 & 1 & -1 \\ 1 & -1 & 1 \\ -1 & 1 & 1 \end{bmatrix}$ $\qquad A^{-1} = \frac{1}{2}\begin{bmatrix} 1 & 1 & 0 \\ 1 & 0 & 1 \\ 0 & 1 & 1 \end{bmatrix}$

b) Die Matrix $D = \begin{bmatrix} \cos\alpha & -\sin\alpha \\ \sin\alpha & \cos\alpha \end{bmatrix}$ *beschreibt die Drehung der Punkte der Ebene um den Nullpunkt des Koordinatensystems mit dem Winkel* α.

Ersetzen wir α *durch* $-\alpha$ *, bekommen wir die Matrix*

$$D_1 = \begin{bmatrix} \cos(-\alpha) & -\sin(-\alpha) \\ \sin(-\alpha) & \cos(-\alpha) \end{bmatrix} = \begin{bmatrix} \cos\alpha & \sin\alpha \\ -\sin\alpha & \cos\alpha \end{bmatrix} .$$

Wie man leicht nachprüft, ist $D_1 \cdot D = D \cdot D_1 = I$, *d.h.* $D^{-1} = D_1$. *Das ist aber anschaulich klar, da ja die Hintereinanderschaltung beider Drehungen die Identität ist.* ●

Eine reguläre Matrix A hat genau eine inverse Matrix A^{-1}. Sei nämlich B auch eine zu A inverse Matrix. Dann folgt

$$B = B \cdot I = B \cdot (A \cdot A^{-1}) = (B \cdot A) . A^{-1} = I \cdot A^{-1} = A^{-1} .$$

Wir bilden nun das Produkt $C = A \cdot B$ einer (m,p)-Matrix A mit einer (p,n)-Matrix B und bilden von C die Transponierte $C^T = (A \cdot B)^T$. Es gilt die folgende Rechenregel.

Satz 1.1:

$$(A \cdot B)^T = B^T \cdot A^T$$

In Worten: Ein Matrizenprodukt wird transponiert, indem man die Matrizen einzeln transponiert und in umgekehrter Reihenfolge multipliziert.

Beweis: Die Elemente der Matrizen seien gegeben durch $A = (a_{ik})$, $B = (b_{kj})$, $A^T = (a^t_{ki})$, $B^T = (b^t_{jk})$, $i=1,\ldots,m$, $j=1,\ldots,n$, $k=1,\ldots,p$. Sei nun c_{ij} ein beliebiges Element aus $C = A \cdot B$. Dann läßt sich c_{ij} schreiben als

$$c_{ij} = \sum_{k=1}^{p} a_{ik} \cdot b_{kj} .$$

Ein beliebiges Element c^t_{ji} aus $C^T = (A \cdot B)^T$ ergibt sich damit zu

$$c^t_{ji} = c_{ij} = \sum_{k=1}^{p} a_{ik} \cdot b_{kj} .$$

Mit den Beziehungen $a_{ik} = a^t_{ki}$ und $b_{kj} = b^t_{jk}$ formen wir die letzte Gleichung um zu

$$c^t_{ji} = \sum_{k=1}^{p} b^t_{jk} \cdot a^t_{ki} .$$

Die rechte Seite der Gleichung ist aber das Skalarprodukt der j-ten Zeile von B^T mit der i-ten Spalte von A^T, stellt also ein Element von $B^T \cdot A^T$ in der j-ten Zeile und i-ten Spalte dar. Dies ist aber gleich dem Element c^t_{ji} der Matrix $(A \cdot B)^T$ in der j-ten Zeile und i-ten Spalte. Damit ist die Behauptung bewiesen. ●

Wir betrachten eine (m,n)-Matrix A und multiplizieren von rechts mit dem Vektor $\vec{x}^T = [x_1, x_2, \ldots, x_n]$ als Spaltenvektor. Dabei erhalten wir den m-stelligen Spaltenvektor $A \cdot \vec{x}$. Indem wir nun das Skalarprodukt von $A \cdot \vec{x}$ mit dem m-stelligen Vektor $\vec{y}^T$ bilden, erhalten wir den Skalar

$$\vec{y}^T \cdot A \cdot \vec{x} \quad .$$

Definition 1.6: *Seien A eine (m,n)-Matrix und* $\vec{x}^T = [x_1, x_2, \ldots, x_n]$, $\vec{y}^T = [y_1, y_2, \ldots, y_m]$ *beliebige Vektoren. Dann heißt der Skalar*

$$\vec{y}^T \cdot A \cdot \vec{x}$$

eine Bilinearform.

● Beispiele 1.9: *a)*

$$A = \begin{bmatrix} 1 & 2 & 3 \\ 4 & 5 & 6 \\ 7 & 8 & 9 \end{bmatrix} \quad , \quad \vec{x} = \begin{bmatrix} 2 \\ -2 \\ 1 \end{bmatrix} \quad , \quad \vec{y} = \begin{bmatrix} 2 \\ -1 \\ 3 \end{bmatrix} \quad .$$

$$A \cdot \vec{x} = \begin{bmatrix} 1 & 2 & 3 \\ 4 & 5 & 6 \\ 7 & 8 & 9 \end{bmatrix} \begin{bmatrix} 2 \\ -2 \\ 1 \end{bmatrix} = \begin{bmatrix} 1 \\ 4 \\ 7 \end{bmatrix} \quad ,$$

$$\vec{y}^T \cdot A \cdot \vec{x} = \begin{bmatrix} 2 & -1 & 3 \end{bmatrix} \begin{bmatrix} 1 \\ 4 \\ 7 \end{bmatrix} = 19 \quad .$$

b) Für $n = m = 2$ *lauten die Bilinearformen*

$$\begin{bmatrix} y_1 \, , \, y_2 \end{bmatrix} \begin{bmatrix} a_{11} & a_{12} \\ a_{21} & a_{22} \end{bmatrix} \begin{bmatrix} x_1 \\ x_2 \end{bmatrix} = \begin{bmatrix} y_1 \, , \, y_2 \end{bmatrix} \begin{bmatrix} a_{11}x_1 + a_{12}x_2 \\ a_{21}x_1 + a_{22}x_2 \end{bmatrix}$$

$$= a_{11}x_1y_1 + a_{12}x_2y_1 + a_{21}x_1y_2 + a_{22}x_2y_2$$ ●

Wir wählen nun für A symmetrische (n,n)-Matrizen und außerdem $\vec{y} = \vec{x}$. Wenden wir hierauf die Definition 1.6 an, bekommen wir den Begriff der quadratischen Form.

Definition 1.7: *Seien A eine symmetrische (n,n)-Matrix und* $\vec{x}^T = [x_1, x_2, \ldots, x_n]$ *ein beliebiger Vektor. Der Ausdruck*

$$\vec{x}^T \cdot A \cdot \vec{x}$$

heißt eine quadratische Form. Weiter heißt eine quadratische Form positiv definit, wenn für alle Vektoren $\vec{x} \neq \vec{0}$ $\vec{x}^T \cdot A \cdot \vec{x} > 0$ *gilt. Wir nennen dann auch die Matrix A positiv definit.*

Die positiv definiten Matrizen spielen in der Finite Element Methode eine große Rolle. Gleichungssyteme mit positiv definiten Koeffizientenmatrizen lassen sich besonders elegant mit dem Cholesky-Verfahren lösen.

● Beispiel 1.10:

$$A = \begin{bmatrix} 2 & -1 & 5 \\ -1 & 1 & 4 \\ 5 & 4 & 3 \end{bmatrix} \quad , \quad \vec{v} = \begin{bmatrix} x \\ y \\ z \end{bmatrix}$$

$$\vec{v}^T \cdot A \cdot \vec{v} = [x\ ,\ y\ ,\ z] \begin{bmatrix} 2 & -1 & 5 \\ -1 & 1 & 4 \\ 5 & 4 & 3 \end{bmatrix} \begin{bmatrix} x \\ y \\ z \end{bmatrix}$$

$$= 2x^2 + y^2 + 3z^2 - 2xy + 8yz + 10zx \quad .$$

Die quadratische Form $\vec{v}^T \cdot A \cdot \vec{v}$ *kann als Funktion der 3 Veränderlichen* x *,* y *und* z *aufgefaßt werden.* ●

Wir wollen uns mit der Differentiation von quadratischen Formen befassen. Dazu treffen wir zunächst die folgende Definition.

Definition 1.8: *Sei* $y = f(x_1, x_2, \ldots, x_n)$ *eine skalare Funktion der* n *Veränderlichen* $x_1, x_2, \ldots, x_n$. *Wir definieren den Ableitungsvektor*

$$\frac{\partial f^T}{\partial \vec{x}} \underset{Def.}{=} \left[\frac{\partial f}{\partial x_1}, \frac{\partial f}{\partial x_2}, \ldots, \frac{\partial f}{\partial x_n}\right] \quad .$$

Man nennt $\frac{\partial f}{\partial \vec{x}}$ *auch den Gradienten der Funktion.*

● Beispiele 1.11: *a) Sei* $u = g(x,y,z) = 2x^2 + xy + 3z^3$.

$$\frac{\partial g}{\partial \vec{v}} = \begin{bmatrix} 4x + y \\ x \\ 9z^2 \end{bmatrix} \quad , \text{ wobei } \vec{v} = \begin{bmatrix} x \\ y \\ z \end{bmatrix} \quad .$$

b) Die lineare Funktion $\phi = \phi(x_1, x_2, \ldots, x_n) = a_1 x_1 + \ldots + a_n x_n$ *läßt sich als Skalarprodukt der Vektoren*

$$\vec{x}^T = [x_1, x_2, \ldots, x_n]$$

und

$$\vec{a}^T = [a_1, a_2, \ldots, x_n]$$

schreiben:

$$\phi = \vec{a}^T \cdot \vec{x} \quad .$$

Für den Gradienten bekommen wir $\frac{\partial \phi}{\partial \vec{x}} = \vec{a}$. ●

Betrachten wir nun die quadratische Form $\vec{x}^T \cdot A \cdot \vec{x}$, die wir als Funktion von $x_1, x_2, \ldots, x_n$ auffassen können. Wir wollen den Vektor

$$\frac{\partial(\vec{x}^T \cdot A \cdot \vec{x})}{\partial \vec{x}}$$

ausrechnen. Zunächst berechnen wir $\vec{x}^T \cdot A \cdot \vec{x}$:

$$A\cdot\vec{x} = \begin{bmatrix} a_{11} & \dots & a_{1n} \\ \vdots & & \\ a_{n1} & \dots & a_{nn} \end{bmatrix} \cdot \begin{bmatrix} x_1 \\ x_2 \\ \vdots \\ x_n \end{bmatrix} = \begin{bmatrix} a_{11}x_1 + a_{12}x_2 + \dots + a_{1n}x_n \\ \vdots \\ a_{n1}x_1 + a_{n2}x_2 + \dots + a_{nn}x_n \end{bmatrix},$$

$$\begin{aligned} \vec{x}^T\cdot A\cdot\vec{x} = \; & (a_{11}x_1 + a_{12}x_2 + \dots + a_{1n}x_n)\cdot x_1 + \dots \\ & + (a_{i1}x_1 + a_{i2}x_2 + \dots + a_{in}x_n)\cdot x_i + \dots \\ & + (a_{n1}x_1 + a_{n2}x_2 + \dots + a_{nn}x_n)\cdot x_n \quad . \end{aligned} \tag{1.5}$$

Wir differenzieren partiell nach der Veränderlichen x_i:

$$\begin{aligned} \frac{\partial(\vec{x}^T\cdot A\cdot\vec{x})}{\partial x_i} = \; & a_{1i}x_1 + \dots + a_{i-1,i}x_{i-1} + (a_{i1}x_1 + \dots + a_{in}x_n) \\ & + a_{ii}x_i + a_{i+1,i}x_{i+1} + \dots + a_{ni}x_n \quad . \end{aligned}$$

Wegen der Symmetrie von A folgt

$$\begin{aligned} \frac{\partial(\vec{x}^T\cdot A\cdot\vec{x})}{\partial x_i} & = 2\cdot(a_{i1}x_1 + a_{i2}x_2 + \dots + a_{in}x_n) \\ & = 2(a_{i1}\, , a_{i2}\, , \dots , a_{in})\cdot\vec{x} \quad . \end{aligned}$$

Die rechte Seite ist aber das Skalarprodukt der i-ten Zeile von A mit dem Vektor $\vec{x}$. Damit haben wir

$$\frac{\partial(\vec{x}^T\cdot A\cdot\vec{x})}{\partial\vec{x}} = 2\begin{bmatrix} a_{11} & \dots & a_{1n} \\ \vdots & & \\ a_{n1} & \dots & a_{nn} \end{bmatrix}\cdot\vec{x} = 2\cdot A\cdot\vec{x} \quad .$$

Da diese Regel später bei der Formulierung der Elementsteifigkeitsmatrizen immer wieder benötigt wird, fassen wir sie in einem Satz zusammen.

Satz 1.2: *Sei A eine symmetrische Matrix und $\vec{x}$ der Vektor der Veränderlichen $x_1, x_2, \dots, x_n$. Dann gilt*

$$\frac{\partial(\vec{x}^T\cdot A\cdot\vec{x})}{\partial\vec{x}} = 2\cdot A\cdot\vec{x} \tag{1.6}$$

● Beispiel 1.12:

$$A = \begin{bmatrix} 1 & 2 & 3 \\ 2 & 4 & 7 \\ 3 & 7 & 5 \end{bmatrix}, \quad \vec{d} = \begin{bmatrix} u \\ v \\ w \end{bmatrix} .$$

$$\frac{\partial(\vec{d}^T\cdot A\cdot\vec{d})}{\partial\vec{d}} = 2\cdot\begin{bmatrix} 1 & 2 & 3 \\ 2 & 4 & 7 \\ 3 & 7 & 5 \end{bmatrix}\vec{d} = \begin{bmatrix} 2u + 4v + 6w \\ 4u + 8v + 14w \\ 6u + 14v + 10w \end{bmatrix} .$$ ●

Matrizen und Vektoren, deren Elemente von einer Variablen abhängen, können nach der folgenden Definition hinsichtlich dieser Variablen integriert werden.

Definition 1.9: *Sei A eine Matrix, deren Elemente von der Variablen x abhängen, also* $A = (a_{ij}(x))$. *Wir definieren das unbestimmte Integral über der Matrix A hinsichtlich der Variablen x durch*

$$\int A\,dx = \int (a_{ij}(x))\,dx \underset{Def.}{=} \left(\int a_{ij}(x)dx\right) .$$

● Beispiel 1.13:

$$A = \begin{bmatrix} 2x & \sin x & 12 \\ -3 & x+4 & x^2 \end{bmatrix}, \quad \int A\,dx = \begin{bmatrix} x^2 & -\cos x & 12x \\ -3x & 0,5x^2+4x & \frac{1}{3}x^3 \end{bmatrix}$$

●

Bestimmte Integrale über Matrizen werden entsprechend definiert. Wir wenden die Definition nun auf quadratische Formen an. Zu diesem Zweck betrachten wir eine symmetrische von der Variablen x abhängende Matrix $A = (a_{ij}(x))$, $i,j=1,\dots,n$ und den Vektor $\vec{w}^T = [u_1, u_2, \dots, u_n]$.
Nach (1.5) erhalten wir für die quadratische Form

$$\begin{aligned} \vec{w}^T \cdot A \cdot \vec{w} = & \left(a_{11}(x)u_1 + a_{12}(x)u_2 + \dots + a_{1n}(x)u_n\right) \cdot u_1 + \dots \\ & + \left(a_{i1}(x)u_1 + a_{i2}(x)u_2 + \dots + a_{in}(x)u_n\right) \cdot u_i + \dots \\ & + \left(a_{n1}(x)u_1 + a_{n2}(x)u_2 + \dots + a_{nn}(x)u_n\right) \cdot u_n \end{aligned} \qquad (1.7)$$

Die quadratische Form ist demnach eine skalare Funktion der Variablen x, u_1, u_2, ..., u_n. Wir bilden das Integral über der quadratischen Form hinsichtlich x. Aus der Beziehung (1.7) erkennen wir sofort, daß wir zunächst auch über den Elementen $a_{ij}(x)$ integrieren können und dann die quadratische Form $\vec{w}^T \cdot \int A dx \cdot \vec{w}$ bilden können. Es gilt daher

$$\int \vec{w}^T \cdot A \cdot \vec{w}\,dx = \vec{w}^T \cdot \int A\,dx \cdot \vec{w} \qquad (1.8)$$

Von (1.8) bilden wir die Ableitung nach $\vec{w}$ mit (1.6):

$$\begin{aligned} \frac{\partial}{\partial \vec{w}}\left\{\int \vec{w}^T \cdot A \cdot \vec{w}\,dx\right\} &= \frac{\partial}{\partial \vec{w}}\left\{\vec{w}^T \cdot \int A\,dx \cdot \vec{w}\right\} = 2 \cdot \int A\,dx \cdot \vec{w} \\ &= \int 2 \cdot A \cdot \vec{w}\,dx = \int \frac{\partial}{\partial \vec{w}}\left\{\vec{w}^T \cdot A \cdot \vec{w}\right\} dx \end{aligned} \qquad (1.9)$$

Diese Beziehung benötigen wir beim Minimieren der totalen potentiellen Energie.

1.1.3 *Koordinatentransformationen*

Zur Festigkeitsberechnung von Bauteilen mittels der FEM ist es zunächst notwendig, das Bauteil durch eine gewisse Anzahl von Punkten, die wir Knoten nennen, geometrisch zu beschreiben. Hierzu wählt man ein Koordinatensystem, welches wir auch als das globale Koordinatensystem bezeichnen. In diesem Koordinatensystem werden die Knoten durch ihre Ortsvektoren erfaßt. Als Ergebnis einer FEM-Rechnung erhält man neben den Spannungen auch die Verschiebungen in den Knoten. Mit Hilfe der Knoten wird das Bauteil in Elemente zerlegt. In Bild 1-2 ist ein Stab als Verbindung der Knoten 1 und 2 gezeichnet. Nach Aufbringen der äußeren Lasten verschieben sich die Knoten um die Verschiebungsvektoren $\vec{d}_1^T = [u_1, v_1, w_1]$ und $\vec{d}_2^T = [u_2, v_2, w_2]$.

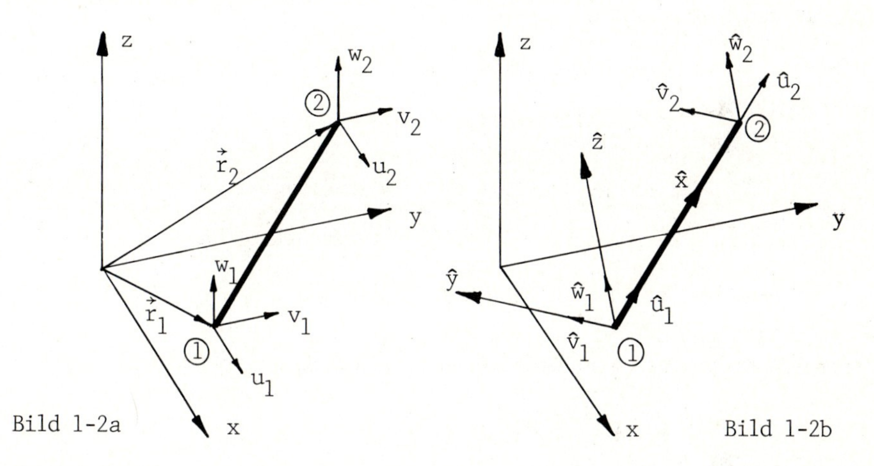

Bild 1-2a   Bild 1-2b

Die Komponenten u,v,w beziehen sich hierbei auf das globale xyz-Koordinatensystem (Bild 1-2a). In jedem Element können wir ein sogenanntes lokales Koordinatensystem errichten. In Bild 1-2b ist für den Stab von Knoten 1 nach 2 in Knoten 1 ein lokales $\hat{x}\hat{y}\hat{z}$-Koordinatensystem errichtet. Die Verschiebungen lassen sich auch im lokalen Koordinatensystem ausdrücken:

$$\hat{\vec{d}}_1^T = [\hat{u}_1, \hat{v}_1, \hat{w}_1] \quad , \quad \hat{\vec{d}}_2^T = [\hat{u}_2, \hat{v}_2, \hat{w}_2] \quad .$$

Wir wollen die Transformationsbeziehungen zwischen den lokalen und globalen Komponenten entwickeln. Zu diesem Zweck betrachten wir zunächst den zweidimensionalen Fall. Da die Verschiebungsvektoren freie Vektoren sind, transformieren sich ihre Komponenten alleine durch die Drehung des lokalen in das globale Koordinatensystem oder umgekehrt. Wir geben den Verschiebungsvektor $\hat{\vec{d}}^T = [\hat{u}, \hat{v}]$ im lokalen $\hat{x}\hat{y}$ - System vor. Die Basisvektoren im globalen System sind $\vec{e}_1$, $\vec{e}_2$, im lokalen System $\vec{f}_1$, $\vec{f}_2$.

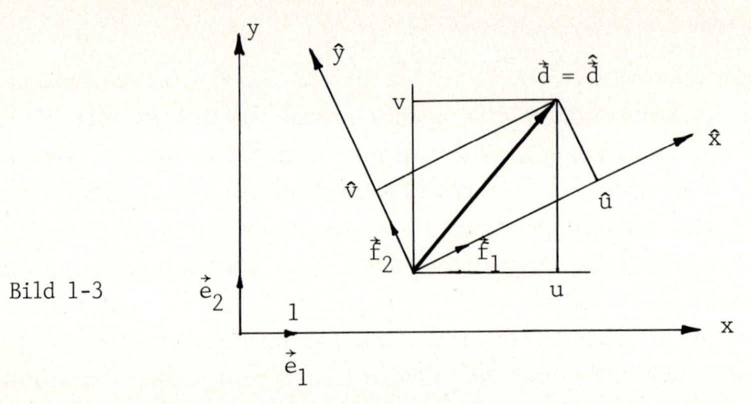

Bild 1-3

Gefragt sind die Komponenten des Vektors $\vec{d}^T = [u,v]$. Die Vektoren lassen sich mit den Basisvektoren darstellen:

$$\vec{d} = u \cdot \vec{e}_1 + v \cdot \vec{e}_2$$

$$\hat{\vec{d}} = \hat{u} \cdot \vec{f}_1 + \hat{v} \cdot \vec{f}_2 \quad .$$

Es gilt

$$\vec{d} = \hat{\vec{d}} \text{ , d.h. } \quad u \cdot \vec{e}_1 + v \cdot \vec{e}_2 = \hat{u} \cdot \vec{f}_1 + \hat{v} \cdot \vec{f}_2 \tag{1.10}$$

Wir bilden das Skalarprodukt von (1.10) mit dem Vektor $\vec{e}_1$:

$$u = \vec{f}_1 \cdot \vec{e}_1 \cdot \hat{u} + \vec{f}_2 \cdot \vec{e}_1 \cdot \hat{v} \tag{1.11}$$

Entsprechend erhalten wir, wenn wir mit $\vec{e}_2$ das Skalarprodukt bilden:

$$v = \vec{f}_1 \cdot \vec{e}_2 \cdot \hat{u} + \vec{f}_2 \cdot \vec{e}_2 \cdot \hat{v} \tag{1.12}$$

Die Beziehungen (1.11) und (1.12) können wir in einer Matrizenbeziehung zusammenfassen:

$$\begin{bmatrix} u \\ v \end{bmatrix} = \begin{bmatrix} \vec{f}_1 \cdot \vec{e}_1 & \vec{f}_2 \cdot \vec{e}_1 \\ \vec{f}_1 \cdot \vec{e}_2 & \vec{f}_2 \cdot \vec{e}_2 \end{bmatrix} \cdot \begin{bmatrix} \hat{u} \\ \hat{v} \end{bmatrix} \tag{1.13}$$

Die Skalarprodukte in der Matrix sind die Richtungscosinus der Basisvektoren untereinander, wenn wir noch annehmen, daß sie Einheitsvektoren sind. Eine ähnliche Beziehung bekommen wir, wenn (1.10) mit den Vektoren $\vec{f}_1$ und $\vec{f}_2$ skalar multiplizieren:

$$\begin{bmatrix} \hat{u} \\ \hat{v} \end{bmatrix} = \begin{bmatrix} \vec{f}_1 \cdot \vec{e}_1 & \vec{f}_1 \cdot \vec{e}_2 \\ \vec{f}_2 \cdot \vec{e}_1 & \vec{f}_2 \cdot \vec{e}_2 \end{bmatrix} \cdot \begin{bmatrix} u \\ v \end{bmatrix} \tag{1.14}$$

Bezeichnen wir die Transformationsmatrix mit D_2, haben wir kurz für (1.14):

$$\hat{\vec{d}} = D_2 \cdot \vec{d} \tag{1.15}$$

Die Beziehungen (1.13) und (1.14) sind invers zueinander, d.h. die Matrix in (1.13) ist die zu D_2 inverse Matrix. Es gilt

$$\vec{d} = D_2^{-1} \cdot \hat{\vec{d}} \qquad (1.16)$$

Des weiteren erkennen wir sofort, daß D_2^{-1} die zu D_2 transponierte Matrix ist, aus (1.16) wird

$$\vec{d} = D_2^{T} \cdot \hat{\vec{d}} \qquad (1.17)$$

Mit den Beziehungen (1.15) und (1.17) haben wir die Transformationen vom globalen in das lokale Koordinatensystem und umgekehrt.

● Beispiel 1.14:

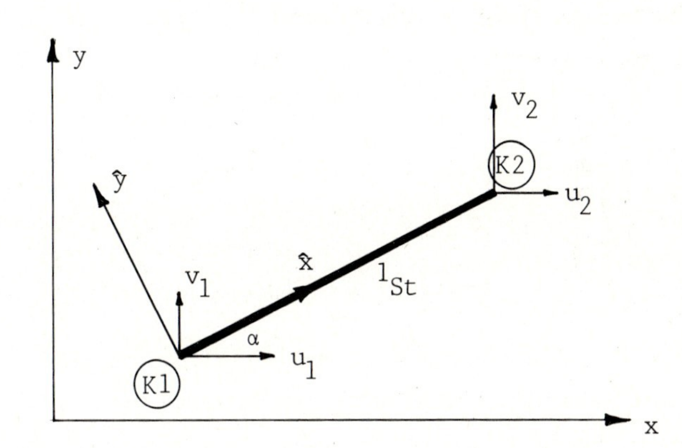

Bild 1-4

Der Stab ist durch die Koordinaten der Knoten 1 und 2 gegeben:

$$K1(x_1/y_1) \quad , \quad K2(x_2/y_2) \quad .$$

Die vorgelegten Verschiebungen u_1, v_1, u_2, v_2 *sollen in das lokale Koordinatensystem umgerechnet werden.*
Die Einheitsvektoren im globalen System sind $\vec{e}_1 = \begin{bmatrix} 1 \\ 0 \end{bmatrix}$, $\vec{e}_2 = \begin{bmatrix} 0 \\ 1 \end{bmatrix}$.
Aus den Koordinaten der Knoten berechnen wir die Einheitsvektoren $\vec{f}_1$ *und* $\vec{f}_2$. *Den Einheitsvektor* $\vec{f}_1$ *bekommen wir durch Normierung des Vektors von Knoten 1 nach 2:*

$$l_{St}^2 = (x_2 - x_1)^2 + (y_2 - y_1)^2 \quad ,$$

$$\vec{f}_1 = \frac{1}{l_{St}} \begin{bmatrix} x_2 - x_1 \\ y_2 - y_1 \end{bmatrix}$$

$\vec{f}_2$ *ist im mathematisch positiven Drehsinn um* 90° *zu* $\vec{f}_1$ *gedreht:*

$$\hat{f}_2 = \frac{1}{l_{St}} \cdot \begin{bmatrix} -(y_2 - y_1) \\ x_2 - x_1 \end{bmatrix} .$$

Für die Transformationsmatrix erhalten wir nach (1.14)

$$D_2 = \frac{1}{l_{St}} \cdot \begin{bmatrix} x_2-x_1 & y_2-y_1 \\ -(y_2-y_1) & x_2-x_1 \end{bmatrix} .$$

Wegen $x_2-x_1 = l_{St} \cdot \cos\alpha$ *und* $y_2-y_1 = l_{St} \cdot \sin\alpha$ *haben wir*

$$D_2 = \begin{bmatrix} \cos\alpha & \sin\alpha \\ -\sin\alpha & \cos\alpha \end{bmatrix} \qquad (1.18)$$

Dabei ist α *der Winkel zwischen der* $\hat{x}$*- und* x*-Achse.*

Wollen wir die Verschiebungen in beiden Knoten in einer gemeinsamen Beziehung erfassen, ergibt sich folgende Transformation

$$\begin{bmatrix} \hat{u}_1 \\ \hat{v}_1 \\ \hat{u}_2 \\ \hat{v}_2 \end{bmatrix} = \begin{bmatrix} \cos\alpha & \sin\alpha & 0 & 0 \\ -\sin\alpha & \cos\alpha & 0 & 0 \\ 0 & 0 & \cos\alpha & \sin\alpha \\ 0 & 0 & -\sin\alpha & \cos\alpha \end{bmatrix} \cdot \begin{bmatrix} u_1 \\ v_1 \\ u_2 \\ v_2 \end{bmatrix} \qquad (1.19)$$

● Beispiel 1.15: *Wir wollen das Beispiel 1.14 erweitern, indem wir annehmen, daß anstelle des Stabes ein Balken vorliegt.*

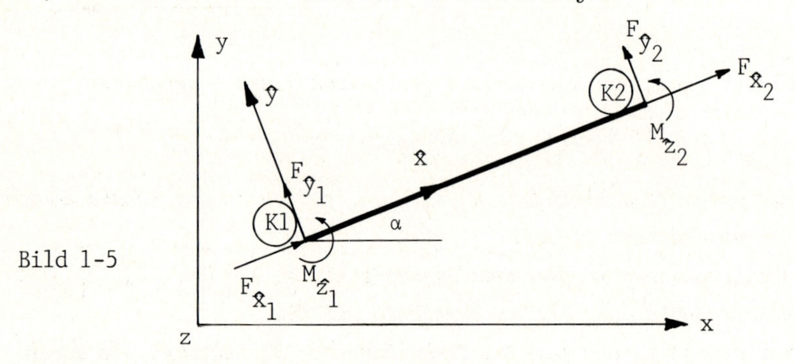

Bild 1-5

In den Knoten 1 und 2 sind jetzt die Schnittkräfte $F_{\hat{x}_1}$, $F_{\hat{y}_1}$, $M_{\hat{z}_1}$ *und* $F_{\hat{x}_2}$, $F_{\hat{y}_2}$, $M_{\hat{z}_2}$ *im lokalen Koordinatensystem des Balkens gegeben. Gesucht sind die entsprechenden Größen, ausgedrückt im globalen Koordinatensystem. Die senkrecht auf der xy-Ebene stehenden Momente* $M_{\hat{z}_1}$ *und* $M_{\hat{z}_2}$ *sind koordinateninvariant, d.h. sie haben in beiden Koordinatensystemen denselben Wert. Wenn wir z.B. die lokalen Größen in Knoten 1 transformieren wollen, müssen wir die Transformationsmatrix* D_2^T

erweitern:

$$\begin{bmatrix} F_{x_1} \\ F_{y_1} \\ M_{z_1} \end{bmatrix} = \begin{bmatrix} \cos\alpha & -\sin\alpha & 0 \\ \sin\alpha & \cos\alpha & 0 \\ 0 & 0 & 1 \end{bmatrix} \cdot \begin{bmatrix} F_{\hat{x}_1} \\ F_{\hat{y}_1} \\ M_{\hat{z}_1} \end{bmatrix} \qquad (1.20)$$

Wir wenden uns nun dem dreidimensionalen Fall zu. Entsprechend Bild 1-2b sei im Knoten 1 des Elements ein lokales $\hat{x}\hat{y}\hat{z}$-Koordinatensystem errichtet. Die Basiseinheitsvektoren im globalen System seien

$$\vec{e}_1 \; , \; \vec{e}_2 \; , \; \vec{e}_3 \qquad ,$$

im lokalen System

$$\vec{f}_1 \; , \; \vec{f}_2 \; , \; \vec{f}_3 \qquad .$$

Der Verschiebungsvektor schreibt sich globalen System als

$$\vec{d} = u \cdot \vec{e}_1 + v \cdot \vec{e}_2 + w \cdot \vec{e}_3 \qquad ,$$

im lokalen System als

$$\hat{\vec{d}} = \hat{u} \cdot \vec{f}_1 + \hat{v} \cdot \vec{f}_2 + \hat{w} \cdot \vec{f}_3 \qquad .$$

Es gilt $\quad u \cdot \vec{e}_1 + v \cdot \vec{e}_2 + w \cdot \vec{e}_3 = \hat{u} \cdot \vec{f}_1 + \hat{v} \cdot \vec{f}_2 + \hat{w} \cdot \vec{f}_3 \qquad (1.21)$

Wir bilden nacheinander das Skalarprodukt der Gleichung (1.21) mit den $\vec{f}_1$, $\vec{f}_2$ und $\vec{f}_3$ und erhalten

$$\begin{aligned} \hat{u} &= \vec{f}_1 \cdot \vec{e}_1 \cdot u + \vec{f}_1 \cdot \vec{e}_2 \cdot v + \vec{f}_1 \cdot \vec{e}_3 \cdot w \\ \hat{v} &= \vec{f}_2 \cdot \vec{e}_1 \cdot u + \vec{f}_2 \cdot \vec{e}_2 \cdot v + \vec{f}_2 \cdot \vec{e}_3 \cdot w \\ \hat{w} &= \vec{f}_3 \cdot \vec{e}_1 \cdot u + \vec{f}_3 \cdot \vec{e}_2 \cdot v + \vec{f}_3 \cdot \vec{e}_3 \cdot w \qquad . \end{aligned}$$

Wir fassen die Gleichungen in einer Matrizenbeziehung zusammen:

$$\begin{bmatrix} \hat{u} \\ \hat{v} \\ \hat{w} \end{bmatrix} = \begin{bmatrix} \vec{f}_1 \cdot \vec{e}_1 & \vec{f}_1 \cdot \vec{e}_2 & \vec{f}_1 \cdot \vec{e}_3 \\ \vec{f}_2 \cdot \vec{e}_1 & \vec{f}_2 \cdot \vec{e}_2 & \vec{f}_2 \cdot \vec{e}_3 \\ \vec{f}_3 \cdot \vec{e}_1 & \vec{f}_3 \cdot \vec{e}_2 & \vec{f}_3 \cdot \vec{e}_3 \end{bmatrix} \cdot \begin{bmatrix} u \\ v \\ w \end{bmatrix} \qquad .$$

Wir nennen die Transformationsmatrix D_3:

$$\hat{\vec{d}} = D_3 \cdot \vec{d} \qquad (1.22)$$

Wir können umgekehrt die Gleichung (1.21) nach u , v , w auflösen, indem wir die Skalarprodukte jeweils mit $\vec{e}_1$, $\vec{e}_2$ und $\vec{e}_3$ bilden. Wir erhalten

$$u = \vec{f}_1 \cdot \vec{e}_1 \cdot \hat{u} + \vec{f}_2 \cdot \vec{e}_1 \cdot \hat{v} + \vec{f}_3 \cdot \vec{e}_1 \cdot \hat{w}$$
$$v = \vec{f}_1 \cdot \vec{e}_2 \cdot \hat{u} + \vec{f}_2 \cdot \vec{e}_2 \cdot \hat{v} + \vec{f}_3 \cdot \vec{e}_2 \cdot \hat{w}$$
$$w = \vec{f}_1 \cdot \vec{e}_3 \cdot \hat{u} + \vec{f}_2 \cdot \vec{e}_3 \cdot \hat{v} + \vec{f}_3 \cdot \vec{e}_3 \cdot \hat{w} \quad .$$

Die enthaltene Transformationsmatrix ist D_3^{-1} und wir erkennen $D_3^{-1} = D_3^T$:

$$\vec{d} = D_3^T \cdot \hat{\vec{d}} \tag{1.23}$$

Die Beziehungen (1.22) und (1.23) stellen die Transformationsbeziehungen für den dreidimensionalen Fall dar.

● Beispiel 1.16: *Wir betrachten einen Balken, der entsprechend Bild* 5-4 *in den Knoten durch je 3 Kräfte und 3 Momente belastet ist, die jeweils 3 Verschiebungen und 3 Verdrehungen hervorrufen. Im lokalen Koordinatensystem haben wir daher den Verschiebungsvektor*

$$\hat{\vec{w}}^T = [\hat{u}_1 \; \hat{v}_1 \; \hat{w}_1 \; \hat{\alpha}_1 \; \beta_1 \; \hat{\gamma}_1 \; \hat{u}_2 \; \hat{v}_2 \; \hat{w}_2 \; \hat{\alpha}_2 \; \beta_2 \; \hat{\gamma}_2] \quad ,$$

im globalen Koordinatensystem

$$\vec{w}^T = [u_1 \; v_1 \; w_1 \; \alpha_1 \; \beta_1 \; \gamma_1 \; u_2 \; v_2 \; w_2 \; \alpha_2 \; \beta_2 \; \gamma_2] \quad .$$

Jeweils eine Gruppe von 3 Verschiebungen bzw. Verdrehungen transformiert sich über die Matrix D_3 aus (1.22), so daß folgende Transformationsmatrix entsteht:

$$T = \begin{bmatrix} D_3 & 0 & 0 & 0 \\ 0 & D_3 & 0 & 0 \\ 0 & 0 & D_3 & 0 \\ 0 & 0 & 0 & D_3 \end{bmatrix} \tag{1.24}$$

T ist eine (12,12)-Matrix. Die Nullen in T sind dabei (3,3)-Nullmatrizen. Die Transformation für dreidimensionale Balken ist somit darstellbar durch

$$\hat{\vec{w}} = T \cdot \vec{w}$$

bzw.

$$\vec{w} = T^T \cdot \hat{\vec{w}} \quad . \tag{1.25}$$

●

1.2 LÖSUNGSVERFAHREN FÜR LINEARE GLEICHUNGSSYSTEME

Wir betrachten lineare Gleichungssysteme der Form

$$\begin{array}{ccccccc} a_{11}x_1 & + & \dots & + & a_{1n}x_n & = & b_1 \\ \vdots & & & & & & \vdots \\ a_{m1}x_1 & + & \dots & + & a_{mn}x_n & = & b_m \end{array} \qquad (1.26)$$

In Matrizenschreibweise haben wir kürzer

$$A \cdot \vec{x} = \vec{b} \quad ,$$

wobei $A = (a_{ij})$, $i=1,\dots,m$, $j=1,\dots,n$,

$$\vec{x}^T = [x_1, x_2, \dots, x_n] \text{ und } \vec{b}^T = [b_1, b_2, \dots, b_m].$$

Gesucht sind alle Vektoren $\vec{x}$, die das Gleichungssystem (1.26) erfüllen. Ein Gleichungssystem heißt homogen, wenn $\vec{b} = \vec{o}$, andernfalls nennen wir es inhomogen. Wir betrachten nur inhomogene Gleichungssysteme, d.h. im Vektor $\vec{b}$ der rechten Seite von (1.26) ist mindestens eine Komponente $b_i \neq 0$.
Bei den Lösungsverfahren unterscheidet man zwischen Eliminations- und Iterationsverfahren. Hier werden Eliminationsverfahren behandelt.

1.2.1 Der Gauß'sche Algorithmus

Das Verfahren besteht darin, vom gegebenen Gleichungssystem (1.26) ausgehend durch gewisse Umformungen ein einfacheres Gleichungssystem zu erreichen, das natürlich dieselbe Lösungsmenge besitzt wie das ursprüngliche. Nehmen wir z.B. an, daß in (1.26) die Matrix A quadratisch ist, d.h. n=m. Das umgeformte System soll dann folgendes Aussehen haben:

$$\begin{array}{rcl} \hat{a}_{11}x_1 + \hat{a}_{12}x_2 + \dots + \hat{a}_{1n}x_n & = & \hat{b}_1 \\ \hat{a}_{22}x_2 + \dots + \hat{a}_{2n}x_n & = & \hat{b}_2 \\ \vdots & & \\ \hat{a}_{nn}x_n & = & \hat{b}_n \end{array} \qquad (1.27)$$

oder kurz $\hat{A} \cdot \vec{x} = \hat{b}$, wobei

$$\hat{A} = \begin{bmatrix} \hat{a}_{11} & \hat{a}_{12} & \dots & \hat{a}_{1n} \\ 0 & \hat{a}_{22} & \dots & \hat{a}_{2n} \\ & & & \vdots \\ 0 & 0 & \dots & \hat{a}_{nn} \end{bmatrix}$$

eine rechte Dreiecksmatrix ist. Die Lösungen des Gleichungssystems (1.27) findet man durch *Rückwärtseinsetzen* von Zeile n bis 1:

$$\text{Zeile n} \quad : \quad x_n = \frac{\hat{b}_n}{\hat{a}_{nn}}$$

$$\text{Zeile n-1} : \quad x_{n-1} = \frac{1}{\hat{a}_{n-1,n-1}} \cdot (\hat{b}_{n-1} - \hat{a}_{n-1,n} \cdot x_n)$$

$$\vdots$$

$$\text{Zeile i} \quad : \quad x_i = \frac{1}{\hat{a}_{i,i}} \cdot (\hat{b}_i - \hat{a}_{i,i+1} \cdot x_{i+1} - \dots - \hat{a}_{i,n} \cdot x_n)$$

$$\vdots$$

$$\text{Zeile 1} \quad : \quad x_1 = \frac{1}{\hat{a}_{11}} \cdot (\hat{b}_1 - \hat{a}_{12} \cdot x_2 - \dots - \hat{a}_{1n} x_n) \qquad (1.28)$$

● Beispiel 1.17:

$$\begin{aligned} -x_1 + 3x_2 + 2x_3 &= 1 \\ 2x_1 + 4x_2 + 5x_3 &= 4 \\ 4x_1 - 2x_2 + 4x_3 &= 5 \end{aligned}$$

Um auf die Dreiecksform (1.27) zu kommen, beseitigen wir zunächst in der zweiten und dritten Zeile die Glieder mit der Unbekannten x_1, indem wir die erste Zeile mit 2 multiplizieren und auf die zweite Zeile addieren bzw. die erste Zeile mit 4 multiplizieren und auf die dritte addieren:

$$\begin{aligned} -x_1 + 3x_2 + 2x_3 &= 1 \\ 10x_2 + 9x_3 &= 6 \\ 10x_2 + 12x_3 &= 9 \end{aligned}$$

Nun beseitigen wir noch das x_2 in der dritten Zeile, indem wir die zweite Zeile mit -1 multiplizieren und auf die dritte addieren:

$$\begin{aligned} -x_1 + 3x_2 + 2x_3 &= 1 \\ 10x_2 + 9x_3 &= 6 \\ 3x_3 &= 3 \end{aligned}$$

Damit haben wir die Dreiecksform mit

$$\hat{A} = \begin{bmatrix} -1 & 3 & 2 \\ 0 & 10 & 9 \\ 0 & 0 & 3 \end{bmatrix}$$

erreicht. Die Lösung ist nach (1.28)

$$\begin{aligned} x_3 &= 1 \\ x_2 &= \frac{1}{10} \cdot (6 - 9 \cdot 1) = -\frac{3}{10} \\ x_1 &= -1 \cdot (1 - 2 \cdot 1 - 3 \cdot (-0,3)) = \frac{1}{10} \end{aligned}$$

Der Lösungsvektor ist $\vec{x}^T = \left(\frac{1}{10}, -\frac{3}{10}, 1 \right)$ ●

Nun sind aber nicht alle linearen Gleichungssysteme so geartet, daß sie genau eine Lösung besitzen. Sie können auch keine oder unendlich viele Lösungen haben. Wir wollen die Umformungen angeben, die eine (m,n)-Koeffizientenmatrix A in eine Dreiecksmatrix $\hat{A}$ oder eine ähnliche überführen. An der Form von $\hat{A}$ können wir dann erkennen, wie die Lösungsmenge aussieht. Die folgenden Elementarumformungen verändern nicht die Lösungen eines linearen Gleichungssystems:

a) Vertauschen zweier Zeilen

b) Vertauschen zweier Spalten

c) Multiplizieren einer Zeile mit einer Konstanten und Addieren auf eine andere Zeile.

Diese Manipulationen kann man aber einfacher und übersichtlicher an der Koeffizientenmatrix A vornehmen.

● Beispiel 1.18: *Das Gleichungssystem*

$$\begin{aligned} 2x_1 + 3x_2 - x_3 \qquad &= 20 \\ -6x_1 - 5x_2 \qquad + 2x_4 &= -45 \\ 2x_1 - 5x_2 + 6x_3 - 6x_4 &= -3 \\ 4x_1 + 6x_2 + 2x_3 - 3x_4 &= 58 \end{aligned}$$

soll auf Dreiecksform gebracht werden. Dies führen wir an der Koeffizientenmatrix durch:

	2	3	-1	0	20	
A	-6	-5	0	2	-45	
	2	-5	6	-6	-3	
	4	6	2	-3	58	
	2	3	-1	0	20	*1. Multiplizieren der 1. Zeile mit 3 bzw. -1 bzw. -2 und Addieren auf die 2. bzw. 3. bzw. 4. Zeile*
	0	4	-3	2	15	
	0	-8	7	-6	-23	
	0	0	4	-3	18	
	2	3	-1	0	20	*2. Multiplizieren der 2. Zeile mit 2 und Addieren auf die 3. Zeile*
	0	4	-3	2	15	
	0	0	1	-2	7	
	0	0	4	-3	18	
	2	3	-1	0	20	*3. Multiplizieren der 3. Zeile mit -4 und Addieren auf die 4. Zeile*
$\hat{A}$	0	4	-3	2	15	
	0	0	1	-2	7	
	0	0	0	5	-10	

Durch Rückwärtseinsetzen in das Gleichungssystem $\hat{A}\cdot\vec{x} = \hat{\vec{b}}$ *bekommen wir den Lösungsvektor* $\vec{x}^T = (1, 7, 3, -2)$. ●

Wir führen jetzt die Umwandlung der Matrix A des Gleichungssystems $A\cdot\vec{x} = \vec{b}$ auf ein gleichwertiges System $\hat{A}\cdot\vec{x} = \hat{\vec{b}}$ mit der Dreiecksmatrix $\hat{A}$ allgemein durch und können dabei die Lösungsfälle diskutieren.

Die Umwandlung von A in $\hat{A}$ geschieht in mehreren Schritten.

1\. Schritt: Sei $a_{11} \neq 0$. Ist dies nicht der Fall, wird die 1. Zeile mit einer anderen Zeile vertauscht, deren erstes Element $\neq 0$ ist. Die 1. Zeile wird nun jeweils nacheinander mit den Faktoren

$$-\frac{a_{21}}{a_{11}}, \; -\frac{a_{31}}{a_{11}}, \; \ldots, \; -\frac{a_{n1}}{a_{11}}$$

multipliziert und jeweils auf die 2., 3.,..., n-te Zeile aufaddiert, so daß unter a_{11} Nullen entstanden sind:

$$\left|\begin{array}{ccccc|c} a_{11} & a_{12} & a_{13} & \cdots & a_{1n} & b_1 \\ 0 & \tilde{a}_{22} & \tilde{a}_{23} & \cdots & \tilde{a}_{2n} & \tilde{b}_2 \\ 0 & \tilde{a}_{32} & \tilde{a}_{33} & \cdots & \tilde{a}_{3n} & \tilde{b}_3 \\ & \vdots & & & & \vdots \\ 0 & \tilde{a}_{m2} & \tilde{a}_{m3} & \cdots & \tilde{a}_{mn} & \tilde{b}_m \end{array}\right.$$

Die Elemente, die sich dabei verändert haben, sind mit $\sim$ gekennzeichnet.

2\. Schritt: Unter dem Diagonalelement $\tilde{a}_{22}$ werden Nullen erzeugt.

Vor dem i-ten Schritt haben wir dann die folgende Situation erreicht:

$$\left|\begin{array}{ccccccc|c} \overset{*}{a}_{11} & \overset{*}{a}_{12} & \overset{*}{a}_{13} & \cdots & \overset{*}{a}_{1i} & \cdots & \overset{*}{a}_{1n} & \overset{*}{b}_1 \\ 0 & \overset{*}{a}_{22} & \overset{*}{a}_{23} & \cdots & \overset{*}{a}_{2i} & \cdots & \overset{*}{a}_{2n} & \overset{*}{b}_2 \\ \vdots & & & & & & \vdots & \vdots \\ 0 & \cdots & 0 & & \overset{*}{a}_{ii} & \cdots & \overset{*}{a}_{in} & \overset{*}{b}_i \\ & & & & \vdots & & & \\ 0 & \cdots & 0 & & \overset{*}{a}_{mi} & \cdots & \overset{*}{a}_{mn} & \overset{*}{b}_m \end{array}\right.$$

i-ter Schritt: Ist $\overset{*}{a}_{ii} = 0$, wird die i-te Zeile mit einer der folgenden Zeilen vertauscht. Führt dies nicht zum gewünschten Ergebnis, kann die i-te Spalte noch mit einer der folgenden Spalten vertauscht werden. Auch wenn $\overset{*}{a}_{ii} \neq 0$, sollte vertauscht werden, um ein betragsmäßig größtes Element an die Stelle von $\overset{*}{a}_{ii}$ zu rücken. Man erreicht dadurch eine größere numerische Stabilität. Die i-te Zeile wird nun mit den Faktoren

$$-\frac{\overset{*}{a}_{i+1,i}}{\overset{*}{a}_{ii}}, \; -\frac{\overset{*}{a}_{i+2,i}}{\overset{*}{a}_{ii}}, \; \ldots, \; -\frac{\overset{*}{a}_{mi}}{\overset{*}{a}_{ii}} \quad \text{multipliziert}$$

und jeweils auf die folgenden Zeilen addiert.

Das Verfahren ist allerdings zu Ende, wenn in der Koeffizientenmatrix unterhalb der i-ten Zeile nur noch Nullen vorhanden sind:

$$\left|\begin{array}{cccccccc|c}
\hat{a}_{11} & \hat{a}_{12} & \hat{a}_{13} & \cdots & \hat{a}_{1i} & \cdots & \hat{a}_{1n} & & \hat{b}_1 \\
0 & \hat{a}_{22} & \hat{a}_{23} & \cdots & \hat{a}_{2i} & \cdots & \hat{a}_{2n} & & \hat{b}_2 \\
\vdots & & & & \vdots & & & & \vdots \\
0 & & & & \hat{a}_{ii} & \cdots & \hat{a}_{in} & & \hat{b}_i \\
\hline
0 & & \cdots & & 0 & \cdots & 0 & & \hat{b}_{i+1} \\
 & & & & \vdots & & & & \vdots \\
0 & & \cdots & & 0 & \cdots & 0 & & \hat{b}_m
\end{array}\right. \qquad (1.29)$$

Für die Lösungen gibt es nun folgende Regeln.

Lösungen existieren nur, wenn $\hat{b}_{i+1} = \hat{b}_{i+2} = \ldots = \hat{b}_m = 0.$ (1.30)

Wäre nämlich mindestens ein solches $\hat{b}_j \neq 0$, $j = i+1,\ldots,m$, nehmen wir z.B. $\hat{b}_m \neq 0$, wäre die Gleichung

$$0\cdot x_1 + 0\cdot x_2 + \ldots + 0\cdot x_n = \hat{b}_m$$

zu lösen. Es gibt aber keinen Vektor $\vec{x}$, der diese Gleichung erfüllt.

Wir nehmen also an, daß (1.30) erfüllt ist. Unter dieser Voraussetzung wollen wir 2 Fälle betrachten.

Fall a) Sei $m = n$, also A eine quadratische Matrix und außerdem $i = n$, d.h. das Reduzierungsverfahren sei in der letzten Zeile zum Ende gekommen:

$$\left|\begin{array}{ccccc|c}
\hat{a}_{11} & \hat{a}_{12} & \hat{a}_{13} & \cdots & \hat{a}_{1n} & \hat{b}_1 \\
0 & \hat{a}_{22} & \hat{a}_{23} & \cdots & \hat{a}_{2n} & \hat{b}_2 \\
\vdots & & & & \vdots & \vdots \\
0 & \cdots & & 0 & \hat{a}_{nn} & \hat{b}_n
\end{array}\right| \qquad (1.31)$$

Da alle $\hat{a}_{ii} \neq 0$, erhalten wir einen eindeutigen Lösungsvektor durch Rückwärtseinsetzen mit (1.28).

Fall b) Sei $i \leq \mathrm{Min}(m,n)$. Dann liegt die Situation (1.29) vor. Für n Unbekannte $x_1,x_2,\ldots,x_n$ stehen nur i Gleichungen zur Verfügung. Wir machen die Unbekannten x_{i+1} , x_{i+2} , ... , x_n zu Parametern, d.h. wählen sie beliebig aus R. Das Gleichungssystem

(1.29) können wir umstellen, indem wir die nun bekannten Summanden mit den beliebig gewählten $x_{i+1},\dots,x_n$ auf die rechte Seite des Gleichungssystems bringen. Das Gleichungssystem mit neuer rechter Seite hat eine quadratische (i,i)-Rechtsdreiecksmatrix:

$$\left|\begin{array}{cccc|c} \hat{a}_{11} & \hat{a}_{12} & \dots & \hat{a}_{1i} & \hat{b}_1 - \hat{a}_{1,i+1}x_{i+1} - \dots - \hat{a}_{1n}x_n \\ 0 & \hat{a}_{22} & \dots & \hat{a}_{2i} & \hat{b}_2 - \hat{a}_{2,i+1}x_{i+1} - \dots - \hat{a}_{2n}x_n \\ \vdots & & & \vdots & \vdots \\ 0 & \dots & 0 & \hat{a}_{ii} & \hat{b}_i - \hat{a}_{i,i+1}x_{i+1} - \dots - \hat{a}_{in}x_n \end{array}\right. \qquad (1.32)$$

Dieses Gleichungssystem läßt sich eindeutig nach den $x_1,x_2,\dots,x_i$ auflösen. Die Lösungen hängen natürlich linear von den $x_{i+1},\dots,x_n$ ab. Die Lösungsgesamtheit hat demnach folgendes Aussehen:

$$\begin{bmatrix} x_1 \\ x_2 \\ \vdots \\ x_i \\ x_{i+1} \\ \vdots \\ x_n \end{bmatrix} = \begin{bmatrix} \alpha_1 - \sum\limits_{j=i+1}^{n} \beta_{1j}\cdot x_j \\ \alpha_2 - \sum\limits_{j=i+1}^{n} \beta_{2j}\cdot x_j \\ \vdots \\ \alpha_i - \sum\limits_{j=i+1}^{n} \beta_{ij}\cdot x_j \\ x_{i+1} \\ \vdots \\ x_n \end{bmatrix}, \quad x_{i+1},\dots,x_n \in R \qquad (1.33)$$

Die Koeffizienten α_k und β_{kj} ergeben sich dabei durch Rückwärtseinsetzen in (1.32).

● Beispiel 1.19:

$$\begin{aligned} -x_1 + 3x_2 + 2x_3 &= 1 \\ 2x_1 + 4x_2 + 5x_3 &= 4 \\ 4x_1 - 2x_2 + x_3 &= 2 \end{aligned}$$

Wir formen die Koeffizientenmatrix um:

$$\begin{array}{ccc|c} -1 & 3 & 2 & 1 \\ 2 & 4 & 5 & 4 \\ 4 & -2 & 1 & 2 \\ \hline \end{array}$$

$$\begin{array}{rrr|r} -1 & 3 & 2 & 1 \\ 0 & 10 & 9 & 6 \\ 0 & 10 & 9 & 6 \\ \hline -1 & 3 & 2 & 1 \\ 0 & 10 & 9 & 6 \\ 0 & 0 & 0 & 0 \end{array}$$

Die letzte Zeile einschließlich der rechten Seite besteht aus Nullen. Das Gleichungssystem hat Lösungen, wobei x_3 zum Parameter wird. Das umgestellte Gleichungssystem lautet

$$\begin{array}{rr|l} -1 & 3 & 1 - 2x_3 \\ 0 & 10 & 6 - 9x_3 \end{array} \quad .$$

Die Lösungen sind

$$x_2 = \frac{1}{10}\cdot(6 - 9x_3) = \frac{3}{5} - \frac{9}{10}\cdot x_3$$

$$x_1 = -1\cdot(1 - 2x_3 - 3x_3) = \frac{4}{5} - \frac{7}{10}\cdot x_3 \quad .$$

Der allgemeine Lösungsvektor lautet damit

$$\vec{x} = \begin{bmatrix} 4/5 \\ 3/5 \\ 0 \end{bmatrix} + x_3\cdot\begin{bmatrix} -7/10 \\ -9/10 \\ 1 \end{bmatrix} \quad , \quad x_3 \in R$$

Dieses Gleichungssystem kann geometrisch als Schnitt dreier Ebenen gedeutet werden, die in Hesse'scher Normalform gegeben sind. Als Schnitt kommt die Ortsvektordarstellung einer Raumgeraden heraus, wobei x_3 Parameter ist. ●

● Beispiel 1.20:

$$\begin{array}{rcrcrcr} -x_1 & + & 3x_2 & + & 2x_3 & = & 1 \\ 2x_1 & - & 6x_2 & - & 4x_2 & = & -2 \\ -6x_1 & + & 18x_2 & + & 12x_3 & = & 6 \end{array}$$

$$\begin{array}{rrr|r} -1 & 3 & 2 & 1 \\ 2 & -6 & -4 & -2 \\ -6 & 18 & 12 & 6 \\ \hline -1 & 3 & 2 & 1 \\ 0 & 0 & 0 & 0 \\ 0 & 0 & 0 & 0 \end{array}$$

Die Lösungsgesamtheit ist

$$\vec{x} = \begin{bmatrix} -1 + 3x_2 + 2x_3 \\ x_2 \\ x_3 \end{bmatrix} = \begin{bmatrix} -1 \\ 0 \\ 0 \end{bmatrix} + x_2\begin{bmatrix} 3 \\ 1 \\ 0 \end{bmatrix} + x_3\begin{bmatrix} 2 \\ 0 \\ 1 \end{bmatrix} ,$$

$$x_2, x_3 \in R$$ ●

1.2.2 Berechnung der inversen Matrix

In Definition 1.5 wurde der Begriff der inversen Matrix zu einer quadratischen (n,n)-Matrix gefaßt. Wie in der linearen Algebra nachgewiesen wird, ist eine quadratische Matrix genau dann regulär, wenn sie sich mit den elementaren Umformungen auf vollständige Dreiecksform (1.31) bringen läßt. Ein lineares Gleichungssystem mit einer quadratischen Koeffizientenmatrix hat also genau einen Lösungsvektor, wenn die Matrix regulär ist.

Wir wollen nun eine reguläre (n,n)-Matrix A voraussetzen und die zu ihr inverse Matrix A^{-1} berechnen. Die Elemente von A^{-1} setzen wir als unbekannt an:

$$A^{-1} = \begin{bmatrix} x_{11} & x_{12} & \cdots & x_{1n} \\ & & \vdots & \\ & & & \\ x_{n1} & x_{n2} & \cdots & x_{nn} \end{bmatrix}$$

Die inverse Matrix A^{-1} muß die Gleichung $A \cdot A^{-1} = I$ erfüllen, die wir ausführlich schreiben:

$$\begin{bmatrix} a_{11} & a_{12} & \cdots & a_{1n} \\ & \vdots & & \\ a_{n1} & a_{n2} & \cdots & a_{nn} \end{bmatrix} \cdot \begin{bmatrix} x_{11} & x_{12} & \cdots & x_{1n} \\ & \vdots & & \\ x_{n1} & x_{n2} & \cdots & x_{nn} \end{bmatrix} = \begin{bmatrix} 1 & 0 & \cdots & 0 \\ 0 & 1 & \cdots & 0 \\ & & \vdots & \\ 0 & 0 & \cdots & 1 \end{bmatrix} \tag{1.34}$$

Indem wir die i-te Spalte von A^{-1} mit A multiplizieren, erhalten wir die i-te Spalte von I:

$$\begin{bmatrix} a_{11} & a_{12} & \cdots & a_{1n} \\ & \vdots & & \\ a_{n1} & a_{n2} & \cdots & a_{nn} \end{bmatrix} \cdot \begin{bmatrix} x_{1i} \\ x_{2i} \\ \vdots \\ x_{ni} \end{bmatrix} = \begin{bmatrix} 0 \\ \vdots \\ 1 \\ \vdots \\ 0 \end{bmatrix} \quad , \ i=1,\dots,n \ . \tag{1.35}$$

Der Vektor auf der rechten Seite von (1.35) hat in der i-ten Komponente eine 1, sonst Nullen. (1.35) stellt ein lineares Gleichungssystem mit einer regulären Matrix A für $i = 1,\dots,n$ dar. Es sind daher n Gleichungssysteme mit derselben Koeffizientenmatrix A und jeweils einer neuen rechten Seite aus I zu lösen.

Zur praktischen Berechnung von A^{-1} schreiben wir die Matrix A und die Einheitsmatrix I nebeneinander und bringen das Schema durch elementare Umformungen soweit, daß aus der Matrix A die Einheitsmatrix geworden ist, d.h. wir müssen ober- und unterhalb der Diagonalen von A Nullen erzeugen:

$$
\begin{array}{c|c}
\begin{matrix} a_{11} & a_{12} & \cdots & a_{1n} \\ a_{21} & a_{22} & \cdots & a_{2n} \\ \vdots & & & \\ a_{n1} & a_{n2} & \cdots & a_{nn} \end{matrix} & \begin{matrix} 1 & 0 & \cdots & 0 \\ 0 & 1 & \cdots & 0 \\ & \vdots & & \\ 0 & 0 & \cdots & 1 \end{matrix} \\
\hline
\begin{matrix} 1 & 0 & \cdots & 0 \\ 0 & 1 & \cdots & 0 \\ \vdots & & & \\ 0 & 0 & \cdots & 1 \end{matrix} & \begin{matrix} x_{11} & x_{12} & \cdots & x_{1n} \\ x_{21} & x_{22} & \cdots & x_{2n} \\ & \vdots & & \\ x_{n1} & x_{n2} & \cdots & x_{nn} \end{matrix}
\end{array}
\quad \begin{matrix} A \\ \downarrow \text{elementare Umformungen} \\ A^{-1} \end{matrix} \tag{1.36}
$$

Abschließend multiplizieren wir noch alle Zeilen mit den Kehrwerten der Diagonalelemente. Danach steht auf der rechten Seite die inverse Matrix.

● Beispiel 1.21:

$$A = \begin{bmatrix} 2 & -4 \\ 1 & 8 \end{bmatrix}$$

$$
\begin{array}{cc|cc}
2 & -4 & 1 & 0 \\
1 & 8 & 0 & 1 \\
\hline
2 & -4 & 1 & 0 \\
0 & 10 & -0{,}5 & 1 \\
\hline
2 & 0 & 0{,}8 & 0{,}4 \\
0 & 10 & -0{,}5 & 1 \\
\hline
1 & 0 & 0{,}4 & 0{,}2 \\
0 & 1 & -0{,}05 & 0{,}1
\end{array}
\quad A^{-1}
$$

$$A^{-1} = \frac{1}{20} \cdot \begin{bmatrix} 8 & 4 \\ -1 & 2 \end{bmatrix}$$

●

● Beispiel 1.22: *Für den ebenen Spannungszustand lauten die Beziehungen zwischen den Verzerrungen und den Spannungen*

$$
\begin{bmatrix} \varepsilon_{xx} \\ \varepsilon_{yy} \\ \gamma_{xy} \end{bmatrix} = \frac{1}{E} \cdot \begin{bmatrix} 1 & -\nu & 0 \\ -\nu & 1 & 0 \\ 0 & 0 & 2(1+\nu) \end{bmatrix} \cdot \begin{bmatrix} \sigma_{xx} \\ \sigma_{yy} \\ \tau_{xy} \end{bmatrix} \tag{1.37}
$$

Wir wollen (1.37) nach den Spannungen auflösen. Dazu müssen wir die inverse Matrix zu der in (1.37) bilden:

$$
\frac{1}{E} \cdot
\begin{array}{|ccc|ccc}
1 & -\nu & 0 & 1 & 0 & 0 \\
-\nu & 1 & 0 & 0 & 1 & 0 \\
0 & 0 & 2(1+\nu) & 0 & 0 & 1 \\
\hline
1 & -\nu & 0 & E & 0 & 0 \\
0 & 1-\nu^2 & 0 & \nu E & E & 0 \\
0 & 0 & 1 & 0 & 0 & \frac{E}{2(1+\nu)}
\end{array}
$$

$$\begin{array}{|ccc|ccc}
\hline
1 & 0 & 0 & \frac{E}{1-\nu^2} & \frac{\nu E}{1-\nu^2} & 0 \\
0 & 1 & 0 & \frac{\nu E}{1-\nu^2} & \frac{E}{1-\nu^2} & 0 \\
0 & 0 & 1 & 0 & 0 & \frac{E}{2(1+\nu)}
\end{array}$$

Wenn wir noch den Skalar $\frac{E}{1-\nu^2}$ *ausklammern, haben wir*

$$\begin{bmatrix} \sigma_{xx} \\ \sigma_{yy} \\ \tau_{xy} \end{bmatrix} = \frac{E}{1-\nu^2} \cdot \begin{bmatrix} 1 & \nu & 0 \\ \nu & 1 & 0 \\ 0 & 0 & \frac{1-\nu}{2} \end{bmatrix} \cdot \begin{bmatrix} \varepsilon_{xx} \\ \varepsilon_{yy} \\ \gamma_{xy} \end{bmatrix} \qquad (1.38)$$

1.2.3 Der verkettete oder LR-Algorithmus

Wir betrachten lineare Gleichungssysteme mit einer quadratischen (n,n)-Koeffizientenmatrix A. Die Matrix A sei regulär, d.h. es existiert eine eindeutige Lösung.

Beim LR-Algorithmus wird die Matrix A aus der Gleichung $A \cdot \vec{x} = \vec{b}$ in das Produkt einer Linksdreiecksmatrix L mit einer Rechtsdreiecksmatrix R zerlegt:

$$A = L \cdot R \quad ,$$

wobei

$$L = \begin{bmatrix} l_{11} & 0 & \dots & 0 \\ l_{21} & l_{22} & \dots & 0 \\ \vdots & & & \vdots \\ & & & 0 \\ l_{n1} & l_{n2} & \dots & l_{nn} \end{bmatrix} \quad ,$$

$$R = \begin{bmatrix} r_{11} & r_{12} & \dots & r_{1n} \\ 0 & r_{22} & \dots & r_{2n} \\ \vdots & & & \vdots \\ 0 & 0 & \dots & r_{nn} \end{bmatrix} \quad .$$

Wenn dies erreicht ist, können wir den Lösungsvektor schnell bekommen:

a) Für $A \cdot \vec{x} = \vec{b}$ schreiben wir $L \cdot R \cdot \vec{x} = \vec{b}$ und nennen das Produkt $R \cdot \vec{x}$ den Vektor $\vec{y}$.

b) Wir lösen die Gleichung $L \cdot \vec{y} = \vec{b}$ hinsichtlich $\vec{y}$ durch Vorwärtseinsetzen.

c) Wir lösen die Gleichung $R \cdot \vec{x} = \vec{y}$ hinsichtlich $\vec{x}$ bei bekanntem $\vec{y}$ durch Rückwärtseinsetzen.

Bei der Zerlegung von A in L·R wird der Vektor $\vec{b}$ der rechten Seite des Gleichungssystems nicht benötigt. Wir können also mit den Schritten b) und c) Gleichungssysteme mit verschiedenen rechten Seiten lösen.

Nun kommen wir zur Zerlegung von A. Der Übersichtlichkeit halber ordnen wir die Matrizen L , R und A im Falk'schen Schema an:

$$
\begin{array}{ccccc|ccccc}
 & & & & R & r_{11} & r_{12} \cdots & r_{1j} & \cdots & r_{1n} \\
 & & & & & 0 & r_{22} \cdots & r_{2j} & \cdots & r_{2n} \\
 & & & & & \vdots & & \vdots & & \vdots \\
 & & & & & 0 & \cdots & r_{jj} & \cdots & r_{jn} \\
 & & & & & \vdots & & & & \vdots \\
L & & & & & 0 & \cdots & 0 & \cdots & r_{nn} \\
\hline
1 & 0 & \cdots & & 0 & a_{11} & a_{12} \cdots & a_{1j} & \cdots & a_{1n} \\
l_{21} & 1 & & & \vdots & \vdots & & \vdots & & \vdots \\
\vdots & & & & & & & & & \\
l_{i1} & l_{i2} \cdots & 1 & \cdots & 0 & a_{i1} & \cdots & a_{ij} & \cdots & a_{in} \quad A \\
\vdots & & & & \vdots & \vdots & & \vdots & & \vdots \\
l_{n1} & l_{n2} \cdots & l_{ni} & \cdots & 1 & a_{n1} & a_{n2} \cdots & a_{nj} & \cdots & a_{nn}
\end{array}
\qquad (1.39)
$$

Die Matrizen enthalten jeweils $\frac{n(n+1)}{2}$ Elemente als Unbekannte, also zusammen n^2+n . Das Produkt $A = L \cdot R$ läßt aber nur genau n^2 Skalarprodukte zur Bildung der a_{ij} zu, d.h. es stehen n^2 Gleichungen für n^2+n Unbekannte zur Verfügung. Wir wählen daher die Diagonalelemente $l_{ii} = 1$ für $i = 1,\ldots,n$. Damit sind noch genau n^2 Elemente aus L und R unbekannt.

1. Schritt: Berechnung der 1. Zeile von R und dann der 1. Spalte von L:

a) Das Skalarprodukt der der 1. Zeile von L mit der j-ten Spalte von R bringt das r_{1j}:

$$1 \cdot r_{1j} = a_{1j} \quad ,$$

$$r_{1j} = a_{1j} \quad , \quad j = 1,\ldots,n$$

b) Das Skalarprodukt der 1. Spalte von R mit der j-ten Zeile von L bringt das l_{j1}:

$$l_{j1} \cdot r_{11} = a_{j1} \quad ,$$

$$l_{j1} = \frac{a_{j1}}{r_{11}} \quad , \quad j = 2,\ldots,n \ .$$

i-ter Schritt: Berechnung der i-ten Zeile von R und der i-ten Spalte von L: Im folgenden Bild sind die Zeilen von R und Spalten von L in der Reihenfolge eingetragen, in der sie berechnet werden. In derselben Reihenfolge werden auch die Elemente von A angesprochen.

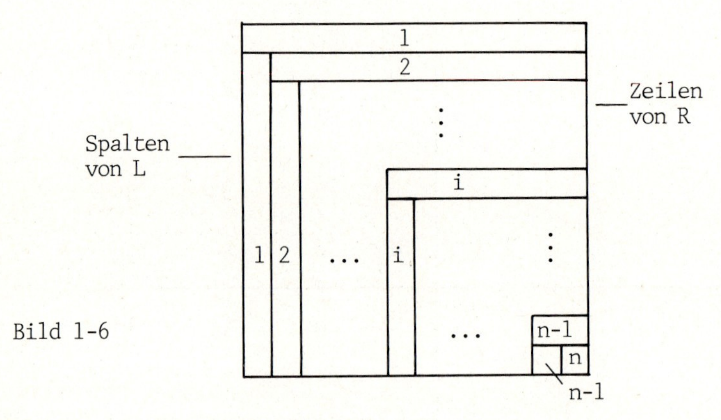

Bild 1-6

a) Das Skalarprodukt der i-ten Zeile von L mit der j-ten Spalte von R ergibt das r_{ij}:

$$l_{i1}r_{1j} + l_{i2}r_{2j} + \dots + l_{i,i-1}r_{i-1,j} + 1 \cdot r_{ij} = a_{ij} ,$$

$$r_{ij} = a_{ij} - (l_{i1}r_{1j} + \dots + l_{i,i-1}r_{i-1,j}) \qquad (1.40)$$

$$j = i, \dots, n \quad .$$

b) Das Skalarprodukt der i-ten Spalte von R mit der j-ten Zeile von L ergibt das l_{ji}:

$$l_{j1}r_{1i} + l_{j2}r_{2i} + \dots + l_{j,i-1}r_{i-1,i} + l_{ji}r_{ii} = a_{ji} ,$$

$$l_{ji} = \frac{1}{r_{ii}} \left[a_{ji} - (l_{j1}r_{1i} + \dots + l_{j,i-1}r_{i-1,i}) \right] \qquad (1.40)$$

$$j = i+1, \dots ,n \quad .$$

n-ter Schritt: Das Skalarprodukt der n-ten Zeile von L mit der n-ten Spalte von R ergibt das r_{nn} :

$$l_{n1}r_{1n} + \dots + l_{n,n-1}r_{n-1,n} + 1 \cdot r_{nn} = a_{nn} ,$$

$$r_{nn} = a_{nn} - (l_{n1}r_{1n} + \dots + l_{n,n-1}r_{n-1,n}) \quad .$$

Das Verfahren funktioniert nur, wenn sich die $r_{ii} \neq 0$ ergeben. Bei Gesamtsteifigkeitsmatrizen in der Finite Element Methode ist dies gewährleistet.

Da aber solche Matrizen symmetrisch sind, werden sie mit dem im Abschnitt 1.2.4 besprochenen Cholesky-Verfahren behandelt.

● Beispiel 1.23:

$$\begin{array}{rcrcrcrcr} 2x_1 & + & 3x_2 & - & x_3 & & & = & 20 \\ -6x_1 & - & 5x_2 & & & + & 2x_4 & = & -45 \\ 2x_1 & - & 5x_2 & + & 6x_3 & - & 6x_4 & = & -3 \\ 4x_1 & + & 6x_2 & + & 2x_3 & - & 3x_4 & = & 58 \end{array}$$

					2	3	-1	0	20	1
				R	0	4	-3	2	15	7
					0	0	1	-2	7	3
$\vec{b}$		L			0	0	0	5	-10	-2
20	1	0	0	0	2	3	-1	0	$\vec{y}$	$\vec{x}$
-45	-3	1	0	0	-6	-5	0	2		
-3	1	-2	1	0	2	-5	6	-6	A	
58	2	0	4	1	4	6	2	-3		

Wir bestimmen zunächst die Matrizen L und R wie oben beschrieben. Wenn wir den gegebenen Vektor $\vec{b}$ links neben L schreiben, können wir bequem die Zwischenlösung $\vec{y}$ durch Vorwärtseinsetzen in L bekommen und schreiben $\vec{y}$ dann neben R. Durch Rückwärtseinsetzen in R können wir neben $\vec{y}$ den Ergebnisvektor $\vec{x}$ notieren: $\vec{x}^T = [1, 7, 3, -2]$ ●

1.2.4 LR-Zerlegung für symmetrische Matrizen (Cholesky-Verfahren)

Die (n,n)-Matrix A des Gleichungssystems $A \cdot \vec{x} = \vec{b}$ sei jetzt symmetrisch. Wir machen anstelle von $A = L \cdot R$ den Ansatz

$$A = R^T \cdot R \quad ,$$

so daß nur eine Dreiecksmatrix zu berechnen ist. Dies ist wegen der Symmetrie von A möglich. Den $\frac{n(n+1)}{2}$ unbekannten Elementen von R stehen genausoviele bekannte Elemente von A oberhalb und auf der Diagonalen gegenüber.

Wir wollen weiter annehmen, daß entsprechend Definition 1.7 die Matrix A positiv definit ist. Genau diese Eigenschaft haben die Gesamtsteifigkeitsmatrizen der Gleichungssysteme der FEM. Aus der linearen Algebra weiß man, daß positiv definite Matrizen regulär sind. Unser Gleichungssystem mit symmetrischer und positiv definiter Matrix A hat daher einen eindeutigen Lösungsvektor.

Gegenüber der allgemeinen LR-Zerlegung vereinfacht sich das Cholesky-

Verfahren, wobei nicht mehr wie bei der LR-Zerlegung n^2 Elemente, sondern nur noch $\frac{n(n+1)}{2}$ Elemente zu bestimmen sind, bei großen Matrizen also nur noch rund die Hälfte.

$$
\begin{array}{c|ccccc}
 & r_{11} & r_{12} \cdots & r_{1i} & \cdots & r_{1n} \\
 & 0 & r_{22} \cdots & r_{2i} & \cdots & r_{2n} \\
R & \vdots & & r_{ii} & \cdots & r_{in} \\
 & & & & & \vdots \\
 & 0 & \cdots & 0 & \cdots & r_{nn} \\
\hline
 & a_{11} & a_{12} \cdots & a_{1i} & \cdots & a_{1n} \\
A & \vdots & & & & \vdots \\
 & a_{n1} & a_{n2} \cdots & a_{ni} & \cdots & a_{nn}
\end{array}
$$

1. Schritt: Berechnung der 1. Zeile von R:

$$r_{11} \cdot r_{1j} = a_{1j} \quad , \quad j = 1, \ldots, n \quad , \text{ d.h.}$$

$$r_{11} = \sqrt{a_{11}} \quad ,$$

$$r_{1j} = \frac{1}{r_{11}} \cdot a_{1j} \quad \text{für } j = 2, \ldots, n \quad .$$

i-ter Schritt : Berechnung der i-ten Zeile von R:

$$r_{1i}r_{1j} + r_{2i}r_{2j} + \ldots + r_{ii}r_{ij} = a_{ij} \quad , \quad j = i, \ldots, n \quad , \text{ d.h.}$$

$$r_{ii} = \sqrt{a_{ii} - r_{1i}^2 - r_{2i}^2 - \ldots - r_{i-1,i}^2}$$

$$r_{ij} = \frac{1}{r_{ii}} \cdot (a_{ij} - r_{1i}r_{1j} - \ldots - r_{i-1,i}r_{i-1,j}) \quad ,$$

$$\text{für } j = i+1, \ldots, n \quad . \tag{1.41}$$

n-ter Schritt: Berechnung der n-ten Zeile von R (r_{nn}):

$$r_{1n}^2 + r_{2n}^2 + \ldots + r_{nn}^2 = a_{nn} \quad ,$$

$$r_{nn} = \sqrt{a_{nn} - r_{1n}^2 - \ldots - r_{n-1,n-1}^2} \quad .$$

Die r_{ii} ergeben sich als Wurzelausdrücke. Für positiv definite symmetrische Matrizen ist gewährleistet, daß die Radikanden positiv sind.

Das Cholesky-Verfahren ist numerisch sehr stabil. Durch das Bilden der Quadratwurzeln für die Diagonalelemente r_{ii} werden sehr kleine Werte vergrößert, so daß ein zu großer Stellenverlust verhindert wird. Dies bedeutet, daß man auch noch recht große Systeme, deren Koeffizientenmatrix fast singulär ist, mit dem Cholesky-Verfahren befriedigend lösen kann.

● Beispiel 1.24:

$$\begin{aligned} 4x_1 - 2x_2 + 6x_3 + 2x_4 &= 30 \\ -2x_1 + 17x_2 - 11x_3 + 19x_4 &= -35 \\ 6x_1 - 11x_2 + 22x_3 - 19x_4 &= 70 \\ 2x_1 + 19x_2 - 19x_3 + 43x_4 &= -29 \end{aligned}$$

$\vec{b}^T$	30	-35	70	-29		
R	2	-1	3	1	15	2
	0	4	-2	5	-5	-1
	0	0	3	-4	5	3
	0	0	0	1	1	1
A	4	-2	6	2	$\vec{y}$	$\vec{x}$
	-2	17	-11	19		
	6	-11	22	-19		
	2	19	-19	43		

Nachdem wir die obere Dreiecksmatrix R bestimmt haben, schreiben wir den Vektor $\vec{b}^T$ oberhalb von R hin und berechnen durch Vorwärtseinsetzen in R^T die Zwischenlösung $\vec{y}$, die wir rechts von R notieren. Durch Rückwärtseinsetzen in R erhalten wir dann den Lösungsvektor $\vec{x}$. ●

In der Finite Element Methode sind Gleichungssysteme $A \cdot \vec{x} = \vec{b}$ mit folgenden Eigenschaften zu lösen:

a) A ist eine quadratische symmetrische Matrix

b) A ist positiv definit

c) A ist eine Bandmatrix, d.h. nur die Hauptdiagonale und eine gewisse Anzahl von Nebendiagonalen enthalten Elemente ungleich Null.

Die Punkte a) und b) bedeuten, daß wir zur Lösung solcher Gleichungssysteme das Cholesky-Verfahren vorteilhaft benutzen können. Die Tatsache, daß A Bandform hat, vereinfacht das Cholesky-Verfahren insofern, als es nur auf die Hauptdiagonale und die darüber stehenden besetzten Nebendiagonalen angewendet werden muß. Hierzu werden genauere Erläuterungen in Band 2 gegeben, wo ein FEM-Programm vorgestellt wird, das diese Variante des Cholesky-Verfahrens benutzt.

2 SPANNUNGEN

2.1 Der Spannungsbegriff

Die auf einen Körper aufgebrachten äußeren Kräfte und Momente erzeugen nicht nur in den Auflagern Reaktionen, sondern rufen auch im Inneren Kräfte hervor. Eine Möglichkeit, diese inneren Kräfte zu erfahren, ist das Schnittprinzip. In der Schnittfläche werden in deren Schwerpunkt derart Kräfte und Momente angebracht, daß der Teilkörper im Gleichgewicht mit den äußeren Kräften steht.

Diese Schnittgrößen $\vec{F}_s$ und $\vec{M}_s$ existieren allerdings in Wirklichkeit nicht, sondern sind auf der Schnittfläche als Flächenkräfte vorhanden. Diese Flächenkräfte heißen auch Spannungen. Wenn wir die über die Gleichgewichtsbedingungen berechnete innere Schnittgröße als Einzellast $\vec{F}_s$ wieder auf die Schnittfläche mit dem Flächeninhalt A verteilen, bekommen wir mit

$$\vec{s} = \frac{1}{A}\cdot\vec{F}_s = \frac{\vec{F}_s}{A}$$

einen mittleren Wert für die Spannung. Zieht man z.B. an einem einseitig eingespannten Stab, kann man annehmen, daß in hinreichender Entfernung von der Krafteinleitungsstelle die Einzellast $\vec{F}$ sich gleichmäßig über der Querschnittsfläche als Flächenkraft verteilt, d.h. als Spannung

$$\vec{s} = \frac{\vec{F}}{A}$$

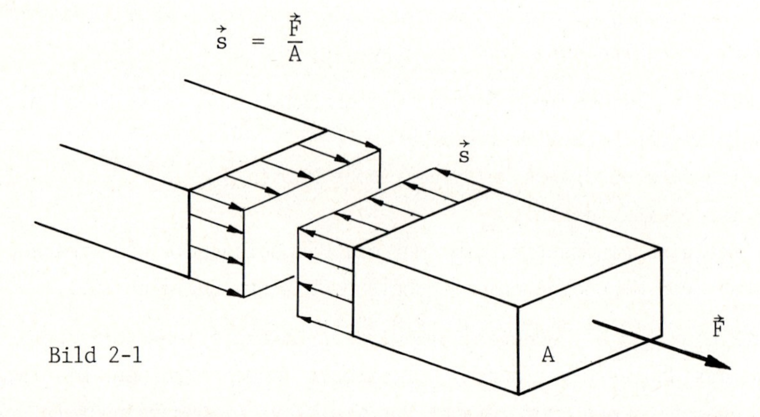

Bild 2-1

darstellt. Im allgemeinen sind die inneren Kräfte nicht konstant in Richtung und Größe über die Schnittfläche verteilt. Wir müssen die Spannung daher mit dem Grenzwertbegriff definieren. Der Einfachheit halber nehmen wir eine ebene Schnittfläche an. Aus der Schnittebene wird ein Flächenelement ΔA um den Punkt P betrachtet, in dem wir die Spannung wissen wollen. Die inneren Kräfte auf dem Flächenelement werden zur Resultierenden $\Delta\vec{F}$ zusammengefaßt. Die Spannung ist im Punkt P daher näherungsweise gegeben durch 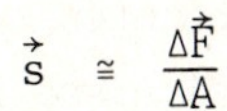

$$\vec{s} \cong \frac{\Delta\vec{F}}{\Delta A} \quad .$$

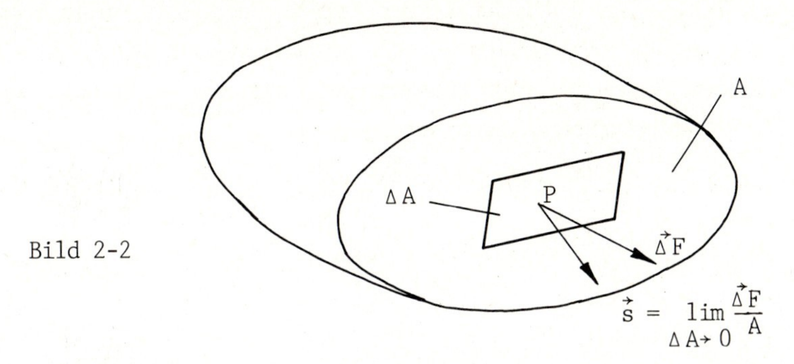

Bild 2-2

Die exakte Fassung für die Spannung bekommen wir durch die
Definition 2.1:

$$\vec{s} = \lim_{\Delta A \to 0} \frac{\Delta\vec{F}}{\Delta A} \quad .$$

Legen wir durch den Punkt P in Bild 2-2 eine anders gerichtete Schnittebene, ergibt sich in P auch ein anderer Spannungsvektor, da sich über verschiedenen Flächenelementen ΔA_1 und ΔA_2 verschiedene Flächenlastverteilungen ergeben:

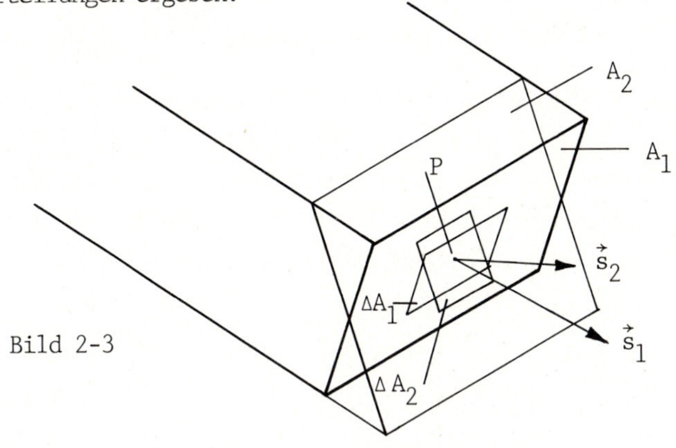

Bild 2-3

Der Spannungsvektor in einem Punkt eines belasteten Körpers hängt in Größe und Richtung von der Wahl des Punktes *und* der Schnittrichtung ab, d.h. zwei verschiedene Schnitte durch einen Punkt ergeben zwei verschiedene Spannungsvektoren. Die sogenannten Hauptspannungen spielen hinsichtlich aller Spannungsvektoren durch einen Punkt eine ausgezeichnete Rolle. Integrieren wir wieder die Spannung über die gesamte Schnittfläche, erhalten wir die Resultierende

$$\vec{F}_s = \int_A \vec{s} \, dA \quad .$$

Der belastete Körper sei in ein rechtsgerichtetes xyz-Koordinatensystem eingebettet. Wir betrachten die Spannungsverhältnisse in einem Punkt P des Körpers. Dabei können wir den Körper in P in unendlich vielen Schnittebenen anschauen. Speziell wollen wir die Spannungsverhältnisse in P hinsichtlich dreier besonderer Schnittrichtungen, nämlich der Schnitte parallel zu den Koordinatenebenen, festhalten.

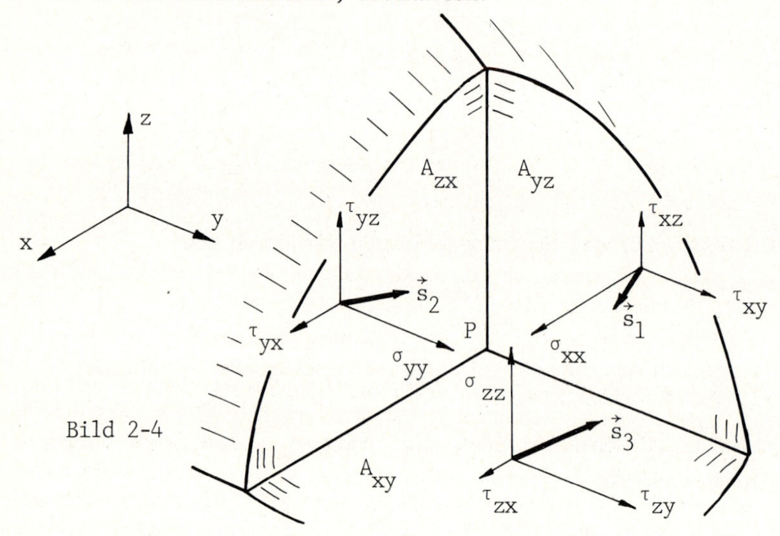

Bild 2-4

Wir schneiden daher in P eine Ecke parallel zu den Koordinatenebenen heraus. Um die Spannungsverhältnisse übersichtlich darstellen zu können, rücken wir jeweils etwas aus P in die jeweilige Ebene hinein. Für die Schnittebene A_{yz} parallel zur yz-Ebene liegt der Spannungsvektor $\vec{s}_1$ vor. Wir zerlegen $\vec{s}_1$ hinsichtlich des Koordinatensystems in die Spannungskomponenten σ_{xx}, τ_{xy}, τ_{xz}, also

$$\vec{s}_1 = \begin{bmatrix} \sigma_{xx} \\ \tau_{xy} \\ \tau_{xz} \end{bmatrix} .$$

Spannungen, die senkrecht zur Schnittebene stehen, heißen *Normalspannungen* und werden mit dem Buchstaben σ bezeichnet. Spannungen, die in der Schnittebene liegen, heißen *Schubspannungen*, sie werden mit dem Buchstaben τ bezeichnet. Die Doppelindices haben folgende Bedeutung:
Der erste Index bezeichnet die Lage der Schnittebene durch die Stellung des Normalenvektors, der zweite Index gibt die Koordinatenrichtung der Spannung an. τ_{xz} bedeutet z.B., daß es sich um eine Schubspannung in der yz-Ebene (Normalenvektor in x-Richtung) in Richtung der z-Achse handelt.

In den beiden anderen Schnittebenen durch P parallel zur zx-Ebene und parallel zur xy-Ebene ergeben sich die Spannungsvektoren $\vec{s}_2$ bzw. $\vec{s}_3$. Sie haben die Komponenten

$$\vec{s}_2 = \begin{bmatrix} \tau_{yx} \\ \sigma_{yy} \\ \tau_{yz} \end{bmatrix} \quad \text{bzw.} \quad \vec{s}_3 = \begin{bmatrix} \tau_{zx} \\ \tau_{zy} \\ \sigma_{zz} \end{bmatrix} \quad .$$

Nachdem man hinsichtlich des belasteten Körpers ein xyz-Koordinatensystem gewählt hat, kann man in jedem Punkt die gerade eingeführten 9 Normal- und Schubspannungen betrachten. Ein Ziel der Festigkeitslehre ist es, zunächst diese Spannungen zu berechnen. Im weiteren Verlauf wollen wir zeigen, daß man die Normal- und Schubspannungen, die sich für eine beliebig gewählte Schnittrichtung ergeben, aus den 9 Spannungsgrößen hinsichtlich des globalen xyz-Koordinatensystems berechnen kann.

2.2 Der dreiachsige Spannungszustand

Wir betrachten einen belasteten dreidimensionalen Körper in einem beliebigen Punkt P und beziehen uns auf Bild 2-4. Die Spannungen $\vec{s}_1$, $\vec{s}_2$, $\vec{s}_3$ in den Koordinatenschnittebenen können wir wie in Abschnitt 2.1 gezeigt in Normal- und Schubspannungen zerlegen. Des weiteren geben wir nun eine beliebige durch P verlaufende Schnittebene vor, die wir etwas aus P herausrücken.

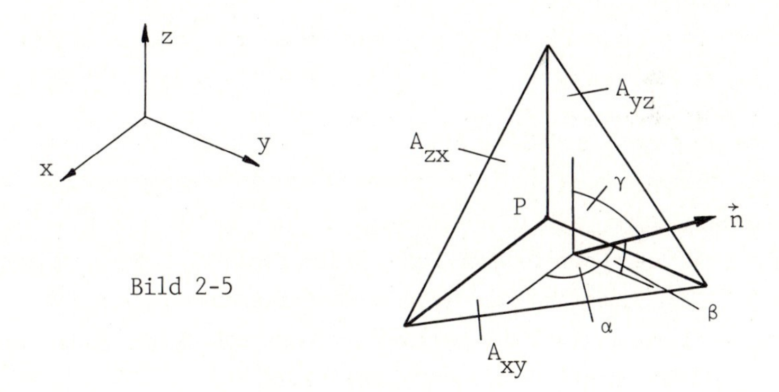

Bild 2-5

Die Stellung der Schnittebene ist durch ihren Normalenvektor bestimmt, der die Winkel α , β , γ gegen die Koordinatenachsen hat. Wir können den Normalenvektor durch die Richtungscosinus als Einheitsvektor angeben:

$$\vec{n}^T = [\cos\alpha \ , \ \cos\beta \ , \ \cos\gamma] \quad .$$

In den Bildern 2-4 und 2-5 haben wir den Körper im Punkt P betrachtet.

Im weiteren Verlauf wollen wir die Spannungsverhältnisse am herausgeschnittenen Tetraeder untersuchen. Dieses Tetraeder wird durch die Koordinatenebenen und die beliebig gewählte Schnittebene begrenzt, die um die infinitesimalen Größen dx , dy und dz aus dem Punkt P herausgerückt sei.

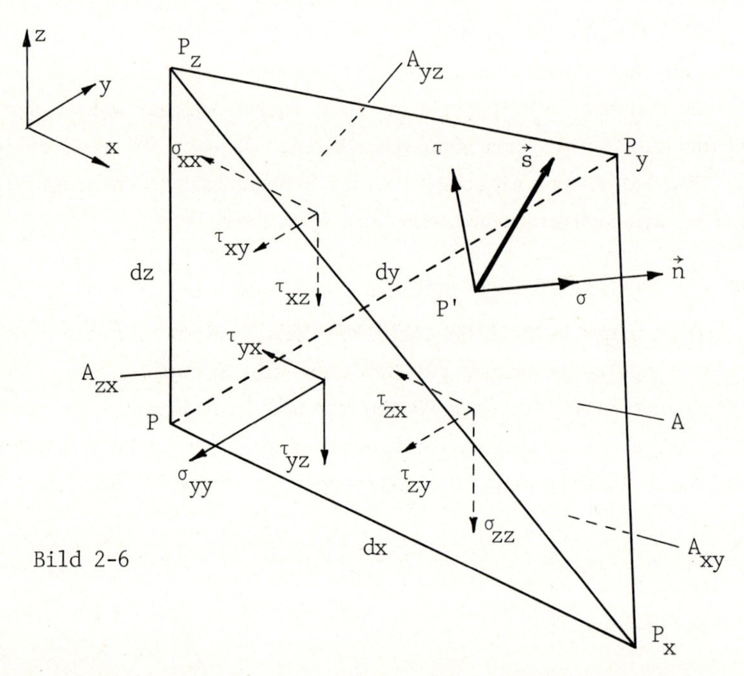

Bild 2-6

Da das Tetraeder bezüglich Bild 2-4 in P aus dem Körper herausgeschnitten wurde, müssen die im Bild 2-6 in den Koordinatenebenen eingezeichneten Spannungen denen im Bild 2-4 entgegengesetzt gerichtet sein, da es sich jeweils um gegenüberliegende Schnittufer handelt. Die Spannungen sind jeweils in den Schwerpunkten der 4 Dreiecksflächen eingetragen. Für die folgende Rechnung legen wir unser xyz-Koordinatensystem o.B.d.A. mit dem Ursprung in den Punkt P, so daß P(0/0/0) gilt.

Unser Ziel ist es, die im Punkt P' vorliegende Spannung $\vec{s}$, die hinsichtlich der Schnittebene A eine Normal- und Schubspannungskomponente σ und τ besitzt, durch die Spannungen $\vec{s}_1$, $\vec{s}_2$ und $\vec{s}_3$ in den Seitenflächen auszudrücken, wobei

$$\vec{s}_1^{\,T} = [\sigma_{xx}, \tau_{xy}, \tau_{xz}] , \vec{s}_2^{\,T} = [\tau_{yx}, \sigma_{yy}, \tau_{yz}] \quad \text{und}$$

$\vec{s}_3^T = \left[\tau_{zx}, \tau_{zy}, \sigma_{zz}\right]$. Um die Momenten- und Kräftegleichgewichtsbedingungen aufstellen zu können, benötigen wir die Flächeninhalte der 4 Dreiecksflächen.

Die Schnittebene durch P' hat in der Hesse'schen Normalform die Gleichung

$$(\vec{r} - \vec{p}) \cdot \vec{n} = 0 \quad ,$$

wobei $\vec{r}$ den allgemeinen Ortsvektor, $\vec{p}$ den Ortsvektor zu P' und $\vec{n}$ den Normalenvektor bedeuten. Ausgerechnet ergibt sich

$$x \cdot \cos\alpha + y \cdot \cos\beta + z \cdot \cos\gamma = K \quad ,$$

wobei $K = \vec{p} \cdot \vec{n}$ eine Konstante ist. Die Koordinaten der Eckpunkte des Tetraeders folgen hieraus zu

$$P_x\left(\frac{K}{\cos\alpha}/0/0\right) \quad , \quad P_y\left(0/\frac{K}{\cos\beta}/0\right) \quad , \quad P_z\left(0/0/\frac{K}{\cos\gamma}\right) \quad .$$

Die Dreiecke in den Koordinatenebenen haben also die Flächeninhalte

$$A_{xy} = \frac{1}{2} \cdot \frac{K^2}{\cos\alpha \ \cos\beta} \quad , \quad A_{yz} = \frac{1}{2} \cdot \frac{K^2}{\cos\beta \ \cos\gamma} \quad , \quad A_{zx} = \frac{1}{2} \cdot \frac{K^2}{\cos\gamma \ \cos\alpha} \quad .$$

Mit den Ortsvektoren $\vec{p}_x$, $\vec{p}_y$, $\vec{p}_z$ der Punkte P_x, P_y, P_z können wir auch sofort den Flächeninhalt von A angeben:

$$\begin{aligned} A &= \frac{1}{2} \cdot \left| (\vec{p}_z - \vec{p}_x) \times (\vec{p}_z - \vec{p}_y) \right| \\ &= \frac{1}{2} \cdot \left| \left(\frac{K^2}{\cos\beta \ \cos\gamma}, \frac{K^2}{\cos\gamma \ \cos\alpha}, \frac{K^2}{\cos\alpha \ \cos\beta} \right) \right| \\ &= \frac{1}{2} \cdot \frac{K^2}{\cos\alpha \ \cos\beta \ \cos\gamma} \quad . \end{aligned}$$

Damit erkennen wir

$$A_{xy} = A \cdot \cos\gamma \quad , \quad A_{yz} = A \cdot \cos\alpha \quad , \quad A_{zx} = A \cdot \cos\beta \qquad (2.1)$$

Zunächst stellen wir die Momentengleichgewichtsbedingungen auf. Wir bilden die Momentensumme um die durch P' zur z-Achse parallele Achse:

$$\tau_{xy} \cdot \frac{1}{2} \cdot dydz \cdot \frac{1}{3} \cdot dx \ - \ \tau_{yx} \cdot \frac{1}{2} \cdot dxdz \cdot \frac{1}{3} \cdot dy = 0 \quad .$$

Daraus folgt sofort $\tau_{xy} = \tau_{yx}$.

Entsprechendes folgt für die anderen Schubspannungen. Damit haben wir den Satz von der Gleichheit zugeordneter Schubspannungen.

Satz 2.1:

$$\tau_{xy} = \tau_{yx} \quad , \quad \tau_{yz} = \tau_{zy} \quad , \quad \tau_{zx} = \tau_{xz} \quad .$$

Die Kräftegleichgewichtsbedingungen für die 3 Achsenrichtungen bringen, wobei der Spannungsvektor in P' die Komponenten $\vec{s}^T = [s_x, s_y, s_z]$ hat:

$$s_x \cdot A - \sigma_{xx} \cdot A_{yz} - \tau_{yx} \cdot A_{zx} - \tau_{zx} \cdot A_{xy} = 0$$

$$s_y \cdot A - \tau_{xy} \cdot A_{yz} - \sigma_{yy} \cdot A_{zx} - \tau_{zy} \cdot A_{xy} = 0$$

$$s_z \cdot A - \tau_{xz} \cdot A_{yz} - \tau_{yz} \cdot A_{zx} - \sigma_{zz} \cdot A_{xy} = 0 \; .$$

Mit den Beziehungen (2.1) bekommen wir

$$s_x = \sigma_{xx} \cdot \cos\alpha + \tau_{yx} \cdot \cos\beta + \tau_{zx} \cdot \cos\gamma$$

$$s_y = \tau_{xy} \cdot \cos\alpha + \sigma_{yy} \cdot \cos\beta + \tau_{zy} \cdot \cos\gamma$$

$$s_z = \tau_{xz} \cdot \cos\alpha + \tau_{yz} \cdot \cos\beta + \sigma_{zz} \cdot \cos\gamma \; .$$

Wir führen die Spannungsmatrix S ein,

$$S = \begin{bmatrix} \sigma_{xx} & \tau_{yx} & \tau_{zx} \\ \tau_{xy} & \sigma_{yy} & \tau_{zy} \\ \tau_{xz} & \tau_{yz} & \sigma_{zz} \end{bmatrix} \tag{2.2}$$

und können mit $\vec{n}^T = [\cos\alpha, \cos\beta, \cos\gamma]$ kürzer schreiben

$$\vec{s} = S \cdot \vec{n} \tag{2.3}$$

Wegen Satz 2.1 läßt sich die Spannungsmatrix symmetrisch darstellen:

$$S = \begin{bmatrix} \sigma_{xx} & \tau_{xy} & \tau_{zx} \\ \tau_{xy} & \sigma_{yy} & \tau_{yz} \\ \tau_{zx} & \tau_{yz} & \sigma_{zz} \end{bmatrix} \tag{2.4}$$

Mit der Beziehung (2.3) können wir also bei Vorgabe der nunmehr 6 Spannungen in den Koordinatenebenen den Spannungsvektor $\vec{s}$ in der durch den Normalenvektor $\vec{n}$ beliebig gewählten Schnittebene berechnen. Den in Bild 2-6 eingezeichneten Normal- und Schubspannungsanteil σ und τ bekommen wir, wenn wir beachten, daß σ durch Projektion von $\vec{s}$ auf $\vec{n}$ gewonnen werden kann:

$$\sigma = \vec{s}^T \cdot \vec{n} = (S \cdot \vec{n})^T \cdot \vec{n} \tag{2.5}$$

Wegen $|\vec{s}|^2 = \sigma^2 + \tau^2$ folgt weiter

$$\tau = \sqrt{|\vec{s}|^2 - \sigma^2} \tag{2.6}$$

Die eigentliche Aufgabe besteht nun darin, diejenigen Schnittrichtungen zu finden, für die der Spannungsvektor $\vec{s}$ mit dem Normalenvektor zusammenfällt. Das sind dann genau die Ebenen, die schubspannungsfrei sind. Wir fordern daher

$$\vec{s} = \sigma \cdot \vec{n} \quad .$$

Mit (2.3) haben wir die Forderung

$$S \cdot \vec{n} = \sigma \cdot \vec{n} \tag{2.7}$$

Wir bringen die rechte Seite nach links und schreiben mit (2.4) ausführlich

$$\begin{bmatrix} \sigma_{xx} - \sigma & \tau_{xy} & \tau_{zx} \\ \tau_{xy} & \sigma_{yy} - \sigma & \tau_{yz} \\ \tau_{zx} & \tau_{yz} & \sigma_{zz} - \sigma \end{bmatrix} \cdot \begin{bmatrix} \cos\alpha \\ \cos\beta \\ \cos\gamma \end{bmatrix} = \begin{bmatrix} 0 \\ 0 \\ 0 \end{bmatrix} \tag{2.8}$$

Dies ist ein lineares Gleichungssystem in den Unbekannten $\cos\alpha$, $\cos\beta$, $\cos\gamma$. Wir bringen die Koeffizientenmatrix aus (2.8) mit den Elementarumformungen auf Dreiecksform:

$$\begin{array}{ccc|c} \sigma_{xx} - \sigma & \tau_{xy} & \tau_{zx} & 0 \\ 0 & a & b & 0 \\ 0 & 0 & c & 0 \end{array}$$

Dabei sind $\quad a = (\sigma_{yy}-\sigma) - \dfrac{\tau_{xy}^2}{\sigma_{xx}-\sigma} \quad , \quad b = \tau_{yz} - \dfrac{\tau_{xy} \cdot \tau_{zx}}{\sigma_{xx} - \sigma}$

und $\quad c = (\sigma_{zz}-\sigma) - \dfrac{\tau_{zx}^2}{\sigma_{xx}-\sigma} - \left(\tau_{yz} - \dfrac{\tau_{xy} \cdot \tau_{zx}}{\sigma_{xx} - \sigma}\right) \cdot \dfrac{\tau_{yz} \cdot (\sigma_{xx}-\sigma) - \tau_{xy} \cdot \tau_{zx}}{(\sigma_{yy}-\sigma)(\sigma_{xx}-\sigma) - \tau_{xy}^2} \quad .$

Wenn die Koeffizientenmatrix regulär ist, ergibt sich als Lösung nur der Nullvektor. Nun ist die gesuchte Spannung σ eine weitere Unbekannte in (2.8). Wir können die Koeffizientenmatrix singulär machen, wenn wir σ so wählen, daß $c = 0$ wird. Wir vereinfachen die Gleichung $c = 0$ und haben eine Gleichung dritten Grades in σ :

$$\sigma^3 + I_1 \cdot \sigma^2 + I_2 \cdot \sigma + I_3 = 0 \tag{2.9}$$

mit $\quad I_1 = -(\sigma_{xx} + \sigma_{yy} + \sigma_{zz}) \quad ,$

$$I_2 = \sigma_{xx} \cdot \sigma_{yy} + \sigma_{yy} \cdot \sigma_{zz} + \sigma_{xx} \cdot \sigma_{zz} - \tau_{xy}^2 - \tau_{yz}^2 - \tau_{zx}^2 \quad ,$$

$$I_3 = -\sigma_{xx} \cdot \sigma_{yy} \cdot \sigma_{zz} + \sigma_{xx} \cdot \tau_{yz}^2 + \sigma_{yy} \cdot \tau_{zx}^2 + \sigma_{zz} \cdot \tau_{xy}^2$$

$$- 2\cdot\tau_{xy}\cdot\tau_{yz}\cdot\tau_{zx} \quad . \tag{2.10}$$

Die Lösungen der Gleichung (2.9) sind die gesuchten Spannungen σ , für die das Gleichungssystem (2.8) Lösungsvektoren ungleich dem Nullvektor ergibt. Da in FEM-Programmen die Lösungen benötigt werden, wollen wir sie angeben. Zunächst führen wir die Substitution

$$\sigma = x - \frac{I_1}{3}$$

durch und erhalten eine reduzierte Gleichung

$$x^3 + p\cdot x + q = 0 \quad , \tag{2.11}$$

wobei $$p = I_2 - \frac{I_1^2}{3} \quad , \quad q = I_3 - \frac{I_1\cdot I_2}{3} + \frac{2I_1^3}{27} \quad .$$

Man berechnet nun den Winkel ϕ aus der Gleichung

$$\cos\phi = -\frac{q}{2} / \sqrt{\frac{|p|}{3}}^{\,3}$$

und bekommt daraus die Lösungen

$$x_1 = 2\cdot\sqrt{\frac{|p|}{3}}\cdot\cos\frac{\phi}{3} \quad ,$$

$$x_2 = -2\cdot\sqrt{\frac{|p|}{3}}\cdot\cos\left(\frac{\phi}{3} - 60^\circ\right)$$

$$x_3 = -2\cdot\sqrt{\frac{|p|}{3}}\cdot\cos\left(\frac{\phi}{3} + 60^\circ\right) \quad . \tag{2.12}$$

Diese Lösungen müssen wir noch mittels obiger Substitution in σ umschreiben, indem wir jeweils $-I_1/3$ addieren.

Wir setzen nun nacheinander die 3 Lösungen für die Spannungen in das Gleichungssystem (2.8) ein und erhalten jeweils einen Lösungsvektor

$$\vec{n}_i = \begin{bmatrix} n_{xi} \\ n_{yi} \\ n_{zi} \end{bmatrix} \quad , \quad i = 1,2,3 \tag{2.13}$$

Diese Lösungsvektoren sind in ihrer Länge beliebig. Wir normieren sie mit dem Kehrwert von $\sqrt{n_{xi}^2 + n_{yi}^2 + n_{zi}^2}$. Dadurch entsprechen die Komponenten den Richtungscosinus gegen die Koordinatenachsen. Aus der linearen Algebra ist bekannt, daß das System (2.8) wegen symmetrischer Koeffizientenmatrix senkrecht aufeinander stehende Vektoren $\vec{n}_1$, $\vec{n}_2$, $\vec{n}_3$ liefert.

Das Gleichungssystem (2.8) zusammen mit der Gleichung 3. Grades (2.9) liefert uns also mit den Normalvektoren 3 *Hauptachsenrichtungen* $\vec{n}_1$, $\vec{n}_2$ und $\vec{n}_3$, die senkrecht zueinander stehen und die zugehörigen 3 *Hauptnormalspannungen* σ_1 , σ_2 und σ_3 , die jeweils in Hauptachsenrichtung wirken. Die auf den Hauptachsenrichtungen senkrecht stehenden Schnittebenen sind schubspannungsfrei. Es läßt sich zeigen, daß die 3 Hauptnormalspannungen extremal sind.

Eine ähnliche Aufgabe wird durch die Frage nach denjenigen Schnittebenen gestellt, die normalspannungsfrei sind.

● Beispiel 2.1: *In einem Punkt eines belasteten Körpers sind hinsichtlich des globalen Koordinatensystems die 6 Spannungen in den Koordinatenebenen bekannt:*

$$\sigma_{xx} = 2\,\frac{kp}{cm^2}\ ,\quad \sigma_{yy} = 2\,\frac{kp}{cm^2}\ ,\quad \sigma_{zz} = 3\,\frac{kp}{cm^2}$$

$$\tau_{xy} = 2\,\frac{kp}{cm^2}\ ,\quad \tau_{yz} = 1\,\frac{kp}{cm^2}\ ,\quad \tau_{zx} = 2\,\frac{kp}{cm^2}\ .$$

Die erste Aufgabe besteht darin, die Normal- und Schubspannung in der Schnittebene zu berechnen, deren Normalenvektor mit den Koordinatenachsen den gleichen Winkel $54{,}74^\circ$ *bildet. Dabei ist* $\cos 54{,}74^\circ = 1/\sqrt{3}$ *.*
Wir benutzen wir die Beziehung (2.3) mit (2.4):

$$\vec{s} = \begin{bmatrix} 2 & 2 & 2 \\ 2 & 2 & 1 \\ 2 & 1 & 3 \end{bmatrix} \cdot \begin{bmatrix} 1/\sqrt{3} \\ 1/\sqrt{3} \\ 1/\sqrt{3} \end{bmatrix} = \frac{1}{\sqrt{3}} \cdot \begin{bmatrix} 6 \\ 5 \\ 6 \end{bmatrix} \frac{kp}{cm^2} \ .$$

Mit (2.5) und (2.6) ergeben sich der Normal- und Schubspannungsanteil:

$$\sigma = \vec{s}^T \cdot \vec{n} = \frac{1}{\sqrt{3}} \cdot \begin{bmatrix} 6 \ , & 5 \ , & 6 \end{bmatrix} \cdot \frac{1}{\sqrt{3}} \cdot \begin{bmatrix} 1 \\ 1 \\ 1 \end{bmatrix} = \frac{17}{3}\,\frac{kp}{cm^2}$$

$$\tau = \sqrt{|\vec{s}|^2 - \sigma^2} = 0{,}47\,\frac{kp}{cm^2} \ .$$

Als zweite Aufgabe wollen wir die Hauptachsenrichtungen mit den Hauptnormalspannungen bestimmen. Dazu berechnen wir zunächst nach (2.9) und (2.10) die zu lösende Gleichung 3. Grades:

$$\sigma^3 - 7 \cdot \sigma^2 + 7 \cdot \sigma + 2 = 0 \ .$$

Mit der Substitution $\sigma = x + 7/3$ *erhalten wir die reduzierte Gleichung*

$$x^3 - \frac{28}{3} \cdot x - \frac{191}{27} = 0 \ .$$

(2.12) liefert die Lösungen

$$x_1 = 3{,}380 \qquad x_2 = -2{,}564 \qquad x_3 = -0{,}816 \ .$$

Die Rücksubstitution liefert die Hauptspannungen

$$\sigma_1 = 5{,}713\ \frac{kp}{cm^2} \quad , \quad \sigma_2 = -0{,}231\ \frac{kp}{cm^2} \quad , \quad \sigma_3 = 1{,}517\ \frac{kp}{cm^2} \quad .$$

Wir setzen nun in (2.8) die gegebenen Spannungswerte und die Hauptspannung σ_1 *ein und lösen das Gleichungssystem mit dem Gauß'schen Algorithmus:*

$$\begin{array}{ccc|c} -3{,}713 & 2 & 2 & 0 \\ 2 & -3{,}713 & 1 & 0 \\ 2 & 1 & -2{,}713 & 0 \\ \hline -3{,}713 & 2 & 2 & 0 \\ 0 & -2{,}636 & 2{,}077 & 0 \\ 0 & 0 & 0 & 0 \end{array} \quad .$$

Wir wählen $n_{z1} = 1$ *und berechnen für die beiden restlichen Komponenten*

$$n_{y1} = 0{,}788 \qquad n_{x1} = 0{,}963 \quad .$$

Wir normieren diesen Vektor zum Einheitsvektor und haben

$$\vec{n}_1 = \begin{bmatrix} 0{,}603 \\ 0{,}494 \\ 0{,}626 \end{bmatrix} = \begin{bmatrix} \cos\alpha_1 \\ \cos\beta_1 \\ \cos\gamma_1 \end{bmatrix} \quad .$$

Für die Winkel ergibt sich daraus

$$\alpha_1 = 52{,}9^\circ \quad , \quad \beta_1 = 60{,}42^\circ \quad , \quad \gamma_1 = 51{,}22^\circ \quad .$$

Indem wir die beiden anderen Hauptspannungen in (2.8) einsetzen, bekommen wir genauso die beiden restlichen Stellungsvektoren für die Hauptspannungsebenen:

$$\vec{n}_2 = \begin{bmatrix} -0{,}773 \\ 0{,}556 \\ 0{,}307 \end{bmatrix} \quad , \quad \vec{n}_3 = \begin{bmatrix} -0{,}197 \\ -0{,}663 \\ 0{,}717 \end{bmatrix}$$

Nun sollte man die 3 Normalenvektoren so anordnen, daß sie ein Rechtssystem bilden. Am einfachsten können wir dies erreichen, wenn wir $\vec{n}_3$ *nicht aus (2.8) berechnen, sondern* $\vec{n}_3$ *als direktes Vektorprodukt von* $\vec{n}_1$ *mit* $\vec{n}_2$ *bilden. In unserem Fall gilt* $\vec{n}_1 \times \vec{n}_2 = \vec{n}_3$ *. Andernfalls müßten wir den Vektor* $\vec{n}_3$ *mit dem Skalar -1 multiplizieren. Wie man leicht nachprüft, stehen die 3 Normalenvektoren senkrecht aufeinander.* ●

2.3 Der ebene Spannungszustand

Die entsprechenden Ergebnisse für den ebenen Spannungszustand können wir nun leicht aus dem vorigen Abschnitt 2.2 als Sonderfall entwickeln. Anstelle von Bild 2-6 betrachten wir Bild 2-7 für den ebenen Fall.

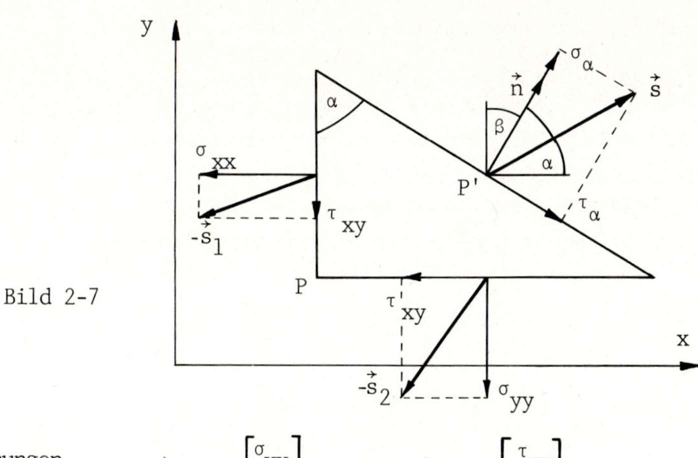

Bild 2-7

Die Spannungen $\vec{s}_1 = \begin{bmatrix} \sigma_{xx} \\ \tau_{xy} \end{bmatrix}$ und $\vec{s}_2 = \begin{bmatrix} \tau_{xy} \\ \sigma_{yy} \end{bmatrix}$

in den zu den Koordinatenachsen parallelen Schnittflächen lassen sich ähnlich wie in (2.3) mit (2.4) zu der Spannung $\vec{s}$ in der Schnittebene mit dem Normalenvektor

$$\vec{n} = \begin{bmatrix} \cos\alpha \\ \cos\beta \end{bmatrix}$$

zusammenfassen:

$$\vec{s} = \begin{bmatrix} \sigma_{xx} & \tau_{xy} \\ \tau_{xy} & \sigma_{yy} \end{bmatrix} \cdot \begin{bmatrix} \cos\alpha \\ \cos\beta \end{bmatrix} , \qquad (2.14)$$

wobei α und β die Winkel des Normalenvektors gegen die Achsen des Koordinatensystems bedeuten. Wegen $\cos^2\alpha + \cos^2\beta = 1$ folgt

$$\cos\beta = \sin\alpha \quad .$$

Damit berechnen wir für die Normalspannung σ_α nach (2.5)

$$\sigma_\alpha = \sigma_{xx}\cdot\cos^2\alpha + \sigma_{yy}\cdot\sin^2\alpha + 2\cdot\tau_{xy}\cdot\sin 2\cdot\alpha \qquad (2.15)$$

Die Frage nach dem Winkel α , für den die Schnittebene schubspannungsfrei wird, führt uns über (2.7) auf die zu (2.8) äquivalente Beziehung

$$\begin{bmatrix} \sigma_{xx} - \sigma_\alpha & \tau_{xy} \\ \tau_{xy} & \sigma_{yy} - \sigma_\alpha \end{bmatrix} \cdot \begin{bmatrix} \cos\alpha \\ \sin\alpha \end{bmatrix} = \begin{bmatrix} 0 \\ 0 \end{bmatrix} \qquad (2.16)$$

Mit den Elementarumformungen finden wir die Dreiecksform der Koeffizientenmatrix

$$\left|\begin{matrix} \sigma_{xx} - \sigma & \tau_{xy} \\ 0 & \sigma_{yy} - \sigma - \frac{\tau_{xy}^2}{\sigma_{xx} - \sigma} \end{matrix}\right| \left.\begin{matrix} 0 \\ 0 \end{matrix}\right| \tag{2.17}$$

(2.17) hat Lösungen, wenn die Matrix singulär ist. Das ist der Fall, wenn die zweite Zeile nur aus Nullen besteht, also fordern wir

$$\sigma_{yy} - \sigma - \frac{\tau_{xy}^2}{\sigma_{xx} - \sigma} = 0$$

bzw.

$$\sigma^2 - \sigma\,(\sigma_{xx} + \sigma_{yy}) + \sigma_{xx} \cdot \sigma_{yy} - \tau_{xy}^2 = 0 \ .$$

Die Lösungen dieser quadratischen Gleichung ergeben 2 verschiedene reelle Lösungen

$$\sigma_{1,2} = \frac{\sigma_{xx} + \sigma_{yy}}{2} \pm \sqrt{\tau_{xy}^2 + \frac{(\sigma_{xx} - \sigma_{yy})^2}{4}} \tag{2.18}$$

Das Gleichungssystem (2.17) lösen wir, indem wir $\sigma_{1,2}$ dort einsetzen und im Lösungsvektor $\vec{n}_i = \begin{bmatrix} n_{xi} \\ n_{yi} \end{bmatrix}$ z.B. $n_{yi} = 1$ wählen für $i = 1,2$.

Nachdem wir die Lösungen normiert haben, ergibt sich für die beiden gesuchten Normalenvektoren

$$\vec{n}_i = \begin{bmatrix} \cos\alpha_i \\ \sin\alpha_i \end{bmatrix} = \begin{bmatrix} \dfrac{\tau_{xy}}{\sqrt{\tau_{xy}^2 + (\sigma_i - \sigma_{xx})^2}} \\ \dfrac{\sigma_i - \sigma_{xx}}{\sqrt{\tau_{xy}^2 + (\sigma_i - \sigma_{xx})^2}} \end{bmatrix} , \ i = 1,2 \ . \tag{2.19}$$

Die Lösungen (2.18) ergeben sich auch, wenn man Gleichung (2.15) in Abhängigkeit von α nach den Extremwerten untersucht, d.h.

$$\frac{d\sigma_\alpha}{d\alpha} = 0$$

löst. Damit wäre dann gezeigt, daß die Hauptnormalspannungen in den Hauptachsenrichtungen extremal sind.

Auch hier ergeben sich entsprechende Ergebnisse, wenn man nach normalspannungsfreien Ebenen fragt.

● Beispiel 2.2: *Im Punkt P einer Scheibe liegen hinsichtlich des Koordinatensystems die Spannungen* $\sigma_{xx} = 8\,\frac{kp}{cm^2}$, $\sigma_{yy} = 3\,\frac{kp}{cm^2}$, $\tau_{xy} = 6\,\frac{kp}{cm^2}$ *vor.*

Aus (2.18) ergeben sich sofort die beiden Hauptnormalspannungen

$$\sigma_{1,2} = \frac{8+3}{2} \pm \sqrt{36 + \frac{(8-3)^2}{4}} = \frac{11}{2} \pm \frac{13}{2} \quad ,$$

also

$$\sigma_1 = 12 \frac{kp}{cm^2} \text{ (Zug)} \quad , \quad \sigma_2 = -1 \frac{kp}{cm^2} \text{ (Druck)}.$$

Über (2.19) besorgen wir uns die beiden zugehörigen Einheitsnormalvektoren und damit ihre Richtungswinkel gegen die Koordinatenachsen:

$$\vec{n}_1 = \begin{bmatrix} \cos \alpha_1 \\ \sin \alpha_1 \end{bmatrix} = \begin{bmatrix} \frac{6}{\sqrt{36 + (12-8)^2}} \\ \frac{4}{\sqrt{36 + (12-8)^2}} \end{bmatrix} = \begin{bmatrix} \frac{3}{\sqrt{13}} \\ \frac{2}{\sqrt{13}} \end{bmatrix} .$$

Der Vektor liegt im 1. Quadranten, hat also den Richtungswinkel

$$\alpha_1 = \arccos \frac{3}{\sqrt{13}} = 33{,}69^\circ$$

gegen die x-Achse. Für den zweiten Einheitsnormalenvektor ergibt sich genauso

$$\vec{n}_2^T = \left[\frac{2}{\sqrt{13}} , \frac{-3}{\sqrt{13}}\right] .$$

Sollen die beiden Normalenvektoren ein Rechtssystem bilden, müssen wir allerdings den Vektor $-\vec{n}_2$ *nehmen. Zu diesem Vektor gehört der Richtungswinkel*

$$\alpha_2 = \arccos \frac{-2}{\sqrt{13}} = 123{,}69^\circ .$$

●

3.1 DIE DEFORMATION DES BELASTETEN KÖRPERS

3.1.1 Die Taylorentwicklung

Die Bewegungen eines Körpers im Raum müssen wir durch Funktionen von 3 Veränderlichen beschreiben, ebenso die Deformationen des belasteten Körpers. Da wir eine lineare Mechanik zugrundelegen wollen, müssen wir diese Funktionen linearisieren. Zu diesem Zweck wollen wir uns kurz den Begriff der Taylorentwicklung für Funktionen in das Gedächtnis rufen.

Die Funktion $y = f(x)$ wird im Punkt $P_o(x_o/f(x_o))$ betrachtet und sei in der Umgebung $[x_o - dx;\ x_o + dx]$ von x_o $(n+1)$-mal differenzierbar. Dann gilt für den Funktionswert $f(x_o + dx)$ die folgende Entwicklung:

$$f(x_o + dx) = f(x_o) + \frac{f'(x_o)}{1!}dx + \frac{f''(x_o)}{2!}dx^2 + \dots + \frac{f^{(n)}(x_o)}{n!}dx^n + R_n$$

$$\text{mit } R_n = \frac{f^{(n+1)}(u)}{(n+1)!}dx^{n+1} \quad , \quad u \varepsilon [x_o - dx; x_o + dx] \tag{3.1}$$

Die Taylorentwicklung gestattet die Approximation der Funktion $y = f(x)$ in der Umgebung von x_o durch ein Polynom. Das Restglied R_n gibt dabei den Fehler an, den man macht, wenn man n Potenzen einbezieht.

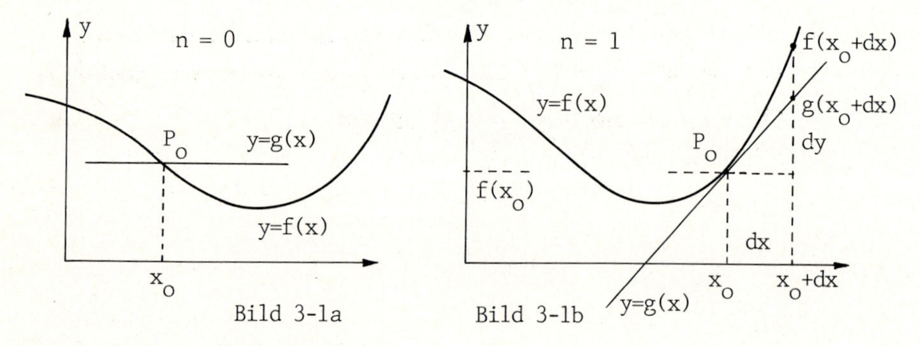

Bild 3-1a Bild 3-1b

a) Wir wählen n = 0 (Bild 3-1a):

Die Taylorentwicklung lautet $f(x_o + dx) = f(x_o) + R_o$. Indem wir das Restglied weglassen, approximieren wir $y = f(x)$ in der Umgebung von x_o durch die konstante Funktion $y = g(x) = f(x_o)$.

b) Wir wählen n = 1 (Bild 3-1b):

Die Taylorentwicklung lautet

$$f(x_o + dx) = f(x_o) + f'(x_o)\cdot dx + R_1 \quad . \tag{3.2}$$

Die Funktion $y = g(x) = f(x_o) + f'(x_o)\cdot(x - x_o)$ ist die Funktionsgleichung für die Tangente in P_o an die Kurve zu $y = f(x)$. Wenn wir also das Restglied R_1 vernachlässigen und $x_o + dx = x$ setzen, erhalten wir aus der

Taylorentwicklung die Funktionsgleichung für die Tangente in P_o. Wir haben damit die Funktion $y = f(x)$ in P_o durch ihre Tangente ersetzt. Wir haben die Funktion in der Umgebung von x_o *linearisiert*.

Die Änderung dx in x_o ruft hinsichtlich $y = f(x)$ die Änderung $f(x_o + dx) - f(x_o)$, aber hinsichtlich der Tangente die Änderung $dy = g(x_o + dx) - g(x_o)$ hervor , die wir über die Tangentengleichung angeben können:

$$dy = f'(x_o) \cdot dx \tag{3.3}$$

Da die Spannungs- und Verschiebungsfunktionen für dreidimensionale Körper Funktionen von 3 Veränderlichen sind, wollen wir die Taylorentwicklung für eine Funktion $u = f(x,y,z)$ im Punkt $P_o(x_o/y_o/z_o/f(x_o,y_o,z_o)$ für $n = 2$ angeben:

$$\begin{aligned} f(x_o + dx, y_o + dy, z_o + dz) \\ = \; & f(x_o,y_o,z_o) \\ & + f_x(x_o,y_o,z_o) \cdot dx + f_y(x_o,y_o,z_o) \cdot dy + f_z(x_o,y_o,z_o) \cdot dz \\ & + \frac{1}{2!} \cdot \left[f_{xx}(x_o,y_o,z_o) \cdot dx^2 + f_{yy}(x_o,y_o,z_o) \cdot dy^2 + f_{zz}(x_o,y_o,z_o) dz^2 \right] \\ & + f_{xy}(x_o,y_o,z_o) dxdy + f_{xz}(x_o,y_o,z_o) dxdz + f_{yz}(x_o,y_o,z_o) dydz \\ & + R_2 \end{aligned} \tag{3.4}$$

In der linearen Mechanik benötigen wir diese Entwicklung nur für $n = 1$, so daß sich z.B. für die Funktion $z = f(x,y)$ um (x_o,y_o) die Taylorentwicklung

$$\begin{aligned} f(x_o + dx, y_o + dy) = \; & f(x_o,y_o) \\ & + f_x(x_o,y_o) \cdot dx + f_y(x_o,y_o) \cdot dy \\ & + R_1 \end{aligned} \tag{3.5}$$

ergibt. Die Änderungen dx und dy ziehen also die Änderung

$$dz = f(x_o + dx, y_o + dy) - f(x_o,y_o)$$

nach sich. Mit dieser Schreibweise haben wir das totale Differential der Funktion $z = f(x,y)$ in $P_o(x_o,y_o,f(x_o,y_o))$:

$$dz = f_x(x_o,y_o) \cdot dx + f_y(x_o,y_o) \cdot dy \tag{3.6}$$

Die Änderung dz des totalen Differentials bezieht sich auf die Tangentialebene der Funktion $z = f(x,y)$, die durch (3.5) gegeben ist, wenn wir das Restglied R_1 weglassen. Die Tangentialebene in P_o an die Fläche zu $z = f(x,y)$ bedeutet die *Linearisierung* der Fläche in der Umgebung von P_o.

Die lineare Elastizitätstheorie ist aus mehreren Gründen linear. Zum einen spricht man von einer linearen Theorie, weil zwischen den Spanungen und Verzerrungen der lineare Zusammenhang über das Hooke'sche Gesetz angenommen wird. Der andere Grund liegt darin, daß man beim deformierten Körper davon ausgeht, daß die Verzerrungen sehr klein sind und man daher ihren funktionellen Zusammenhang mit den Verschiebungen über die Taylorentwicklung linearisiert hat. Wir wollen dies im folgenden Abschnitt entwickeln.

3.1.2 Die Bewegung eines Körpers unter Belastung

Ein durch äußere Kräfte belasteter statisch gelagerter Körper wird seine ursprüngliche Form und Lage verändern. Aus der theoretischen Mechanik ist bekannt, daß sich die Bewegung eines Körpers als Summe von Translation, Rotation und Deformation beschreiben läßt. Nehmen wir z.B. einen ideal starren Körper an, so fällt der Anteil der Deformation weg. Innerhalb der Elastizitätstheorie interessiert man sich andererseits für die Deformationen elastischer Körper.

Betrachten wir die Veränderung eines Stabes unter Belastung.

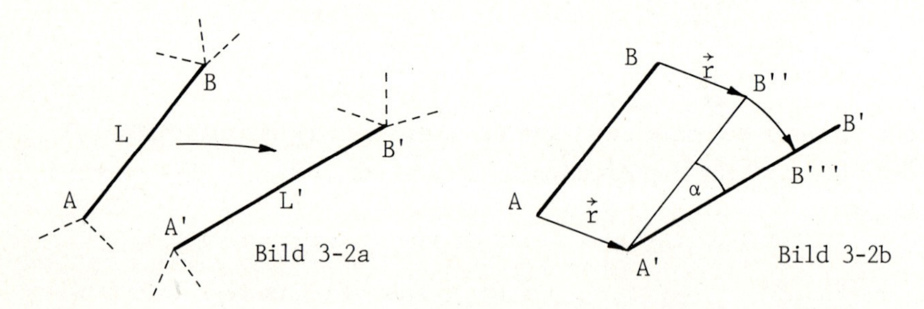

Bild 3-2a Bild 3-2b

Ein innerhalb eines Stabwerks eingebetteter Stab wird durch die äußere Belastung aus der ursprünglichen Lage AB in die neue Lage A'B' gebracht (Bild 3-2a). Er erfährt Translation, Rotation und Deformation. Da ein Stab nur Längskräfte aufnehmen kann, ist ein Verbiegen nicht möglich. Er kann nur länger oder kürzer werden. Die Gesamtbewegung kann zerlegt werden in

a) eine Translation durch den Vektor $\vec{r}$, \
b) eine Drehung um A' mit dem Winel α , } Starrkörperbewegungen

c) eine Deformation (Streckung oder Stauchung) in Stabrichtung von B''' nach B' (Bild 3-2b) .

Die gesamte Bewegung heißt in der Elastizitätstheorie *Verschiebung*. Die Deformationen erfaßt man durch die *Verzerrungen*. Ein Maß für die Verzerrung z.B. des Stabes ist das Verhältnis der Längenänderung $\Delta L = L' - L$ zur ursprünglichen Länge L.

Nur die Deformationen sind zunächst interessant, weil sie Kräfte (Spannungen) im Inneren des Körpers hervorrufen. Die Spannungen möchte man in jedem Punkt des Körpers kennen. An zweiter Stelle interessieren die Verschiebungen des Bauteils. Wir betrachten nur Körper, die ideal linear elastisch sind. Nimmt ein Körper nach seiner Entlastung wieder die ursprüngliche Form und Lage an, nennt man ihn elastisch.

Die Bewegung eines dreidimensionalen Körpers unter Belastung ist durch eine Vektorfunktion, das Verschiebungsfeld gegeben:

$$\vec{d}(x,y,z) = \begin{bmatrix} u(x,y,z) \\ v(x,y,z) \\ w(x,y,z) \end{bmatrix} \tag{3.7}$$

Den Verschiebungsvektor eines Punktes $P(x_p/y_p/z_p)$ erhalten wir durch Einsetzen der Koordinaten in (3.7):

$$\vec{d}(x_p,y_p,z_p) = \begin{bmatrix} u(x_p,y_p,z_p) \\ v(x_p,y_p,z_p) \\ w(x_p,y_p,z_p) \end{bmatrix} \tag{3.8}$$

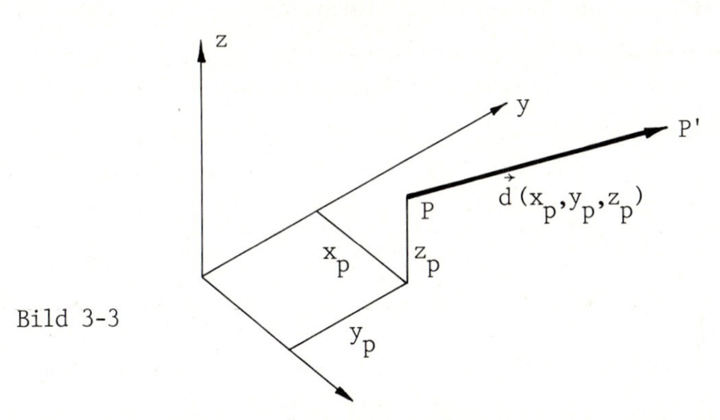

Bild 3-3

Der Punkt $P(x_p/y_p/z_p)$ ist durch die Belastung in den Punkt P' mit den Koordinaten

$$P'(x_p+u(x_p,y_p,z_p)/y_p+v(x_p,y_p,z_p)/z_p+w(x_p/y_p/z_p)$$

gelangt.

Wir entwickeln im folgenden die Zusammenhänge zwischen den Verschiebungen und Verzerrungen. Diese Beziehungen werden auch die kinematischen Gleichungen genannt. Der einfacheren Darstellung wegen wird der zweidimensionale Fall betrachtet. Wir haben daher das Verschiebungsfeld

$$\vec{d}(x,y) = \begin{bmatrix} u(x,y) \\ v(x,y) \end{bmatrix} \tag{3.9}$$

Wir betrachten einen Punkt P unseres Bauteils und seine Lage P' durch die Belastung, wobei der Verschiebungsvektor $\vec{d}^T = [u(x_p,y_p) \ , \ v(x_p,y_p)]$ ist.

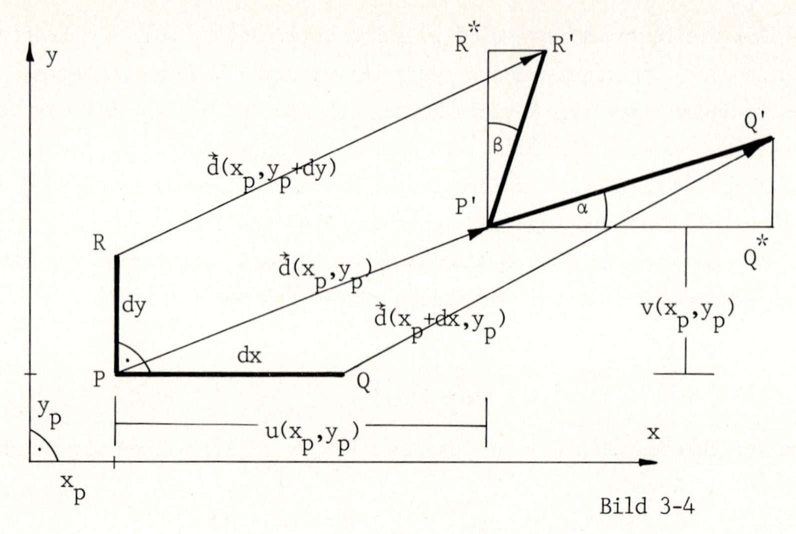

Bild 3-4

Um die entstehenden Verzerrungen beschreiben zu können, beziehen wir zwei weitere Punkte , $Q(x_p+ dx/y_p)$ und $R(x_p,y_p+ dy)$, unseres Bauteils mit ein. In P liegt also vor der Belastung ein rechter Winkel vor. Nach der Belastung sind die Lagen P', Q', R' erreicht.

Wir betrachten die Verschiebungsfunktionen u(x,y) und v(x,y) einzeln. Für beide Funktionen schreiben wir die Taylorentwicklung (3.5) um den Punkt $P(x_p/y_p)$ hin, indem wir Änderungen dx in x und dy in y annehmen:

$$u(x_p+ dx,y_p+ dy) = u(x_p,y_p) + \frac{\partial u}{\partial x}\cdot dx + \frac{\partial u}{\partial y}\cdot dy \quad ,$$

$$v(x_p+ dx,y_p+ dy) = v(x_p,y_p) + \frac{\partial v}{\partial x}\cdot dx + \frac{\partial v}{\partial y}\cdot dy \quad (3.10)$$

Diese Ausdrücke sind in dx und dy linear. Wir arbeiten also nicht mehr mit den Verschiebungsfunktionen, sondern mit ihren Linearisierungen. Wenn wir speziell von P nach Q laufen, setzen wir dy = 0 und aus (3.10) wird

$$u(x_p+ dx, y_p) = u(x_p,y_p) + \frac{\partial u}{\partial x}\cdot dx$$

$$v(x_p+ dx, y_p) = v(x_p,y_p) + \frac{\partial v}{\partial x}\cdot dx \quad (3.11)$$

Entsprechende Beziehungen ergeben sich, wenn wir um dy von P nach R schreiten:

$$u(x_p, y_p+ dy) = u(x_p,y_p) + \frac{\partial u}{\partial y}\cdot dy$$

$$v(x_p, y_p+ dy) = v(x_p,y_p) + \frac{\partial v}{\partial y}\cdot dy \quad (3.12)$$

Ausgehend von der ursprünglichen Länge dx der Strecke $\overline{PQ}$ können wir die

Verzerrung (Dehnung) in x-Richtung durch

$$\varepsilon_{xx} \overset{=}{\text{Def.}} \frac{\overline{P'Q^*} - \overline{PQ}}{\overline{PQ}}$$

angeben. Wegen $\overline{PQ} = dx$ und $\overline{P'Q^*} = u(x_p + dx, y_p) + dx - u(x_p, y_p)$ $= \frac{\partial u}{\partial x} \cdot dx + dx$ erhalten wir

$$\varepsilon_{xx} = \frac{\frac{\partial u}{\partial x} \cdot dx + dx - dx}{dx} = \frac{\partial u}{\partial x} \tag{3.13}$$

Entsprechend berechnen wir für die Dehung in y-Richtung mit (3.12)

$$\varepsilon_{yy} = \frac{\partial v}{\partial y} \tag{3.14}$$

Damit ist die Deformation des Bauteils in P aber noch nicht vollständig beschrieben. Wir müssen noch die Winkeländerung in P erfassen. Die Winkeländerung des ursprünglich rechten Winkels in P kann durch das Bogenmaß der Summe der Winkel α und β in P' beschrieben werden. Man bezeichnet diese Änderung als Schiebung oder auch Gleitung γ_{xy}:

$$\gamma_{xy} \overset{=}{\text{Def.}} \alpha + \beta \quad .$$

Wir berechnen den Tangens der beiden Winkel aus Bild 3-4 mit (3.11):

$$\tan \alpha = \frac{\overline{Q^*Q'}}{\overline{P'Q^*}} = \frac{\frac{\partial v}{\partial x} \cdot dx}{\frac{\partial u}{\partial x} \cdot dx + dx} = \frac{\frac{\partial v}{\partial x}}{1 + \frac{\partial u}{\partial x}} \quad .$$

Dabei nehmen wir an, daß wir es mit sehr kleinen Dehnungsgrößen zu tun haben und daher auch kleine Gleitungen stattfinden. Daher gilt

$$\frac{\partial u}{\partial x} << 1 \quad \text{und} \quad \alpha \cong \tan \alpha \quad ,$$

somit

$$\alpha = \frac{\partial v}{\partial x} \tag{3.15}$$

Analog gilt für den Winkel β:

$$\beta = \frac{\partial u}{\partial y} \tag{3.16}$$

Aus (3.15) und (3.16) können wir die Gleitung in der xy-Ebene angeben:

$$\gamma_{xy} = \frac{\partial u}{\partial y} + \frac{\partial v}{\partial x} \tag{3.17}$$

Erweitern wir nun auf den dreidimensionalen Fall, untersuchen also die

Deformationen eines infinitesimalen Quaders, kommen noch die Verzerrungen in der yz- und zx-Ebene hinzu:

$$\varepsilon_{zz} = \frac{\partial w}{\partial z} \quad , \quad \gamma_{yz} = \frac{\partial v}{\partial z} + \frac{\partial w}{\partial y} \quad , \quad \gamma_{zx} = \frac{\partial w}{\partial x} + \frac{\partial u}{\partial z} \tag{3.18}$$

Die 6 Verzerrungen fassen wir in Matrizenform zusammen. Dazu führen wir den Begriff des Differentialoperators ein. Den Ausdruck $\frac{\partial u}{\partial x}$ können wir so verstehen, daß auf die Funktion $u = u(x,y)$ der Operator $\frac{\partial}{\partial x}$ wirkt. Die 6 Verzerrungen lassen sich alle als Anwendung von Differentialoperatoren auf die Verschiebungsfunktionen ausdrücken. Wir führen die *Differentialoperatormatrix*

$$B = \begin{bmatrix} \frac{\partial}{\partial x} & 0 & 0 \\ 0 & \frac{\partial}{\partial y} & 0 \\ 0 & 0 & \frac{\partial}{\partial z} \\ \frac{\partial}{\partial y} & \frac{\partial}{\partial x} & 0 \\ 0 & \frac{\partial}{\partial z} & \frac{\partial}{\partial y} \\ \frac{\partial}{\partial z} & 0 & \frac{\partial}{\partial x} \end{bmatrix} \tag{3.19}$$

ein, fassen die Verzerrungen in dem Vektor

$$\vec{\varepsilon}^{\,T} = \left[\varepsilon_{xx} \, , \, \varepsilon_{yy} \, , \, \varepsilon_{zz} \, , \, \gamma_{xy} \, , \, \gamma_{yz} \, , \, \gamma_{zx}\right] \tag{3.20}$$

zusammen und können somit in Matrizenform schreiben

$$\begin{bmatrix} \varepsilon_{xx} \\ \varepsilon_{yy} \\ \varepsilon_{zz} \\ \gamma_{xy} \\ \gamma_{yz} \\ \gamma_{zx} \end{bmatrix} = B \cdot \begin{bmatrix} u(x,y,z) \\ v(x,y,z) \\ w(x,y,z) \end{bmatrix}$$

oder noch kürzer $\vec{\varepsilon} = B \cdot \vec{d}$ (3.21)

Da $\vec{d} = \vec{d}(x,y,z)$ eine Vektorfunktion von den Veränderlichen x , y und z ist, sind deren partielle Ableitungen und damit auch die Verzerrungen Funktionen von 3 Veränderlichen.

● Beispiel 3.1: *Einachsiger Spannungszustand des Stabes bei Längskraft*

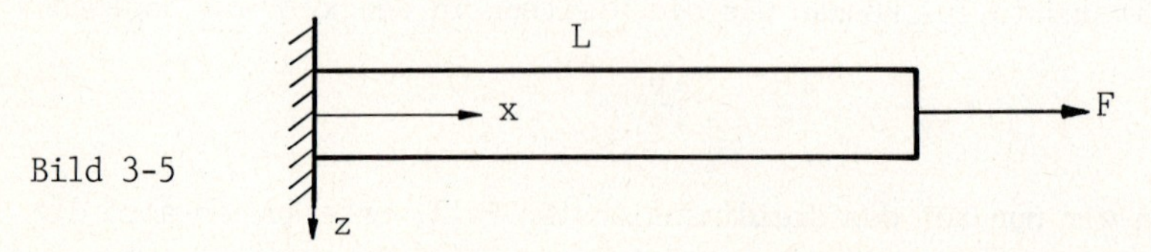

Bild 3-5

Die Verschiebungen der Balkenachse sind durch die Funktion $u = u(x)$ gegeben. Nehmen wir eine lineare Verschiebungsfunktion an, können wir ansetzen

$$u = u(x) = a_1 x + a_o \quad .$$

Mit der Randbedingung $u(0) = 0$ folgt sofort $a_o = 0$ und damit

$$u(x) = a_1 x$$

und

$$\varepsilon_{xx} = \frac{\partial u}{\partial x} = a_1 \quad ,$$

also

$$u(x) = \varepsilon_{xx} \cdot x \quad .$$

Bei einem linearen Verschiebungsfeld sind die Verzerrungen konstant.

Nehmen wir dagegen die Verschiebungsfunktion quadratisch an,

$$u(x) = a_2 x^2 + a_1 x + a_0 \quad ,$$

folgt aus $u(0) = 0$ wieder $a_0 = 0$ und weiter

$$\varepsilon_{xx} = \frac{\partial u}{\partial x} = 2a_2 x + a_1 \quad .$$

Die Dehnung ε_{xx} ist nicht mehr konstant, sie enthält aber den konstanten Anteil a_1. ●

Das Berechnen des Verschiebungsfeldes eines belasteten Bauteils läßt sich mit einfachen Mitteln z.B. nur in der Balkentheorie durchführen, wo es darum geht, unter anderem die Biegelinie $w(x)$ der Balkenachse zu finden. Mit der Methode der Finiten Elemente gelingt es, auch für kompliziertere Bauteile bei beliebiger Belastung das Verschiebungsfeld näherungsweise zu berechnen.

3.2 DIE STOFFGESETZE (DAS HOOKE'SCHE GESETZ)

In diesem Abschnitt wollen wir die Zusammenhänge zwischen den Spannungen und Verzerrungen eines belasteten Körpers herstellen. Dieser Zusammenhang ist vom physikalischen Verhalten des Werkstoff geprägt.

Für den eindimensionalen Fall kann das Verhalten in einem Zug-/Druckversuch am Stab untersucht werden.

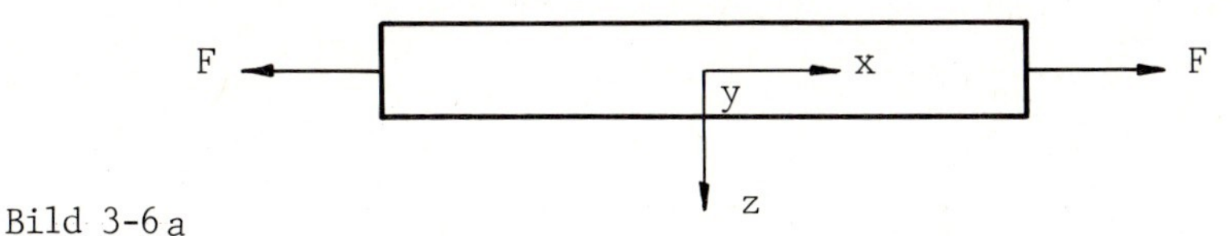

Bild 3-6 a

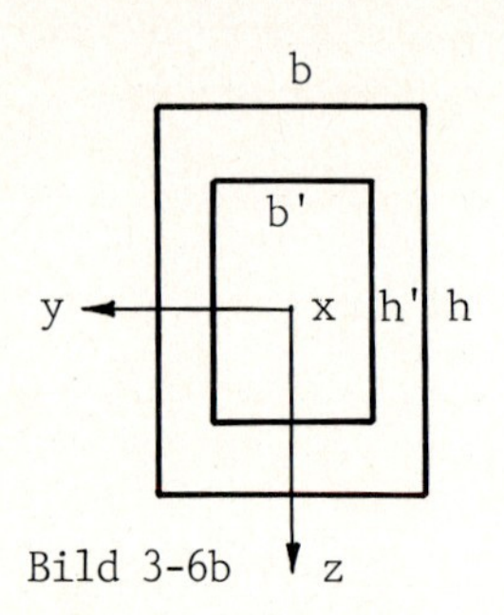

Bild 3-6b

Man hat empirisch herausgefunden, daß sich innerhalb gewisser Belastungsgrenzen ein linearer Zusammenhang zwischen der durch die Kraft F hervorgerufene Spannung σ_{xx} und der Verzerrung ε_{xx} ergibt. Das Verhalten des Werkstoffs bei noch größeren Lasten interessiert uns in der linearen Elastizitätstheorie nicht. Die Beziehung lautet

$$\sigma_{xx} = E \cdot \varepsilon_{xx} \quad , \qquad (3.22)$$

wobei $\varepsilon_{xx} = \frac{L'-L}{L}$ das Verhältnis der Längenänderung $\Delta L = L' - L$ zur ursprünglichen Länge L ist. E ist ein konstanter Proportionalitätsfaktor. Man nennt ihn den *Elastizitätsmodul*. Da ε_{xx} dimensionslos ist, hat E die gleiche Dimension wie die Spannung σ_{xx}, also Kraft/Fläche.

Da der Stab im Zug-/Druckversuch nicht nur länger/kürzer wird, sondern in seinem Querschnitt auch dünner/dicker, sind auch Dehungen in y- und z-Richtung vorhanden, für die folgende Zusammenhänge gelten(Bild 3-6b):

$$\varepsilon_{yy} = -\frac{\nu}{E} \cdot \sigma_{xx} \quad , \quad \varepsilon_{zz} = -\frac{\nu}{E} \cdot \sigma_{xx} \qquad (3.23)$$

Dabei sind $\varepsilon_{yy} = \frac{b'-b}{b}$ und $\varepsilon_{zz} = \frac{h'-h}{h}$. Die Konstante ν heißt *Querkontraktionszahl*. Sie ist dimensionslos. Wird der Stab z.B. gedehnt, sind b' und h' kleiner als b und h, daher das negative Vorzeichen in (3.23).

Auch bei einem reinen Schubspannungszustand gilt ein linearer Zusammenhang zwischen der Schubspannung und der Gleitung:

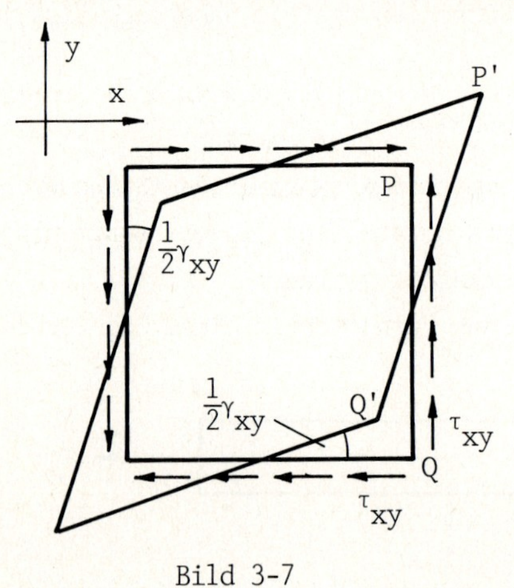

Bild 3-7

$$\tau_{xy} = G \cdot \gamma_{xy} \qquad (3.24)$$

Die Konstante G heißt *Gleitmodul*. Da γ_{xy} dimensionslos ist, hat G die gleiche Dimension wie die Spannung. Für gewisse Stahlsorten haben die Konstanten z.B. die Werte

$$E = 2{,}1 \cdot 10^5 \frac{N}{mm^2} \quad ,$$

$$\nu = 0{,}3$$

$$G = 0{,}8 \cdot 10^5 \frac{N}{mm^2} \quad .$$

Zwischen den 3 Werkstoffkonstanten besteht eine formelmäßige Beziehung, so daß nur 2 Größen bekannt sein müssen:

$$E = 2 \cdot G \cdot (1 + \nu) \tag{3.25}$$

Das Hooke'sche Gesetz läßt sich auf den dreidimensionalen Zustand ausdehnen. Wir betrachten einen achsenparallelen Quader, der in seinen Seitenflächen durch die Normalspannungen σ_{xx}, σ_{yy}, σ_{zz} beansprucht wird.

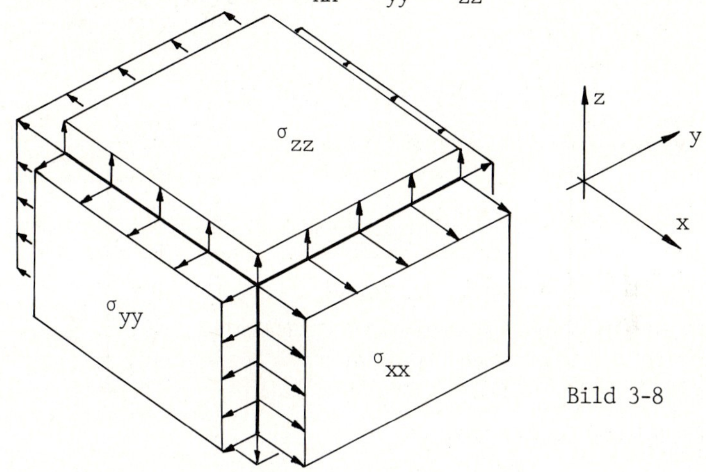

Bild 3-8

σ_{xx} erzeugt in x-Richtung eine Verlängerung und jeweils eine Verkürzung in y- und z-Richtung,

$$\varepsilon_{xx}^{(1)} = \frac{1}{E} \cdot \sigma_{xx} \quad , \quad \varepsilon_{yy}^{(1)} = - \frac{\nu}{E} \cdot \sigma_{xx} \quad , \quad \varepsilon_{zz}^{(1)} = - \frac{\nu}{E} \cdot \sigma_{xx} \quad ,$$

für die beiden anderen Spannungen gilt analog

$$\varepsilon_{xx}^{(2)} = -\frac{\nu}{E} \cdot \sigma_{yy} \quad , \quad \varepsilon_{yy}^{(2)} = \frac{1}{E} \cdot \sigma_{yy} \quad , \quad \varepsilon_{zz}^{(2)} = - \frac{\nu}{E} \cdot \sigma_{yy} \quad ,$$

$$\varepsilon_{xx}^{(3)} = -\frac{\nu}{E} \cdot \sigma_{zz} \quad , \quad \varepsilon_{yy}^{(3)} = - \frac{\nu}{E} \cdot \sigma_{zz} \quad , \quad \varepsilon_{zz}^{(3)} = \frac{1}{E} \cdot \sigma_{zz} \quad .$$

Durch Aufsummieren ergeben sich die Gesamtdehnungen in den jeweiligen Achsenrichtungen

$$\varepsilon_{xx} = \frac{1}{E} \cdot (\sigma_{xx} - \nu(\sigma_{yy} + \sigma_{zz}))$$

$$\varepsilon_{yy} = \frac{1}{E} \cdot (\sigma_{yy} - \nu(\sigma_{xx} + \sigma_{zz}))$$

$$\varepsilon_{zz} = \frac{1}{E} \cdot (\sigma_{zz} - \nu(\sigma_{xx} + \sigma_{yy})) \tag{3.26}$$

Für die 3 Schubspannungen ergeben sich die Beziehungen

$$\gamma_{xy} = \frac{1}{G}\cdot\tau_{xy} \quad , \quad \gamma_{yz} = \frac{1}{G}\cdot\tau_{yz} \quad , \quad \gamma_{zx} = \frac{1}{G}\cdot\tau_{zx} \qquad (3.27)$$

Die 6 Gleichungen (3.26) und (3.27) fassen wir in einer Matrizenbeziehung zusammen. Wir definieren die Vektoren

$$\vec{\sigma}^T = [\sigma_{xx},\sigma_{yy},\sigma_{zz},\tau_{xy},\tau_{yz},\tau_{zx}]$$

und

$$\vec{\varepsilon}^T = [\varepsilon_{xx},\varepsilon_{yy},\varepsilon_{zz},\gamma_{xy},\gamma_{yz},\gamma_{zx}] \quad .$$

Mit der Matrix

$$D^{-1} = \frac{1}{E}\cdot\begin{bmatrix} 1 & -\nu & -\nu & 0 & 0 & 0 \\ -\nu & 1 & -\nu & 0 & 0 & 0 \\ -\nu & -\nu & 1 & 0 & 0 & 0 \\ 0 & 0 & 0 & 2(1+\nu) & 0 & 0 \\ 0 & 0 & 0 & 0 & 2(1+\nu) & 0 \\ 0 & 0 & 0 & 0 & 0 & 2(1+\nu) \end{bmatrix}$$

gehen (3.26) und (3.27) über in

$$\vec{\varepsilon} = D^{-1}\cdot\vec{\sigma} \quad .$$

Die Matrix ist regulär, wie man leicht sieht. Wir bilden daher die Umkehrmatrix D

$$D = \frac{E}{(1+\nu)(1-2\nu)}\cdot\begin{bmatrix} 1-\nu & \nu & \nu & 0 & 0 & 0 \\ \nu & 1-\nu & \nu & 0 & 0 & 0 \\ \nu & \nu & 1-\nu & 0 & 0 & 0 \\ 0 & 0 & 0 & \frac{1-2\nu}{2} & 0 & 0 \\ 0 & 0 & 0 & 0 & \frac{1-2\nu}{2} & 0 \\ 0 & 0 & 0 & 0 & 0 & \frac{1-2\nu}{2} \end{bmatrix} \qquad (3.28)$$

und haben die umgekehrte Beziehung

$$\vec{\sigma} = D\cdot\vec{\varepsilon} \quad , \qquad (3.29)$$

die das Hooke'sche Gesetz genannt wird.

Wir wollen annehmen, daß das Verschiebungsfeld eines belasteten Bauteils bekannt ist. Mit den Beziehungen (3.21) und (3.29) können wir aus den Verschiebungen die Spannungen in jedem Punkt des Körpers berechnen:

$$\vec{\sigma} = D\cdot B\cdot\vec{d} \qquad (3.30)$$

● Beispiel 3.2: *Ein Stab der Länge $l = 4000$ mm wird durch eine Längskraft um $\Delta l = 1{,}2$ mm verlängert. Welche Normalspannung liegt vor ? Mit welcher Kraft wird gezogen, wenn die Querschnittsfläche des Stabes $A = 15\ cm^2$ beträgt? ($E = 210000\ N/mm^2$).*

Für diesen eindimensionalen Fall schrumpfen die Matrizen B und D auf Skalare zusammen:

$$B = \frac{\partial}{\partial x} \quad , \quad D = E \quad .$$

Die Verschiebungsfunktion $u = u(x) = a_1 x + a_0$ wird mit den Randbedingungen $u(0) = 0$ und $u(4000) = 1{,}2$ zu

$$u(x) = \frac{1{,}2}{4000} \cdot x \quad .$$

Daher wird $\varepsilon = B \cdot u(x) = \frac{\partial u}{\partial x} = \frac{1{,}2}{4000} = 0{,}0003$.

Die Spannung ist

$$\sigma = E \cdot \varepsilon = 210000 \cdot 0{,}0003 = 63\ N/mm^2 \quad .$$

Die Zugkraft beträgt

$$F = \sigma \cdot A = 63 \cdot 1500 = 94500\ N \quad .$$

●

● Beispiel 3.3: *Für einen dreidimensionalen belasteten Körper sei sein Verschiebungsfeld bekannt:*

$$\vec{d}(x,y,z) = \begin{bmatrix} u(x,y,z) \\ v(x,y,z) \\ w(x,y,z) \end{bmatrix} = \begin{bmatrix} 2 \cdot 10^{-5} x^2 + 4 \cdot 10^{-2} + 10^{-4} z \\ \frac{3}{2} \cdot 10^{-4} x + \frac{1}{2} \cdot 10^{-5} y^2 - 10^{-5} z^2 \\ 0{,}4 \cdot 10^{-3} y - 2{,}5 \cdot 10^{-4} x + 2 \cdot 10^{-2} \end{bmatrix} \ mm$$

Welche Verschiebungen erfährt der Punkt P(1/1/2), wobei die Koordinaten in mm gegeben sind ? Wie groß ist der Spannungsvektor in diesem Punkt ?

Für die Verschiebungen bekommen wir

$$\vec{d}(1,1,2) = \begin{bmatrix} 0{,}0402 \\ 0{,}0016 \\ 0{,}0202 \end{bmatrix} \ mm \quad .$$

Nehmen wir Stahl an, so können wir mit $E = 210000\ N/mm^2$ und $\nu = 0{,}3$ die Hooke'sche Matrix angeben

$$D = 403846 \cdot \begin{bmatrix} 0{,}7 & 0{,}3 & 0{,}3 & 0 & 0 & 0 \\ 0{,}3 & 0{,}7 & 0{,}3 & 0 & 0 & 0 \\ 0{,}3 & 0{,}3 & 0{,}7 & 0 & 0 & 0 \\ 0 & 0 & 0 & 0{,}2 & 0 & 0 \\ 0 & 0 & 0 & 0 & 0{,}2 & 0 \\ 0 & 0 & 0 & 0 & 0 & 0{,}2 \end{bmatrix} \ \frac{N}{mm^2}$$

Die Verzerrungen erhalten wir über (3.21):

$$\vec{\varepsilon}^T = \left[4 \cdot 10^{-5} x \ , \ 10^{-5} y \ , \ \frac{2}{5000} \ , \ \frac{3}{2} 10^{-4} \ , \ \frac{1}{5} 10^{-4} z - \frac{5}{2} 10^{-4} \ , \ -\frac{3}{2} 10^{-4} \right] .$$

Im Punkt P(1/1/2) des Bauteils ergibt sich der Verzerrungsvektor durch Einsetzen der Koordinaten zu

$$\vec{\varepsilon}^T(1,1,2) = \left[4\cdot 10^{-5} \;,\; 10^{-5} \;,\; 4\cdot 10^{-4} \;,\; \tfrac{3}{2}\cdot 10^{-4} \;,\; -21.10^{-5} \;,\; -\tfrac{3}{2}\cdot 10^{-4}\right] \quad .$$

Die Spannungen in P ergeben sich durch Einsetzen von $\vec{\varepsilon}^T$ *in (3.29):*

$$\vec{\sigma}^T(1,1,2) = \left[61 \;,\; 56 \;,\; 119 \;,\; 12 \;,\; -16 \;,\; -12\right] \quad N/mm^2$$

3.3 DIE GLEICHGEWICHTSBEDINGUNGEN AM BELASTETEN KÖRPER

Es fehlen nun noch die Gleichgewichtsbedingungen. Wir gehen davon aus, daß der belastete Körper im Gleichgewicht ist. Jeder beliebige aus dem Gesamtkörper herausgeschnittene Teilkörper muß an seinen Schnittflächen derart mit Spannungen versehen werden, daß auch er sich im Gleichgewicht befindet. Das Aufstellen der Gleichgewichtsbedingungen ergibt dann einen Zusammenhang zwischen den auftretenden Spannungen.

Wir wählen aus dem Körper an beliebiger Stelle einen infinitesimalen Quader mit den achsenparallelen Kantenlängen dx , dy , dz.

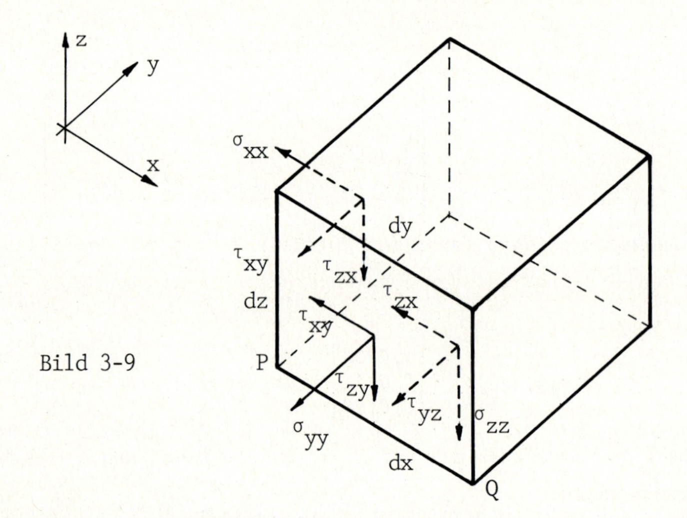

Bild 3-9

Die Spannungen in Bild 3-9 sind nur an den negativen Schnittufern des herausgeschnittenen Quaders eingezeichnet. Wir wollen von P ausgehend die Spannungen in den jeweils um dx , dy , dz versetzten parallelen Schnittebenen entwickeln. Dort an den positiven Schnittufern haben die Spannungen das entgegengesetzte Vorzeichen und auch einen anderen Betrag. Die Spannungen sind Funktionen der Veränderlichen x , y und z. Stellvertretend für alle Spannungen entwickeln wir die Spannungsfunktion $\sigma(x,y,z)$

nach der Taylorformel, indem wir x um dx ändern, aber y und z festhalten. Mit der Taylorentwicklung (3.4) erhalten wir wegen dy = dz = 0

$$\sigma_{xx}(x + dx,y,z) = \sigma_{xx}(x,y,z) + \frac{\partial\sigma_{xx}}{\partial x}\cdot dx + \frac{1}{2}\cdot\frac{\partial\sigma^2_{xx}}{\partial x^2}\cdot dx^2 + \dots \quad .$$

Wir berücksichtigen nur den linearen Anteil:

$$\sigma_{xx}(x + dx,y,z) = \sigma_{xx}(x,y,z) + \frac{\partial\sigma_{xx}}{\partial x}\cdot dx \tag{3.31}$$

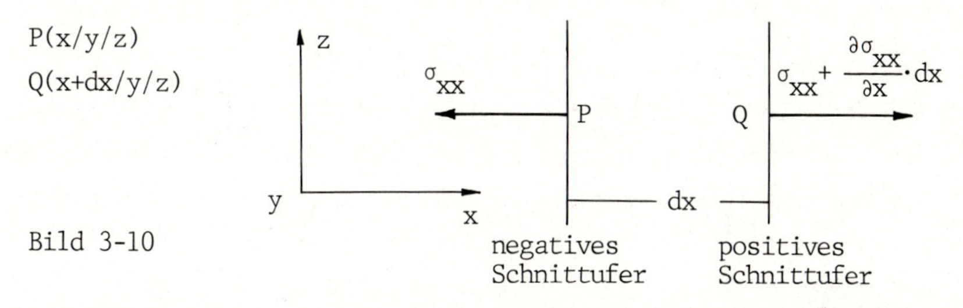

Bild 3-10

Ähnliches gilt natürlich für die anderen Spannungen. Nun können wir in Bild 3-9 in den anderen Schnittebenen die Spannungen entsprechend (3.31) eintragen und die Gleichgewichtsbedingungen aufstellen. Zunächst betrachten wir alle Kräfte in x-Richtung, die in Bild 3-11 eingezeichnet sind.

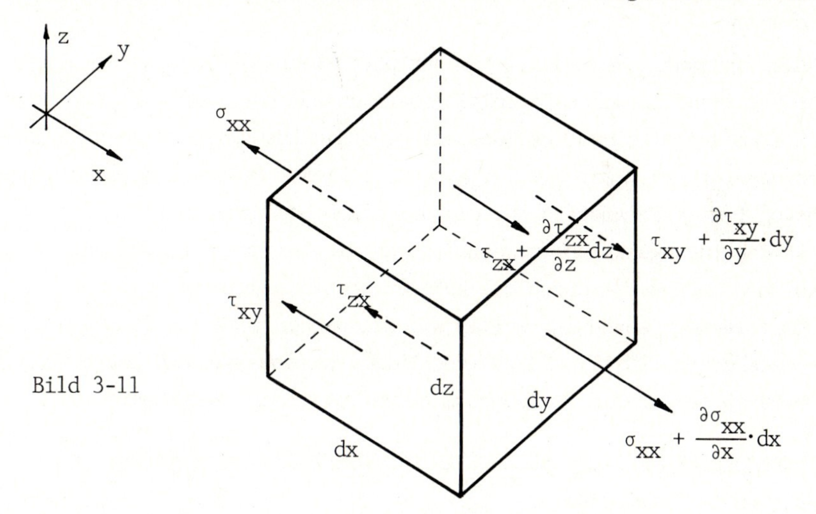

Bild 3-11

Die mit ihren zugehörigen Flächen multiplizierten Spannungen müssen im Gleichgewicht stehen:

$$(\sigma_{xx} + \frac{\partial\sigma_{xx}}{\partial x}\cdot dx)dydz + (\tau_{xy} + \frac{\partial\tau_{xy}}{\partial y}\cdot dy)dzdx + (\tau_{zx} + \frac{\partial\tau_{zx}}{\partial z}\cdot dz)dxdy$$

$$= \sigma_{xx}\cdot dydz + \tau_{xy}\cdot dzdx + \tau_{zx}\cdot dxdy \tag{3.32}$$

(3.32) läßt sich vereinfachen zu

$$\frac{\partial \sigma_{xx}}{\partial x} + \frac{\partial \tau_{xy}}{\partial y} + \frac{\partial \tau_{zx}}{\partial z} = 0 \qquad (3.33)$$

Analog leiten wir für die beiden anderen Achsenrichtungen her

$$\frac{\partial \tau_{xy}}{\partial x} + \frac{\partial \sigma_{yy}}{\partial y} + \frac{\partial \tau_{yz}}{\partial z} = 0$$

$$\frac{\partial \tau_{zx}}{\partial x} + \frac{\partial \tau_{yz}}{\partial y} + \frac{\partial \sigma_{zz}}{\partial z} = 0 \qquad (3.33)$$

Die Gleichungen (3.33) stellen die Gleichgewichtsbedingungen dar, ausgedrückt durch die 6 Spannungen, die sich in den drei Koordinatenebenen bezüglich eines Punktes im Bauteil ergeben. Dabei haben wir schon den Satz 2.1 von den zugeordneten Schubspannungen aus Abschnitt 2.1 benutzt und damit von 9 Spannungsgrößen auf 6 reduziert. Wenn wir jetzt noch an unserem Quader in Bild 3-9 die Momentengleichgewichtsbedingungen aufstellen, erhalten wir nur wieder den Sachverhalt des genannten Satzes 2.1. Wir haben also mit (3.33) 3 Gleichungen mit 6 Unbekannten bekommen. Diese Gleichungen stellen partielle Differentialgleichungen 1. Ordnung dar. Die wichtigste Aufgabe der linearen Elastizitätstheorie ist die Lösung dieser Gleichungen.

Die unabhängig Veränderlichen der partiellen DGL'en sind die Koordinaten x , y und z, deren Definitionsbereich aus der Menge aller Punkte des belasteten Bauteils besteht. Gesucht sind die Lösungsfunktionen für die Spannungen $\sigma_{xx}(x,y,z)$, ... , $\tau_{zx}(x,y,z)$. Diese Lösungsfunktionen hängen noch von freien Parametern ab, die durch Randbedingungen festgelegt werden. Die Randbedingungen sind zum einen durch die Vorgabe der Auflager des Bauteils und zum anderen durch die äußeren Lasten bestimmt.

Im folgenden Abschnitt wollen wir die bisher aufgestellten Gleichungen und Beziehungen (3.21) , (3.29) und (3.33) zusammenfassend betrachten und Lösungsansätze für die Spannungen und Deformationen andeuten.

3.4 DIE GLEICHUNGEN DES BELASTETEN DREIDIMENSIONALEN KÖRPERS

3.4.1 *Der gelagerte Körper*

Der allgemeine Fall ist ein dreidimensionales Bauteil, das ausreichend gelagert ist und durch beliebige äußere Kräfte belastet wird. Die Belastungen können Einzellasten, Streckenlasten, Flächenlasten oder auch Volumenkräfte bzw. entsprechende Momente sein. Das Eigengewicht ist z.B. eine Volumenkraft, die in der Dimension Kraft/Volumen angegeben wird. Wir wollen die

Volumenkräfte im Augenblick beiseite lassen. Ein anderer Teil der Oberfläche unseres Bauteils wird gelagert, d.h. die Verschiebungen werden dort vorgeschrieben. Wir teilen daher die Oberfläche in 2 Bereiche ein, einen Bereich R_a, auf dem die Randbedingungen gelten (Auflager) und einen Bereich R_b, auf dem die äußeren Lasten wirken.

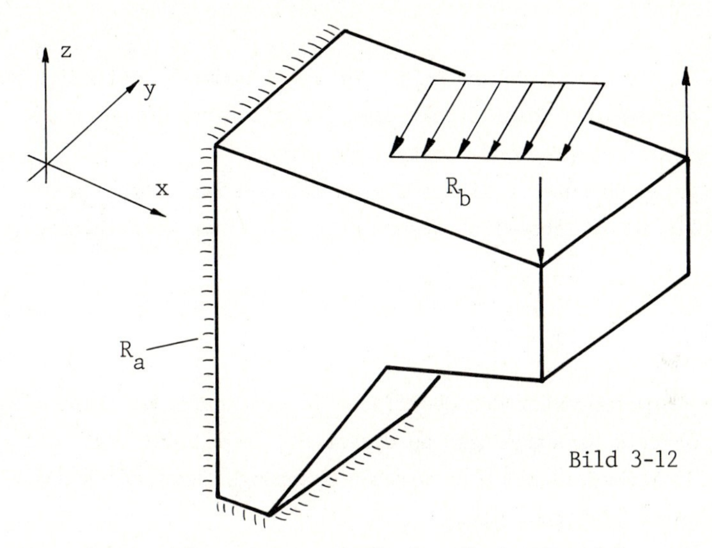

Bild 3-12

Diesem Bereich R_b schlagen wir auch die lastfreien Bereiche zu, so daß die gesamte Oberfläche O des Körpers als Vereinigung der beiden Mengen R_a und R_b dargestellt wird.

Welche Größen des belasteten Bauteils sind nun gesucht ?

Für jeden Punkt des Bauteils fragen wir nach

a) den Verschiebungen, also nach der Verschiebungsfunktion

$$\vec{d}(x,y,z) = \begin{bmatrix} u(x,y,z) \\ v(x,y,z) \\ w(x,y,z) \end{bmatrix} \qquad \text{(3 Unbekannte)}$$

b) den Verzerrungen $\varepsilon_{xx}(x,y,z)$, ... , $\gamma_{zx}(x,y,z)$

(6 Unbekannte)

c) den Spannungen $\sigma_{xx}(x,y,z)$, ... , $\sigma_{zx}(x,y,z)$

(6 Unbekannte) .

Zur Lösung dieser 15 unbekannten Funktionen stehen uns auf der anderen Seite aber auch 15 Gleichungen in diesen Unbekannten und die Randbedingungen zur Verfügung:

a) die kinematischen Gleichungen (3.21) (6 Gleichungen)

b) die Stoffgesetze (3.29) (6 Gleichungen)

c) die Gleichgewichtsbedingungen (3.33) (3 Gleichungen) .

Die Gleichungen (3.21) und (3.33) sind dabei partielle Differentialgleichungen, während (3.29) Verknüpfungen zwischen den gesuchten Funktionen sind.

Die Auflagerbedingungen können in der Regel dadurch befriedigt werden, daß in den allgemeinen Lösungsfunktionen für die Verschiebungen die freien Parameter entsprechend festgelegt werden.

Die vorgelegten äußeren Kräfte müssen mit den Spannungen an der Kraftangriffsstelle im Gleichgewicht stehen. Liegt auf der Oberfläche eine Kraft

$$\vec{P}^T = \left[P_x, P_y, P_z \right]$$

vor und ist

$$\vec{n}^T = \left[\cos\alpha, \cos\beta, \cos\gamma \right]$$

der Einheitsnormalenvektor der Oberfläche in der Kraftangriffsstelle, so müssen die Oberflächenspannungen an dieser Stelle mit der Kraft P im Gleichgewicht stehen. Bezeichnen wir den Spannungsvektor mit $\vec{s}$ und ziehen die Beziehung (2.3) heran, gilt

$$\vec{P} = S \cdot \vec{n}$$

oder ausführlich

$$\begin{aligned} P_x &= \sigma_{xx} \cdot \cos\alpha + \tau_{xy} \cdot \cos\beta + \tau_{zx} \cdot \cos\gamma \\ P_y &= \tau_{xy} \cdot \cos\alpha + \sigma_{yy} \cdot \cos\beta + \tau_{yz} \cdot \cos\gamma \\ P_z &= \tau_{zx} \cdot \cos\alpha + \tau_{yz} \cdot \cos\beta + \sigma_{zz} \cdot \cos\gamma \end{aligned} \qquad (3.34)$$

Nehmen wir jetzt an, daß unser Körper durch Volumenkräfte belastet ist. Volumenkräfte wirken in jedem Punkt des Körpers, wenn sie z.B. durch das Eigengewicht hervorgerufen werden. Bezeichnen wir die Volumenkraft mit

$$\vec{F}^T = \left[\overline{X}, \overline{Y}, \overline{Z} \right] ,$$

so erweitert sich z.B. die Gleichgewichtsbedingung (3.32) für die x-Richtung um die Kraft $\overline{X} \cdot dx \cdot dy \cdot dz$,

so daß die Gleichgewichtsbedingungen (3.33) sich erweitern:

$$\begin{aligned} \frac{\partial \sigma_{xx}}{\partial x} + \frac{\partial \tau_{xy}}{\partial y} + \frac{\partial \tau_{zx}}{\partial z} + \overline{X} &= 0 \\ \frac{\partial \tau_{xy}}{\partial x} + \frac{\partial \sigma_{yy}}{\partial y} + \frac{\partial \tau_{yz}}{\partial z} + \overline{Y} &= 0 \end{aligned}$$

$$\frac{\partial \tau_{zx}}{\partial x} + \frac{\partial \tau_{yz}}{\partial y} + \frac{\partial \sigma_{zz}}{\partial z} + \bar{Z} = 0 \qquad (3.35)$$

3.4.2 *Lösungsansätze*

In der technischen Festigkeitslehre werden stark vereinfachende Annahmen getroffen, die mit den realen Verhältnissen aber oft gut übereinstimmen. Die Lösungen lassen sich dann relativ einfach finden.

● Beispiel 3.4: *Stab mit Normalkraft (Bild 3.5)*

Annahmen: Die Stabachse bleibt gerade, es treten nur Normalspannungen σ_{xx} auf, die Spannung ist über den Querschnitt gleichverteilt.

Aus den 15 Gleichungen bleiben daher folgende übrig:

$$\varepsilon_{xx} = \frac{\partial u}{\partial x} \quad (1) \qquad \varepsilon_{yy} = \frac{\partial v}{\partial y} \quad (2) \qquad \varepsilon_{zz} = \frac{\partial w}{\partial z} \quad (3)$$

$$\varepsilon_{xx} = \frac{1}{E} \cdot \sigma_{xx} \quad (4) \qquad \varepsilon_{yy} = -\frac{\nu}{E} \cdot \sigma_{xx} \quad (5) \qquad \varepsilon_{zz} = -\frac{\nu}{E} \cdot \sigma_{xx} \quad (6)$$

$$\frac{\partial \sigma_{xx}}{\partial x} = 0 \quad (7) \quad .$$

Glücklicherweise können wir die Gleichungen (1), (4) und (7) getrennt von den anderen behandeln, da sie 3 Gleichungen mit 3 Unbekannten sind. Aus (7) erhalten wir durch unbestimmte Integration

$$\sigma_{xx} = C_1 \quad .$$

Dies gilt für jede Stelle x und über der gesamten Querschnittsfläche. Die Lasteinleitung mit der Kraft F liefert als Randbedingung

$$\int_A \sigma_{xx} \, dA = F \quad ,$$

$$\sigma_{xx} = \frac{F}{A} \quad .$$

A bedeutet hierbei das Integrationsgebiet über der Querschnittsfläche. Die Gleichungen (1) und (4) fassen wir zusammen zu

$$\sigma_{xx} = E \cdot \frac{\partial u}{\partial x} \quad .$$

Wir benutzen die Lösung für die Spannung σ_{xx} und lösen nach $\frac{\partial u}{\partial x}$ auf:

$$\frac{\partial u}{\partial x} = \frac{F}{A} \cdot \frac{1}{E} \quad .$$

Unbestimmte Integration liefert

$$u(x) = \frac{F}{A \cdot E} \cdot x + C_2 \quad .$$

Die Randbedingung an der Einspannung , $u(0) = 0$, liefert sofort $C_2 = 0$

und damit

$$u(x) = \frac{F}{A \cdot E} \cdot x \quad .$$

Aus (1) bekommen wir die Dehnung

$$\varepsilon_{xx} = \frac{F}{A \cdot E} \quad .$$

Da nun die Spannung bekannt ist, könnten mit den Gleichungen (2), (3), (5) und (6) auch die Dehnungen und Verschiebungen in y- und z- Richtung berechnet werden. ●

● Beispiel 3.5: *Reine Biegung am Balken mit Rechteckquerschnitt*

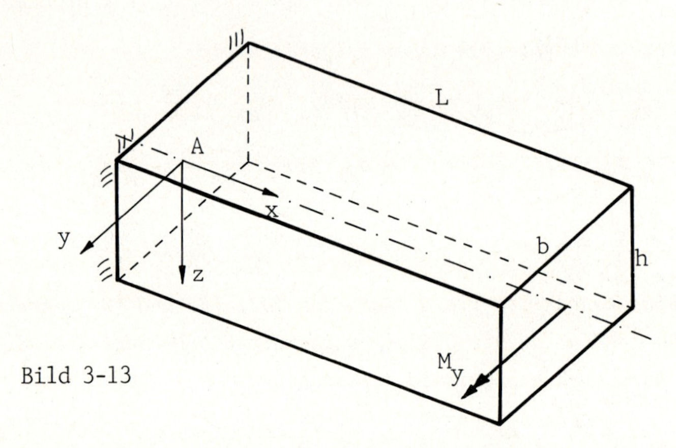

Bild 3-13

Das Moment M_y greift am Balkenende im Schwerpunkt der Querschnittsfläche an.

Annahmen: Die Querschnitte senkrecht zur Balkenachse bleiben auch nach der Verformung eben. Die Schnittflächen parallel zur Balkenachse sind spannungsfrei.

Aus den Annahmen folgt $\sigma_{yy} = \sigma_{zz} = \tau_{yz} = \tau_{xy} = \tau_{zx} = 0$. Die folgenden Gleichungen stehen also zur Verfügung:

$$\varepsilon_{xx} = \frac{\partial u}{\partial x} \quad , \quad \varepsilon_{zz} = \frac{\partial w}{\partial z} \quad , \quad \gamma_{zx} = \frac{\partial w}{\partial x} + \frac{\partial u}{\partial z} \quad ,$$

$$\varepsilon_{xx} = \frac{1}{E} \cdot \sigma_{xx} \quad , \quad \varepsilon_{zz} = -\frac{\nu}{E} \cdot \sigma_{xx} \quad , \quad \gamma_{zx} = 0 \quad ,$$

$$\frac{\partial \sigma_{xx}}{\partial x} = 0 \quad .$$

Die obigen Annahmen (Bernoulli-Hypothese) machen den Ansatz für eine Lösungsfunktion der Spannung σ_{xx} einfach. Die Spannung ist von x und y unabhängig, sie hängt nur von z ab:

$$\sigma_{xx}(z) = C_1 \cdot z + C_2 \quad .$$

Dieser Ansatz erfüllt jedenfalls die DGL $\frac{\partial\sigma_{xx}}{\partial x} = 0$. *Natürlich sind grundsätzlich auch andere Funktionen von z als Ansatz denkbar. Die Parameter* C_1 *und* C_2 *berechnen wir aus den Randbedingungen.*

1) Da Längskräfte nicht vorhanden sind, ist die Summe aller Kräfte in x-Richtung im Querschnitt gleich 0:

$$\int_A \sigma_{xx}\, dA = 0 \quad ,$$

$$\int_{-h/2}^{h/2}\int_{-b/2}^{b/2} (C_1\cdot z + C_2)\, dydz = C_2\cdot b\cdot h = 0 \ .$$

Das ergibt $C_2 = 0$.

2) In der Querschnittsfläche muß Momentengleichgewicht herrschen.

$$\int_{-h/2}^{h/2}\int_{-b/2}^{b/2} \sigma_{xx}\cdot z\, dydz = \int_{-h/2}^{h/2}\int_{-b/2}^{b/2} C_1\cdot z^2 dydz$$

$$= \int_{-h/2}^{h/2} C_1 z^2 b\, dz = C_1\cdot\frac{b\cdot z^3}{3}\Big/_{-h/2}^{h/2} = \frac{C_1\cdot b\cdot h^3}{12} = M_y \ .$$

Daraus folgt $C_1 = \frac{M_y}{I_y}$. *Die Spannungsfunktion lautet*

$$\sigma_{xx}(z) = \frac{M_y}{I_y}\cdot z \ . \qquad (3.36)$$

Damit ergibt sich auch sofort die Dehnung

$$\varepsilon_{xx}(z) = \frac{M_y}{E\cdot I_y}\cdot z \ .$$

Aus den kinematischen Bedingungen können wir jetzt die Verschiebungsfunktionen $u(x,z)$ *und* $w(x,z)$ *berechnen.*

Wegen $\varepsilon_{xx} = \frac{\partial u}{\partial x}$ *folgt* $u(x,z) = \frac{M_y}{E\cdot I_y}\cdot z\cdot x + f(z)$.

Aus $\varepsilon_{zz} = \frac{\partial w}{\partial z}$ *folgt analog* $w(x,z) = -\frac{1}{2}\cdot\frac{\nu\cdot M_y\cdot z^2}{E\cdot I_y} + g(x)$.

Mittels $0 = \gamma_{zx} = \frac{\partial w}{\partial x} + \frac{\partial u}{\partial z}$ *können wir die Parameter* $f(z)$ *und* $g(x)$ *berechnen:*

$$0 = g'(x) + f'(z) + \frac{M_y}{E\cdot I_y}x \quad ,$$

$$-\frac{M_y}{E\cdot I_y}\cdot x = g'(x) + f'(z) \ .$$

Aus dieser Beziehung folgern wir, daß $f'(z)$ *konstant, also* $f'(z) = C_3$ *ist. Damit haben wir*

$$g'(x) = -\frac{M_y}{E\cdot I_y}x - C_3 \ .$$

Es folgt

$$g(x) = -\frac{1}{2}\cdot\frac{M_y}{E\cdot I_y}\cdot x^2 - C_3 x + C_4$$

und damit

$$w(x,z) = -\frac{1}{2}\cdot\frac{\nu\cdot M_y}{E.I_y}\cdot z^2 - \frac{1}{2}\cdot\frac{M_y}{E\cdot I_y}\cdot x^2 - C_3 x + C_4 \quad .$$

Mit den Randbedingungen

$$w(0,0) = 0 \quad \text{und} \quad \frac{\partial w}{\partial x}(0,0) = 0$$

bekommen wir $C_3 = C_4 = 0$.
Die Verschiebungsfunktion $w(x,z)$ *lautet nun*

$$w(x,z) = -\frac{1}{2}\cdot\frac{\nu\cdot M_y}{E.I_y}\cdot z^2 - \frac{1}{2}\cdot\frac{M_y}{E\cdot I_y}\cdot x^2 \quad .$$

Die obigen Randbedingungen besagen, daß der Balken im Punkt A befestigt ist und ansonsten an der Wand anlehnt. Die Bedingung, daß der Balken am Ende im gesamten Querschnitt fest ist, können wir nicht erfüllen. Lassen wir die Querdehnung in z-Richtung weg, bekommen wir die Biegelinie aus der elementaren Balkentheorie:

$$w(x,0) = -\frac{1}{2}\cdot\frac{M_y}{E\cdot I_y}\cdot x^2 \quad . \qquad (3.37)$$

Dies ist die Biegelinie der Balkenachse. ●

Wir sehen, daß wir vereinfachende Annahmen treffen müssen, um zu Lösungsansätzen zu kommen. Ein anderer Weg, Lösungen der Differentialgleichungen zu finden, wird dadurch beschritten, daß man die gegebenen DGL'en in andere DGL'en umformt, für die man Lösungsfunktionen finden kann. Wir führen dies für den ebenen Spannungszustand durch. Beim ebenen Spannungszustand reduzieren sich die 15 Gleichungen zu nur noch 8 Gleichungen mit 8 Unbekannten:

$$\varepsilon_{xx} = \frac{\partial u}{\partial x} \quad , \quad \varepsilon_{yy} = \frac{\partial v}{\partial y} \quad , \quad \gamma_{xy} = \frac{\partial u}{\partial y} + \frac{\partial v}{\partial x} \quad ,$$

$$\varepsilon_{xx} = \frac{1}{E}\cdot(\sigma_{xx} - \nu\cdot\sigma_{yy}) \quad , \quad \varepsilon_{yy} = \frac{1}{E}\cdot(\sigma_{yy} - \nu\cdot\sigma_{xx}) \quad ,$$

$$\tau_{xy} = G.\gamma_{xy} \quad , \quad \frac{\partial\sigma_{xx}}{\partial x} + \frac{\partial\tau_{xy}}{\partial y} = 0 \quad ,$$

$$\frac{\partial\tau_{xy}}{\partial x} + \frac{\partial\sigma_{yy}}{\partial y} = 0 \qquad (3.38)$$

Wir reduzieren die Anzahl der Gleichungen, indem wir die Verzerrungen und Spannungen eliminieren, so daß nur 2 DGL'en für die Verschiebungen übrigbleiben. Dazu lösen wir die Verzerrungs-Spannungsbeziehungen nach den Spannungen auf und ersetzen die Verzerrungen durch die partiellen Ableitungen der Verschiebungen:

$$\sigma_{xx} = \frac{E}{1-\nu^2}\cdot(\frac{\partial u}{\partial x} + \nu\cdot\frac{\partial v}{\partial y}) \quad ,$$

$$\sigma_{yy} = \frac{E}{1-\nu^2}\cdot(\frac{\partial v}{\partial y} + \nu\cdot\frac{\partial u}{\partial x}) \quad ,$$

$$\tau_{xy} = \frac{E}{2(1+\nu)}\cdot(\frac{\partial u}{\partial y} + \frac{\partial v}{\partial x}) \qquad (3.39)$$

Hiervon bilden wir die partielllen Ableitungen, wie sie in den DGL'en für die Spannungen in (3.38) vorkommen und setzen sie dort ein:

$$\frac{\partial\sigma_{xx}}{\partial x} = \frac{E}{1-\nu^2}\cdot(\frac{\partial^2 u}{\partial x^2} + \nu\cdot\frac{\partial^2 v}{\partial x\partial y}) \quad , \quad \frac{\partial\sigma_{yy}}{\partial y} = \frac{E}{1-\nu^2}(\frac{\partial^2 v}{\partial y^2} + \nu\cdot\frac{\partial^2 u}{\partial x\partial y}) \quad ,$$

$$\frac{\partial\tau_{xy}}{\partial x} = \frac{E}{2(1+\nu)}(\frac{\partial^2 u}{\partial x\partial y} + \frac{\partial^2 v}{\partial x^2}) \quad , \quad \frac{\partial\tau_{xy}}{\partial y} = \frac{E}{2(1+\nu)}(\frac{\partial^2 u}{\partial y^2} + \frac{\partial^2 v}{\partial x\partial y}) \quad ,$$

nach Vereinfachung ergeben sich die DGL'en für die Verschiebungen

$$\frac{1}{1-\nu^2}\cdot\left[\frac{\partial^2 u}{\partial x^2} + \frac{1-\nu}{2}\cdot\frac{\partial^2 u}{\partial y^2}\right] + \frac{1}{2(1-\nu)}\cdot\frac{\partial^2 v}{\partial x\partial y} = 0$$

$$\frac{1}{1-\nu^2}\cdot\left[\frac{1-\nu}{2}\cdot\frac{\partial^2 v}{\partial x^2} + \frac{\partial^2 v}{\partial y^2}\right] + \frac{1}{2(1-\nu)}\cdot\frac{\partial^2 u}{\partial x\partial y} = 0 \qquad (3.40)$$

Dies ist ein partielles DGL-System für die Verschiebungsfunktionen $u(x,y)$ und $v(x,y)$. Wir wollen diese DGL'en hier nicht weiter verfolgen, werden aber bei den Variationsmethoden für die Finite Element Methode auf diese Beziehungen zurückkommen.

Eine andere Möglichkeit, die Gleichungen (3.38) zu vereinfachen, besteht darin, auf Gleichungen für die Spannungen zu reduzieren. Dazu bilden wir von den Verzerrungen partielle Ableitungen 2. Ordnung,

$$\frac{\partial^2\varepsilon_{xx}}{\partial y^2} = \frac{\partial^3 u}{\partial x\partial y^2} \quad , \quad \frac{\partial^2\varepsilon_{yy}}{\partial x^2} = \frac{\partial^3 v}{\partial y\partial x^2} \quad ,$$

$$\frac{\partial^2\gamma_{xy}}{\partial x\partial y} = \frac{\partial^3 u}{\partial x\partial y^2} + \frac{\partial^3 v}{\partial y\partial x^2} \quad ,$$

und können sie nun zu der sogenannten Verträglichkeitsbedingung verknüpfen:

$$\frac{\partial^2\varepsilon_{xx}}{\partial y^2} + \frac{\partial^2\varepsilon_{yy}}{\partial x^2} - \frac{\partial^2\gamma_{xy}}{\partial x\partial y} = 0 \qquad (3.41)$$

In dieser Verträglichkeitsbedingung ersetzen wir die Verzerrungen durch die Spannungen und haben dann mit den beiden Gleichgewichtsbedingungen aus (3.38) 3 DGL'en für die 3 unbekannten Spannungsfunktionen:

$$\frac{\partial^2(\sigma_{xx} - \nu\cdot\sigma_{yy})}{\partial y^2} + \frac{\partial^2(\sigma_{yy} - \nu\cdot\sigma_{xx})}{\partial x^2} = 2(1+\nu)\frac{\partial^2\tau_{xy}}{\partial x\partial y} ,$$

$$\frac{\partial\sigma_{xx}}{\partial x} + \frac{\partial\tau_{xy}}{\partial y} = 0 \quad , \quad \frac{\partial\tau_{xy}}{\partial x} + \frac{\partial\sigma_{yy}}{\partial y} = 0 \tag{3.42}$$

Wir erhalten einen Lösungsansatz, wenn wir die 3 gesuchten Spannungsfunktionen durch eine Funktion ersetzen, die *Airy'sche Spannungsfunktion* $\Phi(x,y)$, die durch die Bedingungen

$$\sigma_{xx} = \frac{\partial^2\Phi}{\partial y^2} \quad , \quad \sigma_{yy} = \frac{\partial^2\Phi}{\partial x^2} \quad , \quad \tau_{xy} = -\frac{\partial^2\Phi}{\partial x\partial y} \tag{3.43}$$

definiert wird. Mit diesem Ansatz werden sofort die beiden letzten Gleichungen aus (3.42) erfüllt. Setzen wir (3.43) in die erste Gleichung von (3.42) ein, erhalten wir eine partielle DGL für $\Phi(x,y)$:

$$\frac{\partial^4\Phi}{\partial y^4} - \nu\cdot\frac{\partial^4\Phi}{\partial x^2\partial y^2} + \frac{\partial^4\Phi}{\partial x^4} - \nu\cdot\frac{\partial^4\Phi}{\partial x^2\partial y^2} = -2(1+\nu)\frac{\partial^4\Phi}{\partial x^2\partial y^2}$$

oder

$$\frac{\partial^4\Phi}{\partial x^4} + 2\cdot\frac{\partial^4\Phi}{\partial x^2\partial y^2} + \frac{\partial^4\Phi}{\partial y^4} = 0 \tag{3.44}$$

Mit dem Operator

$$\Delta \equiv \frac{\partial^2}{\partial x^2} + \frac{\partial^2}{\partial y^2}$$

und der Eigenschaft

$$\Delta\Delta = \frac{\partial^4}{\partial x^4} + 2\frac{\partial^4}{\partial x^2\partial y^2} + \frac{\partial^4}{\partial y^4}$$

können wir (3.44) auch kurz schreiben

$$\Delta\Delta\Phi(x,y) = 0 \tag{3.45}$$

Anstelle von Lösungen für (3.45) suchen wir zunächst Lösungen der DGL $\Delta\Psi(x,y) = 0$. Dann sind nämlich die Funktionen $\Phi(x,y) = y\cdot\Psi(x,y)$ oder $\Phi(x,y) = x\cdot\Psi(x,y)$ oder $\Phi(x,y) = (x^2+ y^2)\cdot\Psi(x,y)$ Lösungen von (3.45). Es wird an dieser Stelle nicht bewiesen, daß alle Funktionen der Gestalt

$$\Psi(x,y) = (x \pm j\cdot y)^n \quad , n = 1,2,3,...$$

Lösungen von $\Delta\Psi(x,y) = 0$ sind, wobei j die imaginäre Einheit ist.

Damit sind aber auch die Real- und Imaginärteile dieser Funktionen Lösungen der DGL. Es läßt sich also ein ganzer Katalog von Funktionen als Lösungen der DGL $\Delta\Delta\Phi(x,y) = 0$ angeben:

$$\Phi(x,y) = x \;,\; y \;,\; x^2 \;,\; y^2 \;,\; x^3 \;,\; y^3 \;,\; x\cdot y \;,\; x^2y \;,\; xy^2 \;,\; \ldots$$

Die Schwierigkeit besteht darin, für das jeweilige Problem Lösungsfunktionen so auszuwählen, daß die vorgegebenen Randbedingungen erfüllbar sind. Das folgende Beispiel verdeutlicht dies und zeigt, wie schnell der Aufwand steigt, wenn man gegenüber der elementaren Balkentheorie eine höhere Genauigkeit erzielen will.

● Beispiel 3.6: *Ein Balken der Länge l mit rechteckigem Querschnitt der Breite b und Höhe h sei an seinem einen Ende im Schwerpunkt befestigt und lehne ansonsten an der Wand. Es handelt sich um die gleiche Situation wie in Bild 3-13. Das Moment M_y wird hier allerdings durch eine Querkraft F in positiver z-Richtung ersetzt. Wir interessieren uns für den Spannungsverlauf im Balken.*

Wir gehen davon aus, daß $\sigma_{yy} = \sigma_{zz} = \tau_{yz} = \tau_{xy} = 0$. Gesucht sind demnach die Spannungsfunktionen σ_{xx} und τ_{xz}. Wir fordern, daß im Querschnitt am Balkenende für $x = l$ die Normalspannung $\sigma_{xx} = 0$ ist. Da der Balken auf der oberen und unteren Seitenfläche nicht belastet ist, ist auch hier $\tau_{zx} = 0$ anzunehmen. Das hat Konsequenzen für den Verlauf von τ_{xz} im Querschnitt des Balkens.

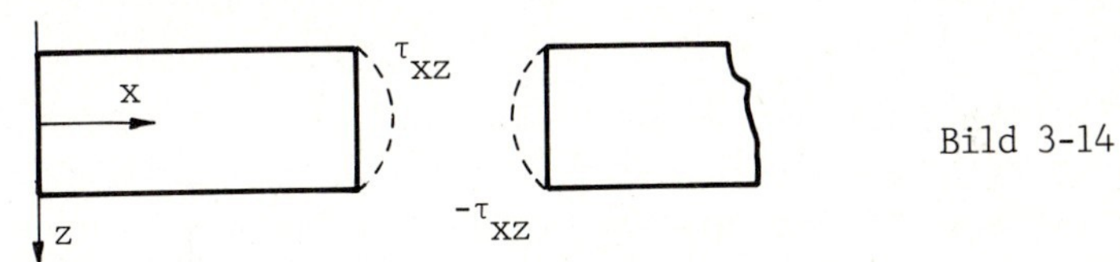

Bild 3-14

Wegen der Gleichheit zugeordneter Schubspannungen muß an der oberen und unteren Kante im Querschnitt $\tau_{xz} = \tau_{zx} = 0$ gelten. Wir nehmen an, daß τ_{xz} in y-Richtung konstant ist und machen daher den Ansatz

$$\tau_{xz}(z) = A\cdot z^2 + B \quad .$$

Dies ist eine Parabelgleichung und wir können erzwingen, daß für $z = \pm\frac{h}{2}$ die Schubspannung 0 ist. Aus diesem Ansatz heraus können wir zunächst über die 3. Gleichung in (3.43) auf die Airy'sche Spannungsfunktion $\Phi(x,z)$ schließen. Durch unbestimmte Integration über z und dann über x ergibt sich

$$\Phi(x,z) = -\left(\frac{A}{3}\cdot z^3 + B\cdot z\right)\cdot x + C \quad .$$

Dieser Ansatz kann aber nicht $\sigma_{xx} = 0$ befriedigen, denn wegen (3.43) *ist*

$$\sigma_{xx} = \frac{\partial^2\Phi}{\partial z^2} = 2\cdot A\cdot z \quad .$$

Dies ist aber für $x = l$ *ungleich 0 und stimmt daher nicht mit unserer Randbedingung für* σ_{xx} *überein. Wir erweitern daher unseren Ansatz zu*

$$\Phi(x,z) = (C_1\cdot z + C_2\cdot z^3)\cdot x + C_3\cdot z^3 \quad .$$

Wir bestimmen die Parameter C_1, C_2 *und* C_3*. Mit (3.43) erhalten wir für die Spannungen*

$$\sigma_{zz} = \frac{\partial^2\Phi}{\partial x^2} = 0 \quad , \quad \sigma_{xx} = \frac{\partial^2\Phi}{\partial z^2} = 6C_2\cdot x\cdot z + 6C_3\cdot z \quad ,$$

$$\tau_{xz} = -\frac{\partial^2\Phi}{\partial x\,\partial z} = -C_1 - 3C_2\cdot z^2 \quad .$$

Wir nutzen die Randbedingungen aus:

$$\sigma_{xx}(x=l,z) = 0 = 6z.(C_2 l + C_3) \quad , \quad C_3 = -l\cdot C_2$$

$$\tau_{xz}(x,z=\frac{h}{2}) = 0 = -C_1 - 3C_2\cdot\frac{h^2}{4} \quad , \quad C_1 = -3C_2\cdot\frac{h^2}{4}$$

$$\int_{-h/2}^{h/2}\int_{-b/2}^{b/2} (-C_1 - 3C_2\cdot z^2)\,dy\,dz = -b(C_1\cdot h + C_2\cdot\frac{h^3}{4}) = F \quad .$$

Die 3 Gleichungen bringen für C_1, C_2, C_3

$$C_1 = -\frac{3}{2}\cdot\frac{F}{b\cdot h} \quad , \quad C_2 = 2\cdot\frac{F}{b\cdot h^3} \quad , \quad C_3 = -2\cdot\frac{F\cdot l}{b\cdot h^3} \quad .$$

Die Airy'sche Spannungsfunktion lautet nun

$$\Phi(x,z) = -\frac{F}{2\cdot b\cdot h^3}\cdot\left[x(3h^2\cdot z - 4z^3) + 4l\cdot z^3\right] \quad .$$

Mit (3.43) ergeben sich die gesuchten Spannungen:

$$\sigma_{xx} = -\frac{12F}{b\cdot h^3}\cdot z\cdot(l - x) \quad , \quad \tau_{xz} = -\frac{6F}{b\cdot h^3}\cdot(z^2 - \frac{h^2}{4}) \quad .$$

Mit den Randbedingungen an der Einspannung und den Beziehungen (3.38) kann man jetzt noch die Verschiebungsfunktionen $u(x,z)$ *und* $w(x,z)$ *entwickeln. Ein längerer Rechengang liefert*

$$w(x,z) = \frac{-6F}{E\cdot b\cdot h^3}\cdot\left[-\nu\cdot z^2(l - x) + \frac{1}{3}x^3 - l\,x^2 - \frac{2(1+\nu)}{4}\cdot h^2\cdot x\right] \quad .$$

Speziell im Angriffspunkt der Kraft ist

$$w(l,0) = \frac{4 \cdot F \cdot l^3}{E \cdot b \cdot h^3} + 3 \cdot \frac{F \cdot l}{E \cdot b \cdot h} \cdot (1 + \nu) \quad .$$

Die Balkentheorie liefert

$$w(l,0) = \frac{4 \cdot F \cdot l^3}{E \cdot b \cdot h^3} + \frac{11}{5} \cdot \frac{F \cdot l}{E \cdot b \cdot h} \cdot (1 + \nu) \quad .$$

4.1 INTEGRALSÄTZE

In diesem Abschnitt werden die Integrale und Integralsätze erläutert, die zum Verständnis des Energiesatzes, des Zusammenhangs des Prinzips der virtuellen Verschiebungen mit dem Prinzip vom Minimum der totalen potentiellen Energie und zur Entwicklung der Finite Element Methode notwendig sind.

4.1.1 Kurvenintegrale

Zunächst entwickeln wir das Integral der Bogenlänge für ebene Kurven der Gleichung $y = f(x)$.

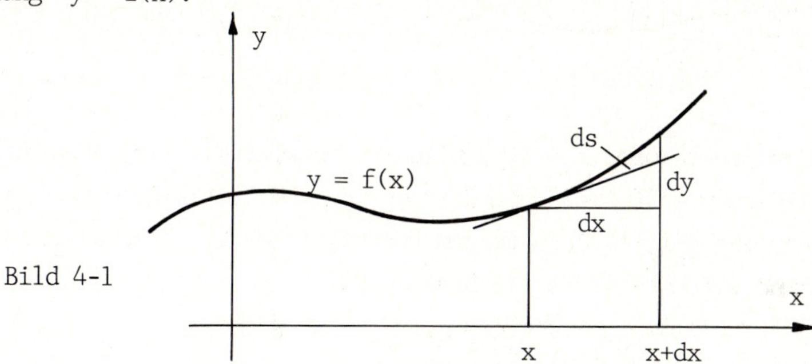

Bild 4-1

Das Differential der Bogenlänge läßt sich ausdrücken durch

$$ds^2 = dx^2 + dy^2$$

oder

$$\left(\frac{ds}{dx}\right)^2 = 1 + \left(\frac{dy}{dx}\right)^2$$

oder

$$\frac{ds}{dx} = \sqrt{1 + f'^2(x)} \quad . \tag{4.1}$$

Für die Länge des Bogens zwischen den Punkten $P_a(a/f(a))$ und $P_1(x_1/f(x_1))$ ergibt sich durch Integration

$$s = \int_a^{x_1} \sqrt{1 + f'^2(x)} \; dx \tag{4.2}$$

● Beispiel 4.1: *Gesucht ist die Bogenlänge des Kurvenstücks zu der Funktion $y = f(x) = \frac{1}{2} \cdot x^2$ zwischen den Punkten $P_1(0/0)$ und $P_2(1/\frac{1}{2})$.*
Mit der 1. Ableitung $y' = f'(x) = x$ ergibt sich

$$s = \int_0^1 \sqrt{1 + x^2}\, dx = \frac{1}{2}x \cdot \sqrt{1 + x^2} + \operatorname{arsinh} x \Big/_0^1 = 1,15.$$ ●

Kurvenintegrale 1. Art

In der xy-Ebene sei die Kurve zu $y = f(x)$ vorgelegt. Des weiteren sei über der xy-Ebene eine Fläche durch die Funktion $z = g(x,y)$ definiert. Sie wird aber nur über den Punkten zu der Kurve $y = f(x)$ betrachtet(Bild 4-2a).

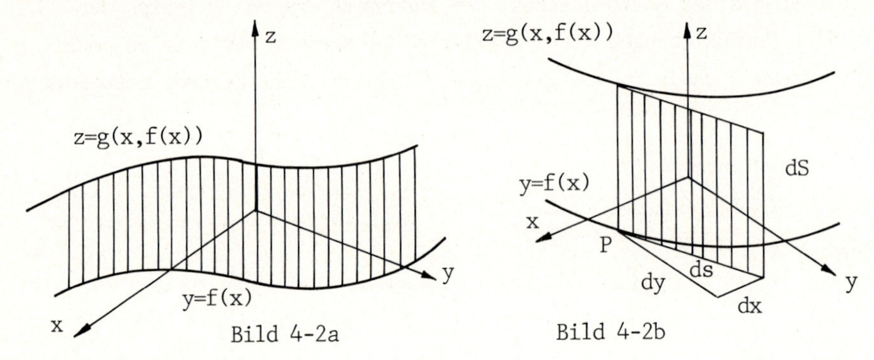

Bild 4-2a Bild 4-2b

Für diese Raumpunkte über $y = f(x)$ gilt $z = g(x,f(x))$. Wir betrachten in einem Punkt P zu $y = f(x)$ das Bogenelement ds und multiplizieren es mit dem Funktionswert $g(x,f(x))$ in diesem Punkt(Bild 4-2b). Anschaulich gesehen bekommen wir dadurch das Flächenelement

$$dS = g(x,f(x)) \cdot ds \quad .$$

Dieses ist der Flächeninhalt des über dem Bogenelement ds stehenden Rechtecks mit der Höhe $g(x,f(x))$. Wegen (4.1) können wir hierfür auch schreiben

$$dS = g(x,f(x)) \cdot \sqrt{1 + f'^2(x)}\, dx \tag{4.3}$$

Als Integral umgeschrieben erhalten wir

$$S = \int_a^{x_1} g(x,f(x)) \cdot \sqrt{1 + f'^2(x)}\, dx \tag{4.4}$$

Man schreibt auch kurz

$$S = \int_C g(x,y)\, ds \quad , \tag{4.5}$$

wobei C die Kurve zu $y = f(x)$ bedeutet. Dieses Kurvenintegral wird auch Kurvenintegral 1.Art genannt und kann anschaulich als Flächeninhalt der

der "Wand" über der Kurve zu $y = f(x)$ gedeutet werden.

● Beispiel 4.2: *Die Kurve C ist durch $y = f(x) = x + 2$ zwischen den Punkten $P_1(0/2)$ und $P_2(2/4)$ gegeben. Über der xy-Ebene ist die Flächenfunktion $z = g(x,y) = x + y$ definiert. Dann ist $g(x,f(x)) = 2x + 2$. Mit $f'(x) = 1$ erhalten wir*

$$S = \int_0^2 (2x+2)\cdot\sqrt{2}\,dx$$

$$= \sqrt{2}\cdot(x^2 + 2x)\Big/_0^2 = 8\cdot\sqrt{2} \quad .$$

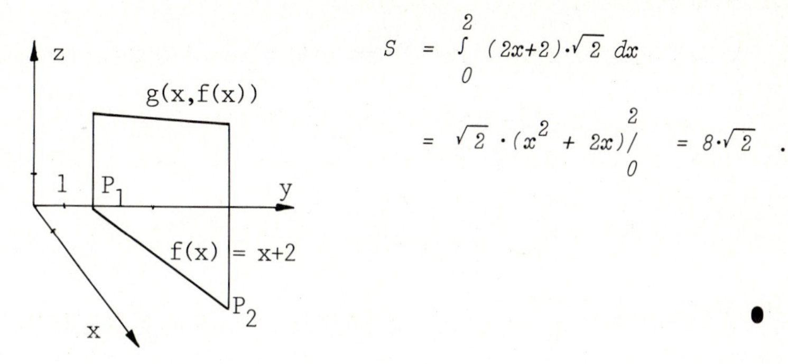

Bild 4-3 ●

Kurvenintegrale 2. Art

Über der Kurve C zu $y = f(x)$ sind jetzt 2 Flächenfunktionen $z = Q(x,y)$ und $z = R(x,y)$ erklärt. Wir betrachten wieder das Bogenelement ds in einem

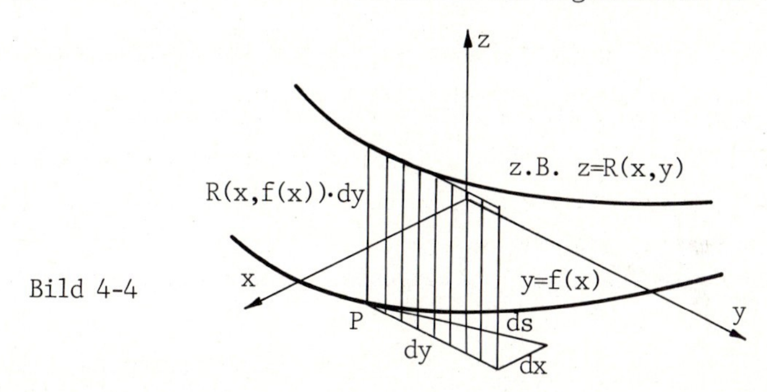

Bild 4-4

Punkt der Kurve C (Bild 4-4). Zum Bogenelement ds gehören die Differentiale dx und dy. Im Gegensatz zum Kurvenintegral 1. Art werden hier die Funktionswerte der Flächenfunktionen nicht mit ds, sondern mit dx bzw. dy multipliziert:

$$dS = Q(x,f(x))\cdot dx + R(x,f(x))\cdot dy \quad .$$

Wegen $dy = f'(x)\,dx$ können wir dies umschreiben zu

$$dS = Q(x,f(x))\,dx + R(x,f(x))\cdot f'(x)\,dx$$

$$= \left[Q(x,f(x)) + R(x,f(x))\cdot f'(x)\right] dx \qquad (4.6)$$

Als Integral haben wir

$$S = \int_a^{x_1} \left[Q(x,f(x)) + R(x,f(x))\cdot f'(x) \right] dx \tag{4.7}$$

Man schreibt kurz

$$S = \int_C \left[Q\,dx + R\,dy \right] \tag{4.8}$$

Zusammenhang zwischen Kurvenintegralen 1.Art und 2.Art

Wir wollen das Kurvenintegral 2.Art in ein Kurvenintegral 1.Art umformen:

$$S = \int_a^{x_1} \left[Q(x,f(x)) + R(x,f(x))\cdot f'(x) \right] dx$$

$$= \int_a^{x_1} \frac{Q + R\cdot f'(x)}{\sqrt{1 + f'^2(x)}} \cdot \sqrt{1 + f'^2(x)}\; dx \quad ,$$

wir wählen

$$g(x,f(x)) = \frac{Q(x,f(x)) + R(x,f(x))\cdot f'(x)}{\sqrt{1 + f'^2(x)}}$$

und erhalten für S ein Kurvenintegral 1.Art,

$$S = \int_a^{x_1} g(x,f(x))\cdot \sqrt{1 + f'^2(x)}\; dx \quad .$$

Kurvenintegrale 2.Art lassen sich mit Hilfe des Tangentenvektors der Kurve C ausdrücken. Der Tangentenvektor im Punkt P der Kurve C zu $y = f(x)$ ist z.B. durch

$$\vec{t} = \begin{bmatrix} 1 \\ f'(x) \end{bmatrix}$$

gegeben. Wir normieren den Tangentenvektor:

$$\vec{t}_e = \frac{1}{\sqrt{1 + f'^2(x)}} \cdot \begin{bmatrix} 1 \\ f'(x) \end{bmatrix} \tag{4.9}$$

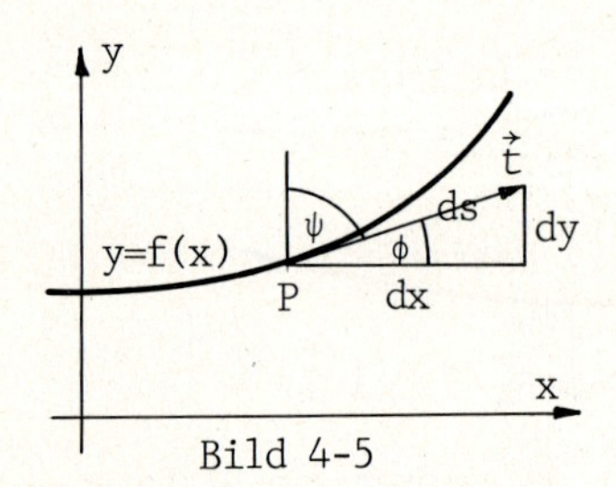

Bild 4-5

Aus Bild 4-5 lesen wir über die Richtungscosinus gegen die Koordinatenachsen ab:

$$\vec{t}_e = \begin{bmatrix} \cos\phi \\ \cos\psi \end{bmatrix} \tag{4.10}$$

Mit (4.10) können wir unser Kurvenintegral (4.7) auf die Bogenlänge s umstellen:

$$S = \int_a^{x_1} \left[Q\cdot\cos\phi + R\cdot\cos\psi \right] \cdot \sqrt{1 + f'^2(x)}\; dx$$

$$= \int_C \left[Q\cdot\cos\phi + R\cdot\cos\psi \right] ds \tag{4.11}$$

Ist die Kurve C durch eine Parameterdarstellung gegeben,

$$\vec{r}(t) = \begin{bmatrix} x(t) \\ y(t) \end{bmatrix} ,$$

können wir das Integral (4.7) mittels der Substitution $x = x(t)$ von x nach t substituieren. Mit

$$x = x(t) \quad , \quad y = f(x(t)) \quad , \quad dx = \dot{x}(t)\,dt \quad , \quad \begin{matrix} t_a = x^{-1}(a) \quad , \\ t_1 = x^{-1}(x_1) \end{matrix}$$

ändert sich (4.7) in

$$S = \int_{t_a}^{t_1} \left[Q(x(t),y(t))\cdot\dot{x}(t) + R(x(t),y(t))\cdot\dot{y}(t) \right] dt$$

$$= \int_{t_a}^{t_1} \left[Q , R \right]\cdot\dot{\vec{r}}(t)\,dt \quad , \tag{4.12}$$

wobei

$$\dot{\vec{r}}(t) = \begin{bmatrix} \dot{x}(t) \\ \dot{y}(t) \end{bmatrix} .$$

● Beispiel 4.3: *Mit den Funktionen $Q(x,y) = x + y$ und $R(x,y) = 2y + 1$ soll das Kurvenintegral 2. Art von $P_1(0/1)$ nach $P_2(2/4)$ berechnet werden.*

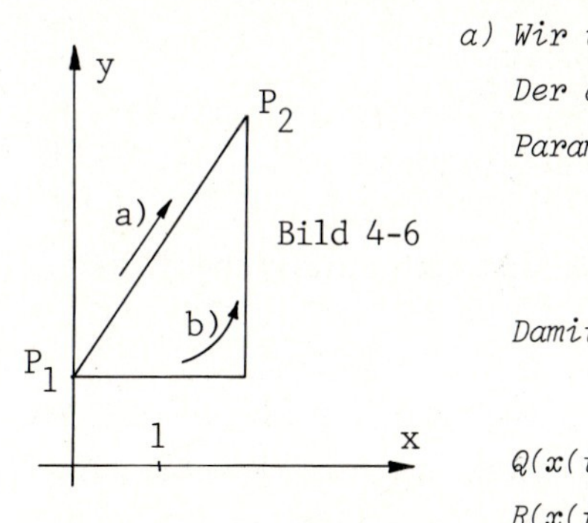

Bild 4-6

a) Wir verbinden P_1 linear mit P_2:
Der direkte Weg von P_1 nach P_2 hat z.B. die Parameterdarstellung

$$\vec{r}(t) = \begin{bmatrix} 2t \\ 1 + 3t \end{bmatrix} , \quad 0 \leqq t \leqq 1 .$$

Damit wird

$$\dot{\vec{r}}(t) = \begin{bmatrix} 2 \\ 3 \end{bmatrix} ,$$

$$Q(x(t),y(t)) = 1 + 5\cdot t \quad ,$$
$$R(x(t),y(t)) = 3 + 6\cdot t \quad , \text{ also}$$

$$S = \int_0^1 \left[(1+5t)\cdot 2 + (3+6t)\cdot 3 \right] dt = 25.$$

b) Wir wählen den Weg parallel zu den Koordinatenachsen:

Parameterdarstellung parallel zur x-Achse: $\vec{r}(t) = \begin{bmatrix} t \\ 1 \end{bmatrix} , \quad 0 \leqq t \leqq 2 ,$

Parameterdarstellung parallel zur y-Achse: $\vec{r}(t) = \begin{bmatrix} 2 \\ t \end{bmatrix} , \quad 1 \leqq t \leqq 4 .$

$$S = \int_0^2 (1 + t)\,dt + \int_1^4 (2\cdot t + 1)\,dt$$

$$= \frac{1}{2}\cdot t^2 + t \Big/_0^2 + (t^2 + t) \Big/_1^4 = 22 . \quad ●$$

4.1.2 *Mehrfachintegrale*

Doppelintegrale

Für einfach zusammenhängende Gebiete G wird durch die Flächenfunktion $z = g(x,y)$, die auf G definiert ist, ein Volumen zwischen der Grundfläche und $z = g(x,y)$ beschrieben.

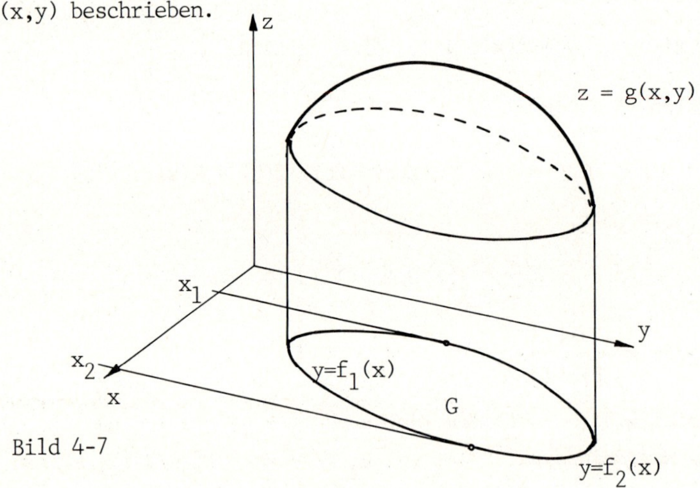

Bild 4-7

Das Volumen berechnet sich mit dem Doppelintegral

$$\int_G g(x,y)\,dA = \int_{x_1}^{x_2} \int_{f_1(x)}^{f_2(x)} g(x,y)\,dy\,dx \tag{4.13}$$

Bei Vertauschung der Integrationsgrenzen ändern sich entsprechend die Integrationsgrenzen.

Dreifachintegrale

Wir setzen wieder ein einfach zusammenhängendes, aber dreidimensionales Gebiet V voraus, auf dem eine Funktion $u = h(x,y,z)$ definiert ist.

Wir setzen voraus, daß die Oberfläche durch die beiden Funktionen $z = f_1(x,y)$ und $z = f_2(x,y)$ beschrieben werden kann. Die Projektion von V auf die xy-Ebene ist durch die Kurven zu $y = g_1(x)$ und $y = g_2(x)$ begrenzt.

Bild 4-8

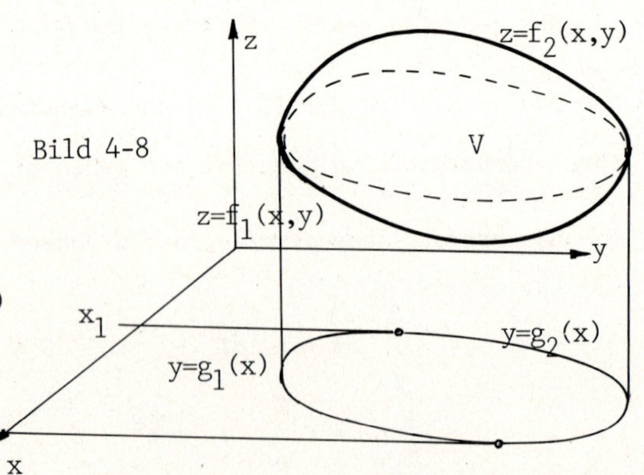

Das Volumenintegral lautet

$$\int_V h(x,y,z)\,dV = \int_{x_1}^{x_2}\int_{g_1(x)}^{g_2(x)}\int_{f_1(x,y)}^{f_2(x,y)} h(x,y,z)\,dz\,dy\,dx \qquad (4.14)$$

● Beispiel 4.4: *Das Integrationsgebiet ist ein Tetraeder, das durch die Ebenen $x + y + z = a$, $x = 0$, $y = 0$, $z = 0$ begrenzt wird. Im Inneren des Tetraeders ist die Funktion $z = h(x,y,z) = x$ definiert.*

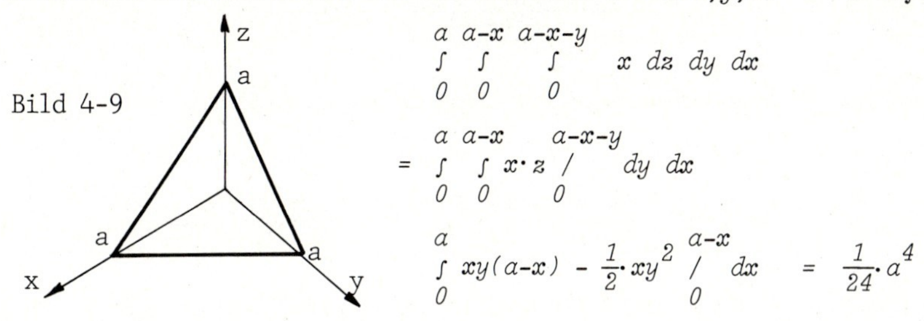

Bild 4-9

$$\int_0^a\int_0^{a-x}\int_0^{a-x-y} x\,dz\,dy\,dx$$

$$= \int_0^a\int_0^{a-x} x\cdot z \Big/_0^{a-x-y}\,dy\,dx$$

$$\int_0^a xy(a-x) - \frac{1}{2}\cdot xy^2 \Big/_0^{a-x}\,dx = \frac{1}{24}\cdot a^4$$ ●

Oberflächenintegrale

Über dem Gebiet G in der xy-Ebene ist die Funktion z = f(x,y) gegeben. Wir berechnen die Oberfläche.

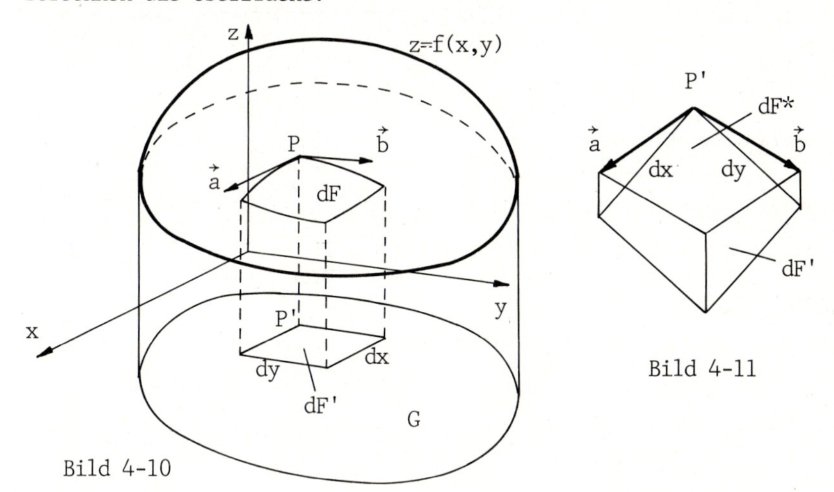

Bild 4-10

Bild 4-11

In G bilden wir in P' ein infinitesimales Rechteck mit den Seitenlängen dx und dy und betrachten das Flächenstück, das darüber in der Fläche zu z = f(x,y) ausgeschnitten wird. Im Punkt P bilden wir die Tangentialebene, die die Richtungsvektoren $\vec{a}$ in x-Richtung und $\vec{b}$ in y-Richtung besitzt:

$$\vec{a}^T = \left[\, dx \;,\; 0 \;,\; \frac{\partial f}{\partial x}\cdot dx \,\right]$$

$$\vec{b}^T = \left[\, 0 \;,\; dy \;,\; \frac{\partial f}{\partial y}\cdot dy \,\right] \qquad . \qquad (4.15)$$

Wir projizieren das Tangentialebenenviereck in P, das durch $\vec{a}$ und $\vec{b}$ ge bildet wird, auf P' herunter(Bild 4-11). dF' ist die Projektion von dF* oder dF. Das Flächenstück dF kann näherungsweise durch die Tangentialebenenfläche dF* ersetzt werden:

$$dF = |\vec{a}\times\vec{b}| = \left|\left[-\frac{\partial f}{\partial x}\cdot dydx\ ,\ -\frac{\partial f}{\partial y}\cdot dydx\ ,\ dydx\right]\right|$$

$$= \sqrt{1 + f_x^2(x,y) + f_y^2(x,y)}\ dy\ dx \qquad (4.16)$$

Daraus erhalten wir die Formel für die Oberfläche, die wir mit O bezeichnen,

$$O = \int_G \sqrt{1 + f_x^2(x,y) + f_y^2(x,y)}\ dydx \qquad (4.17)$$

● Beispiel 4.5: *Die Oberfläche der Fläche zu $z = f(x,y) = \sqrt{1 - y^2}$ über dem Gebiet des Einheitskreises ist zu berechnen. Es ist*

$$f_x(x,y) = 0$$

$$f_y(x,y) = -\frac{y}{\sqrt{1-y^2}}$$

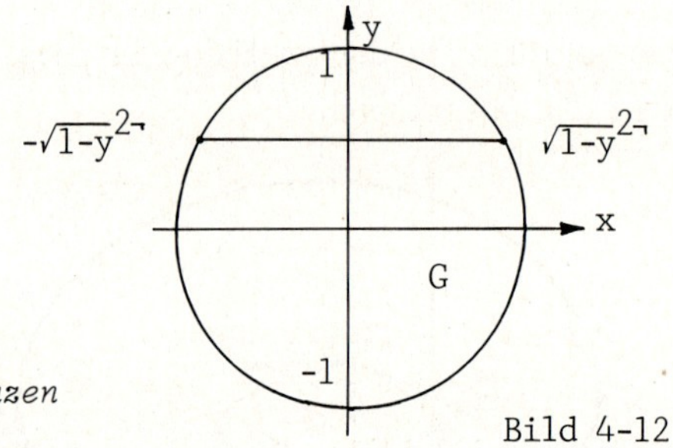

Wir integrieren zuerst über der Variablen x. Die Integrationsgrenzen lassen sich in Bild 4-12 ablesen.

Bild 4-12

$$O = \int_{-1}^{1}\int_{-\sqrt{1-y^2}}^{\sqrt{1-y^2}} \sqrt{1 + \frac{y^2}{1-y^2}}\ dxdy$$

$$= \int_{-1}^{1}\int_{-\sqrt{1-y^2}}^{\sqrt{1-y^2}} \frac{1}{\sqrt{1-y^2}}\ dxdy = \int_{-1}^{1} 2\ dy = 4$$ ●

Der Gauß'sche Integralsatz

Der Gauß'sche Integralsatz ist eine Verallgemeinerung der partiellen Integration. Die partielle Integration leitet sich aus der Produktregel für die Differentiation her:

$$\int f'(x)\cdot g(x)\ dx = f(x)\cdot g(x) - \int f(x)\cdot g'(x)\ dx \quad .$$

Als bestimmtes Integral geschrieben bekommen wir

$$\int_a^b \left[f'(x)\cdot g(x) + f(x).g'(x)\right] dx = f(b)\cdot g(b) - f(a)\cdot g(a) \quad .$$

Auf der linken Seite steht ein bestimmtes Integral über dem Intervall $[a;b]$, das ersetzt werden kann durch die Funktionswerte von f(x) und g(x) auf dem Rand des Intervalls. Die Formel läßt sich auf zwei- und dreidimensionale Bereichsintegrale erweitern und heißt dann der Gauß'sche Integralsatz oder in einer anderen Form der Satz von Green.

Wir beginnen mit Doppelintegralen über einem Gebiet G in der xy-Ebene. G wird durch die Randkurve C eingeschlossen. Das Gebiet G sei durch eine Kurve C gegeben, die man einmal durch 2 Funktionen $y = g_1(x)$ und $y = g_2(x)$ für $a \leqq x \leqq b$, zum anderen durch 2 Funktionen $x = h_1(y)$ und $x = h_2(y)$ für $\alpha \leqq y \leqq \beta$ beschreiben kann. Kompliziertere Gebiete sind zugelassen, wenn sie sich als Vereinigung solcher Gebiete erzeugen lassen.

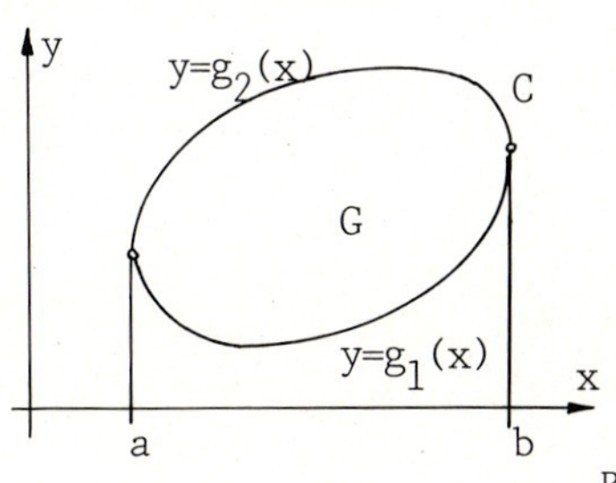

Bild 4-13

Auf G seien die Funktionen z = Q(x,y) und z = R(x,y) definiert, deren partielle Ableitungen dort existieren und stetig sind. Wir bilden zunächst 2 verschiedene Bereichsintegrale:

1) $$\int_G Q_y(x,y)\, dA = \int_a^b \int_{g_1(x)}^{g_2(x)} Q_y(x,y)\, dy\, dx$$

$$= \int_a^b \left[Q(x,g_2(x)) - Q(x,g_1(x)) \right] dx$$

$$= -\int_b^a Q(x,g_2(x))\, dx - \int_a^b Q(x,g_1(x))\, dx$$

(Wegintegral nach (4.8)) $$= -\int_C Q(x,y)\, dx \qquad (4.18)$$

2) $$\int_G R_x(x,y)\, dA = \int_\alpha^\beta \int_{h_1(y)}^{h_2(y)} R_x(x,y)\, dx\, dy$$

$$= \int_\alpha^\beta \left[R(h_2(y),y) - R(h_1(y),y) \right] dy$$

$$= \int_{\alpha}^{\beta} R(h_2(y),y)\, dy + \int_{\beta}^{\alpha} R(h_1(y),y)\, dy$$

(Wegintegral nach (4.8))
$$= \int_C R(x,y)\, dy \qquad (4.19)$$

Die Ergebnisse (4.18) und (4.19) fassen wir zum Satz von Green zusammen.

Satz 4.1:
$$\int_G \left[R_x(x,y) + Q_y(x,y)\right] dydx = \int_C \left[R(x,y)\, dy - Q(x,y)\, dx\right]$$

Das bedeutet, daß ein Bereichsintegral über einem ebenen Gebiet G durch ein Kurvenintegral 2.Art über dem Rand C von G ersetzt werden kann. Aus der Herleitung wird klar, daß die Kurve C zur Berechnung des Linienintegrals gegen den Uhrzeigersinn durchlaufen wird.

Den Satz von Green können wir leicht in den Gauß'schen Integralsatz umformen. Zu diesem Zweck betrachten wir die Stellung des nach außen gerichteten Normalenvektors $\vec{n}$ in Bezug auf die Lage des Tangentenvektors $\vec{t}$ an die Kurve C.

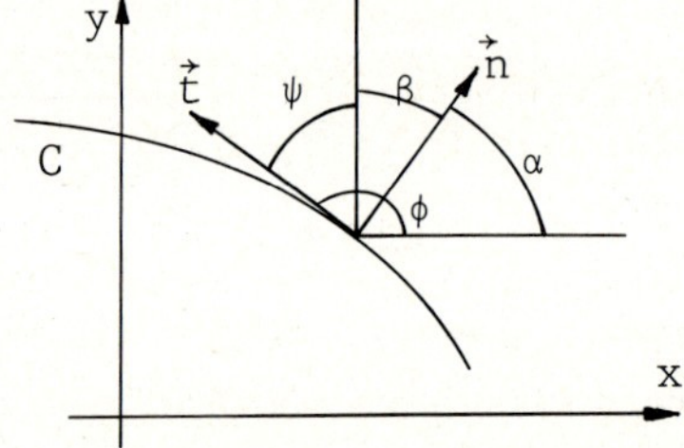

Bild 4-14

Die beiden Vektoren sind Einheitsvektoren, wenn wir sie komponentenmäßig durch ihre Richtungscosinus gegen die Koordinatenachsen erfassen. Wir vergleichen dazu auch Bild 4-5. Es gilt

$$\vec{n} = \begin{bmatrix}\cos\alpha \\ \cos\beta\end{bmatrix} , \quad \vec{t} = \begin{bmatrix}\cos\phi \\ \cos\psi\end{bmatrix} = \begin{bmatrix}-\cos\beta \\ \cos\alpha\end{bmatrix} .$$

Mit dieser Kenntnis läßt sich die rechte Seite von Satz 4.1 umrechnen, indem wir die Formel (4.11) benutzen:

$$\int_C \left[R(x,y)\, dy - Q(x,y)\, dx\right]$$
$$= \int_C \left[R(x,y) . \cos\psi - Q(x,y)\cdot\cos\phi\right] ds$$
$$= \int_C \left[R(x,y)\cdot\cos\alpha + Q(x,y)\cdot\cos\beta\right] ds$$
$$= \int_C \left[R(x,y) , Q(x,y)\right]\cdot\vec{n}\, ds \quad .$$

Damit haben wir den Gauß'schen Integralsatz für die Ebene.

Satz 4.2:
$$\int_G \left[R_x(x,y) + Q_y(x,y)\right] dydx$$
$$= \int_C \left[R(x,y)\cdot\cos\alpha + Q(x,y)\cdot\cos\beta\right] ds$$

● Beispiel 4.6: *Mit den Funktionen $Q(x,y) = -3y$ und $R(x,y) = -2x$ berechnen wir das Bereichs- und Linienintegral mit Hilfe des Satzes von Green. Das Gebiet G mit der einschließenden Kurve C ist in Bild 4-15 gegeben.*

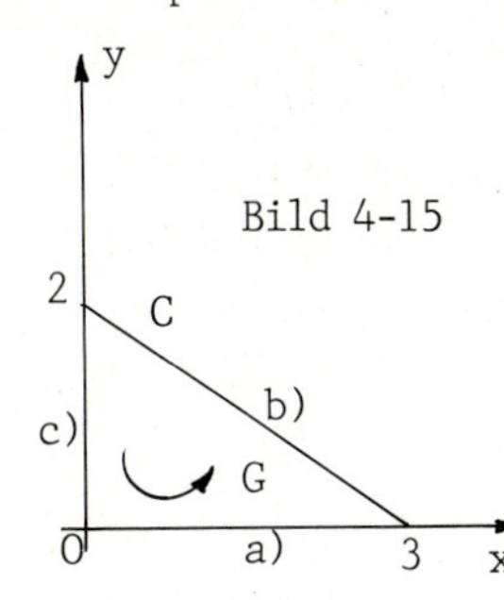

Bild 4-15

Bereichsintegral: Mit $Q_y(x,y) = -3$ und $R_x(x,y) = -2$ ergibt die linke Seite aus Satz 4.1:

$$\int_0^3 \int_0^{-\frac{2}{3}x+2} -5\; dydx = -15 .$$

Kurvenintegral: Wir schreiben eine Parameterdarstellung auf, wobei wir im Punkt 0 beginnen:

a) $x(t) = t$, $y(t) = 0$ für $0 \leqq t \leqq 3$,

b) $x(t) = 3-3t$, $y(t) = 2t$ für $0 \leqq t \leqq 1$,

c) $x(t) = 0$, $y(t) = 2-2t$ für $0 \leqq t \leqq 1$.

Das Kurvenintegral berechnen wir mit (4.12), indem wir die rechte Seite aus Satz 4.1 nehmen:
$$\int_C \left[-2x\,dy + 3y\,dx\right]$$
$$= \int_0^3 0\;dt + \int_0^1 (-6t - 12)\,dt + \int_0^1 0\;dt = -15 .$$ ●

Wir geben für den Gauß'schen Integralsatz die Verallgemeinerung auf den dreidimensionalen Fall an. Gegeben sei ein dreidimensionales Gebiet V, das durch die Oberfläche O begrenzt wird. Den auf der Oberfläche stehenden nach außen zeigenden Normalenvektor können wir durch seine Richtungscosinus gegen die Koordinatenachsen als Einheitsvektor beschreiben:

$$\vec{n}^T = \left[\cos\alpha , \cos\beta , \cos\gamma\right] .$$

Auf dem Integrationsgebiet sind die Funktionen $A(x,y,z)$, $B(x,y,z)$ und $C(x,y,z)$ mit den partiellen Ableitungen

$$\frac{\partial A(x,y,z)}{\partial x} , \quad \frac{\partial B(x,y,z)}{\partial y} , \quad \frac{\partial C(x,y,z)}{\partial z}$$ gegeben.

Satz 4.3 (Integralsatz von Gauß):

$$\int_V \left[\frac{\partial A(x,y,z)}{\partial x} + \frac{\partial B(x,y,z)}{\partial y} + \frac{\partial C(x,y,z)}{\partial z}\right] dV$$

$$= \int_O \left[A(x,y,z)\cdot\cos\alpha \;+\; B(x,y,z)\cdot\cos\beta \;+\; C(x,y,z)\cdot\cos\gamma \right] dO \;.$$

Eine für die Herleitung z.B. des Energiesatzes wichtige Spezialisierung bekommen wir, wenn wir $B(x,y,z) = C(x,y,z) = 0$ und z.B.

$$A(x,y,z) = \sigma_{xx}(x,y,z)\cdot u(x,y,z)$$

wählen:

$$\int_V \left[\frac{\partial\sigma_{xx}(x,y,z)}{\partial x}\cdot u(x,y,z) + \sigma_{xx}(x,y,z)\cdot\frac{\partial u(x,y,z)}{\partial x} \right] dV$$

$$= \int_O \sigma_{xx}(x,y,z)\cdot u(x,y,z)\cdot\cos\alpha \; dO \qquad (4.20)$$

4.2 DER ENERGIESATZ DER LINEAREN ELASTIZITÄTSTHEORIE

4.2.1 Die innere Energie oder Formänderungsenergie

Wir nehmen an, daß die auf einen Körper wirkenden äußeren Kräfte "unendlich langsam" aufgebracht werden, um dynamische Prozesse auszuschließen. Die Kräfte leisten dabei eine äußere Arbeit. Diese Arbeit wird im linear elastischen Körper gespeichert und zwar als Arbeit der inneren Kräfte, d.h. der Spannungen.

Wir rechnen diese innere Energie der Spannungen für die einzelnen Spannungsanteile σ_{xx} bis τ_{zx} aus. Beginnen wir mit der Normalspannung σ_{xx}. Zu diesem Zweck schneiden wir aus unserem Körper einen infinitesimalen Quader mit den Kantenlängen dx , dy , dz parallel zu den Koordinatenachsen aus. Liegt nur die Normalspannung σ_{xx} vor, wird der Quader bei einer Kantenlänge dx in x-Richtung um $\varepsilon_{xx}\cdot dx$ verlängert oder verkürzt. Wegen des Hooke'schen Gesetzes $\sigma_{xx} = E\cdot\varepsilon_{xx}$ gelten in Bild 4-17 lineare Beziehungen.

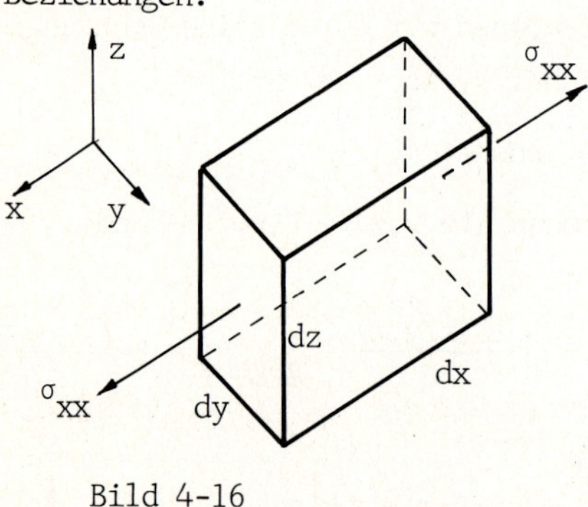

Bild 4-16

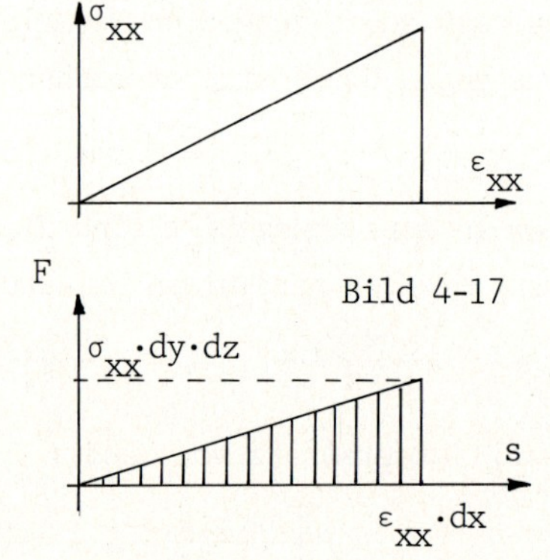

Bild 4-17

Die geleistete Arbeit am infinitesimalen Quader ist

$$dU = \int_0^{s_1} F\, ds \tag{4.21}$$

Nehmen wir an, daß durch das langsame Aufbringen der Lasten die Dehnung im Quader von 0 auf $\varepsilon_{xx}^{(1)}$ und damit die Spannung von 0 auf $\sigma_{xx}^{(1)}$ ansteigen. Die obere Grenze s_1 des Arbeitsintegrals ist deswegen

$$s_1 = \varepsilon_{xx}^{(1)} \cdot dx$$

Wir ersetzen F durch $F = \sigma_{xx} \cdot dy \cdot dz$ und substituieren mit der Beziehung $s = \varepsilon_{xx} \cdot dx$ von s nach ε_{xx}:

$$dU = \int_0^{s_1} F\, ds = \int_0^{\varepsilon_{xx}^{(1)}} \sigma_{xx} \cdot dx \cdot dy \cdot dz\, d\varepsilon_{xx}$$

$$= dx \cdot dy \cdot dz \cdot E \cdot \int_0^{\varepsilon_{xx}^{(1)}} \varepsilon_{xx}\, d\varepsilon_{xx} = \frac{1}{2} \cdot E \cdot (\varepsilon_{xx}^{(1)})^2 \cdot dV$$

$$= \frac{1}{2} \cdot \sigma_{xx}^{(1)} \cdot \varepsilon_{xx}^{(1)} \cdot dV \tag{4.22}$$

dV bedeutet das Volumen des Quaders. Betrachten wir die Spannung über dem gesamten Körper, müssen wir dU über das gesamte Volumen integrieren. Den hochgestellten Index (1) lassen wir jetzt weg:

$$U = \frac{1}{2} \cdot \int_V \sigma_{xx} \cdot \varepsilon_{xx}\, dV \tag{4.23}$$

Denselben Rechengang vollziehen wir für die Spannung τ_{xy}. Der Quader ist also in den Seitenflächen durch die Schubspannung τ_{xy} belastet.

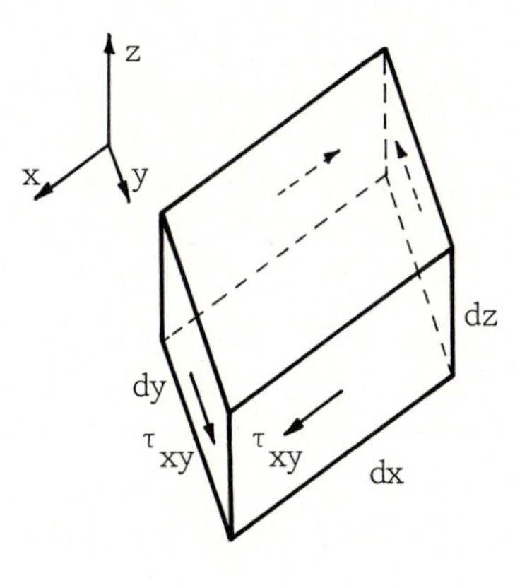

Bild 4-18

Die zur Schubspannung gehörende Kraft ist

$$F = \tau_{xy} \cdot dy \cdot dz \quad ,$$

der Weg ist

$$s = \gamma_{xy} \cdot dx \quad .$$

Für die von γ_{xy} geleistete Arbeit ergibt sich

$$dU = \int_0^{s_1} F\, ds$$

$$= \int_0^{\gamma_{xy}^{(1)}} \tau_{xy} \cdot dx \cdot dy \cdot dz\, d\gamma_{xy}$$

$$= dx \cdot dy \cdot dz \cdot G. \int_0^{\gamma_{xy}^{(1)}} \gamma_{xy}\, d\gamma_{xy}$$

$$= \frac{1}{2}\cdot \tau_{xy}^{(1)}\cdot \gamma_{xy}^{(1)}\cdot dV \quad .$$

Durch Integration über das gesamte Volumen erhalten wir den Energieanteil der Schubspannung τ_{xy}:

$$U = \frac{1}{2}\cdot \int_V \tau_{xy}\cdot \gamma_{xy}\, dV \tag{4.24}$$

Für die restlichen Normal- und Schubspannungsanteile des Spannungsvektors

$$\vec{\sigma}^T = \left[\sigma_{xx}, \sigma_{yy}, \sigma_{zz}, \tau_{xy}, \tau_{yz}, \tau_{zx}\right] ,$$

zu dem der Verzerrungsvektor

$$\vec{\varepsilon}^T = \left[\varepsilon_{xx}, \varepsilon_{yy}, \varepsilon_{zz}, \gamma_{xy}, \gamma_{yz}, \gamma_{zx}\right]$$

gehört, gestalten sich die Energieanteile analog, so daß die gesamte innere Energie U durch das folgende Volumenintegral gegeben ist:

$$U = \frac{1}{2}\cdot \int_V \left[\sigma_{xx}\cdot \varepsilon_{xx} + \sigma_{yy}\cdot \varepsilon_{yy} + \sigma_{zz}\cdot \varepsilon_{zz} + \tau_{xy}\cdot \gamma_{xy} + \tau_{yz}\cdot \gamma_{yz} + \tau_{zx}\cdot \gamma_{zx}\right] dV$$

bzw.

$$U = \frac{1}{2}\cdot \int_V \vec{\sigma}^T \cdot \vec{\varepsilon}\, dV \tag{4.25}$$

$\vec{\sigma}^T \cdot \vec{\varepsilon}$ ist das Skalarprodukt des Spannungsvektors mit dem Verzerrungsvektor.

Wir entwickeln andere Darstellungen für die Formel (4.25). Mit Hilfe des Hooke'schen Gesetzes (3.29),

$$\vec{\sigma} = D\cdot \vec{\varepsilon} \quad ,$$

können wir (4.25) allein in Abhängigkeit von den Verzerrungen ausdrücken:

$$\begin{aligned} U &= \frac{1}{2}\cdot \int_V (D\cdot\vec{\varepsilon})^T\cdot \vec{\varepsilon}\, dV = \frac{1}{2}\cdot \int_V \vec{\varepsilon}^T\cdot D\cdot \vec{\varepsilon}\, dV \\ &= \frac{E}{2(1+\nu)(1-2\nu)}\cdot \int_V \Big[(1-\nu)(\varepsilon_{xx}^2 + \varepsilon_{yy}^2 + \varepsilon_{zz}^2) \\ &\quad + \frac{1-2\nu}{2}\cdot(\gamma_{xy}^2 + \gamma_{yz}^2 + \gamma_{zx}^2) \\ &\quad + 2\nu(\varepsilon_{xx}\cdot\varepsilon_{yy} + \varepsilon_{yy}\cdot\varepsilon_{zz} + \varepsilon_{zz}\cdot\varepsilon_{xx})\Big]\, dV \end{aligned} \tag{4.26}$$

Ersetzen wir in (4.25) andererseits die Verzerrungen durch die

Spannungen mit

$$\vec{\varepsilon} = D^{-1} \cdot \vec{\sigma} \quad ,$$

ergibt sich

$$U = \frac{1}{2} \cdot \int_V \vec{\sigma}^T \cdot D^{-1} \cdot \vec{\sigma} \; dV$$

$$= \frac{1}{2E} \cdot \int_V \Big[\sigma_{xx}^2 + \sigma_{yy}^2 + \sigma_{zz}^2$$

$$- 2\nu(\sigma_{xx} \cdot \sigma_{yy} + \sigma_{yy} \cdot \sigma_{zz} + \sigma_{zz} \cdot \sigma_{xx})$$

$$+ 2(1+\nu)(\tau_{xy}^2 + \tau_{yz}^2 + \tau_{zx}^2) \Big] dV \qquad (4.27)$$

● Beispiel 4.7: *Innere Energie eines Balkens unter Längskraft, siehe Bild 3-5. Der Balken hat die Querschnittsfläche A.*

$$\sigma_{xx} = \frac{F}{A} \quad , \quad \varepsilon_{xx} = \frac{F}{E \cdot A} \quad , \quad \sigma_{yy} = \sigma_{zz} = \tau_{xy} = \tau_{yz} = \tau_{zx} = 0.$$

Damit wird die innere Energie

$$U = \frac{1}{2} \cdot \int_V \vec{\sigma}^T \cdot \vec{\varepsilon} \; dV = \frac{1}{2} \cdot \int_V \sigma_{xx} \cdot \varepsilon_{xx} \; dV$$

$$= \frac{1}{2} \cdot \int_V \frac{F^2}{E \cdot A^2} \; dV = \frac{F^2}{2E \cdot A^2} \cdot \int_V 1 \; dV = \frac{F^2}{2E \cdot A^2} \cdot V_{stab} \quad .$$

Mit $V_{stab} = A \cdot l$ *ist*

$$U = \frac{F^2 \cdot l}{2A \cdot E} \qquad (4.28)$$

●

● Beispiel 4.8: *Innere Energie eines Balkens durch ein Biegemoment* $M_y(x)$, *das durch eine Querkraft oder ein Biegemoment am Balkenende erzeugt wird. Die Schubspannung durch die Querkraft wird vernachlässigt. Es liegt daher nur* $\sigma_{xx} \neq 0$ *vor. Nach (3.36) aus Beispiel 3.5 ist*

$$\sigma_{xx} = \frac{M_y(x)}{I_y} \cdot z \quad , \quad \varepsilon_{xx} = \frac{M_y(x)}{E \cdot I_y} \cdot z \quad .$$

Wir nehmen einen rechteckigen Querschnitt an:

$$A = b \cdot h \quad , \quad I_y = \frac{1}{12} \cdot b \cdot h^3 \quad .$$

Damit bekommen wir

$$U = \frac{E}{2} \cdot \int_V \varepsilon_{xx}^2 \; dV = \frac{1}{2E} \cdot \int_V \frac{M_y^2(x)}{I_y^2} \cdot z^2 \; dV$$

$$= \frac{1}{2E} \cdot \int_0^l \int_A \frac{M_y^2(x)}{I_y^2} \cdot z^2 \, dA \, dx = \frac{1}{2E} \cdot \int_0^l \frac{M_y^2(x)}{I_y^2} dx \cdot \int_A z^2 \, dA \quad .$$

Wegen $\int_A z^2 \, dA = I_y$ *folgt*

$$U = \frac{1}{2E \cdot I_y} \cdot \int_0^l M_y^2(x) \, dx \qquad (4.29)$$

Nehmen wir über der Balkenlänge ein konstantes Moment $M_y(x) = M_y$ *an, vereinfacht sich (4.29) zu*

$$U = \frac{M_y^2 \cdot l}{2E \cdot I_y} \qquad (4.30)$$

● Beispiel 4.9: *Innere Energie eines Balkens durch ein Torsionsmoment* M_t *am Balkenende. Die Querschnittsfläche ist kreisförmig,*

$$A = \pi \cdot a^2 \quad .$$

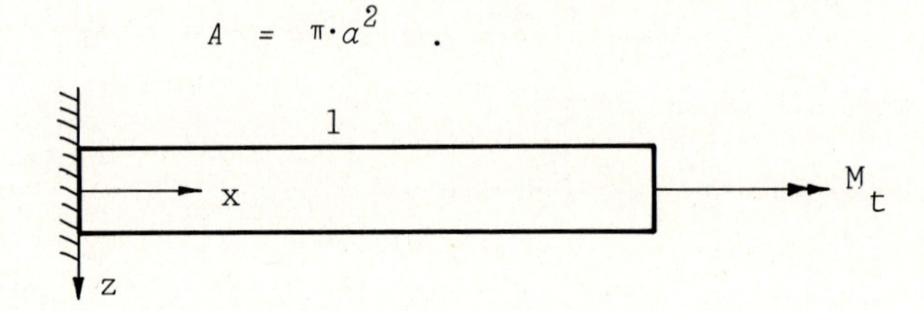

Bild 4-19

In der Querschnittsfläche liegt die Schubspannung

$$\tau(r) = \frac{M_t}{I_p} \cdot r = \sqrt{\tau_{xy}^2 + \tau_{xz}^2} \quad , \quad 0 \leqq r \leqq a \quad .$$

Dabei ist $I_p = \int_A r^2 \, dA$.

Wir benutzen (4.27), um die innere Energie zu berechnen:

$$U = \frac{1}{2E} \cdot \int_V 2(1+\nu)(\tau_{xy}^2 + \tau_{xz}^2) \, dV$$

$$= \frac{1}{2G} \cdot \int_V (\tau_{xy}^2 + \tau_{xz}^2) \, dV$$

$$= \frac{1}{2G} \cdot \int_V \frac{M_t^2}{I_p^2} \cdot r^2 \, dV = \frac{1}{2G} \cdot \int_0^l \frac{M_t^2}{I_p^2} \cdot \left(\int_A r^2 \, dA\right) dx$$

$$= \frac{1}{2G} \cdot \int_0^l \frac{M_t^2}{I_p} \, dx = \frac{M_t^2 \cdot l}{2G \cdot I_p} \qquad (4.31)$$

4.2.2 Der Energiesatz

Wir setzen einen linear elastischen Körper voraus, der nach Aufbringen der Oberflächen- und Volumenlasten im Gleichgewicht ist; d.h. es gilt

a) das Hooke'sche Gesetz (3.29) ,

b) die Gleichgewichtsbedingungen (3.35) ,

c) die kinematischen Gleichungen (3.21) ,

d) die Oberflächenkräfte erfüllen die Bedingung (3.34) .

In der Formel (4.25) für die innere Energie ersetzen wir die Verzerrungen mit (3.21) durch die Verschiebungen:

$$U = \frac{1}{2} \cdot \int_V \Big(\sigma_{xx} \cdot \frac{\partial u}{\partial x} + \sigma_{yy} \cdot \frac{\partial v}{\partial y} + \sigma_{zz} \cdot \frac{\partial w}{\partial z}$$

$$+ \tau_{xy} \Big(\frac{\partial u}{\partial y} + \frac{\partial v}{\partial x}\Big) + \tau_{yz} \Big(\frac{\partial v}{\partial z} + \frac{\partial w}{\partial y}\Big) + \tau_{zx} \Big(\frac{\partial w}{\partial x} + \frac{\partial u}{\partial z}\Big) \Big) \, dV$$

Der Einheitsnormalenvektor auf der Oberfläche O von V ist

$$\vec{n}^T = \big[\cos\alpha , \cos\beta , \cos\gamma \big] \quad ,$$

wobei α, β , γ die Winkel des Vektors gegen die Koordinatenachsen sind. Aus dem Integranden für die innere Energie greifen wir z.B. den Anteil

$$\int_V \sigma_{xx} \cdot \frac{\partial u}{\partial x} \, dV$$

zur weiteren Behandlung heraus und benutzen dazu den Gauß'schen Integralsatz 4.3, speziell die Form (4.20):

$$\int_V \Big(\sigma_{xx} \cdot \frac{\partial u}{\partial x} + \frac{\partial \sigma_{xx}}{\partial x} \cdot u \Big) \, dV = \int_O \sigma_{xx} \cdot u \cdot \cos\alpha \; dO$$

oder umgeformt

$$\int_V \sigma_{xx} \cdot \frac{\partial u}{\partial x} \, dV = \int_O \sigma_{xx} \cdot u \cdot \cos\alpha \; dO - \int_V \frac{\partial \sigma_{xx}}{\partial x} \cdot u \, dV \qquad (4.32)$$

Auf diese Weise lassen sich alle Integrandenanteile von U umwandeln und zusammengefaßt ergibt sich

$$U = \frac{1}{2} \cdot \int_O \Big(\sigma_{xx} \cdot u \cdot \cos\alpha + \sigma_{yy} \cdot v \cdot \cos\beta + \sigma_{zz} \cdot w \cdot \cos\gamma$$

$$+ \tau_{xy} (u \cdot \cos\beta + v \cdot \cos\alpha) + \tau_{yz} (v \cdot \cos\gamma + w \cdot \cos\beta) + \tau_{zx} (u \cdot \cos\gamma + w \cdot \cos\alpha) \Big) dO$$

$$- \frac{1}{2} \cdot \int_V \Big(\frac{\partial \sigma_{xx}}{\partial x} \cdot u + \frac{\partial \sigma_{yy}}{\partial y} \cdot v + \frac{\partial \sigma_{zz}}{\partial z} \cdot w + \frac{\partial \tau_{xy}}{\partial y} \cdot u + \frac{\partial \tau_{xy}}{\partial x} \cdot v$$

$$+ \frac{\partial \tau_{yz}}{\partial z} \cdot v + \frac{\partial \tau_{yz}}{\partial y} \cdot w + \frac{\partial \tau_{zx}}{\partial z} \cdot u + \frac{\partial \tau_{zx}}{\partial x} \cdot w \Big) \, dV$$

$$= \frac{1}{2}\cdot \int_O \Big((\sigma_{xx}\cdot\cos\alpha + \tau_{xy}\cdot\cos\beta + \tau_{zx}\cdot\cos\gamma)\cdot u$$

$$+ (\tau_{xy}\cdot\cos\alpha + \sigma_{yy}\cdot\cos\beta + \tau_{yz}\cdot\cos\gamma)\cdot v$$

$$+ (\tau_{zx}\cdot\cos\alpha + \tau_{yz}\cdot\cos\beta + \sigma_{zz}\cdot\cos\gamma)\cdot w \Big)\, dO$$

$$- \frac{1}{2}\cdot \int_V \Big((\frac{\partial\sigma_{xx}}{\partial x} + \frac{\partial\tau_{xy}}{\partial y} + \frac{\partial\tau_{zx}}{\partial z})\cdot u$$

$$+ (\frac{\partial\tau_{xy}}{\partial x} + \frac{\partial\sigma_{yy}}{\partial y} + \frac{\partial\tau_{yz}}{\partial z})\cdot v$$

$$+ (\frac{\partial\tau_{zx}}{\partial x} + \frac{\partial\tau_{yz}}{\partial y} + \frac{\partial\sigma_{zz}}{\partial z})\cdot w \Big)\, dV \quad . \qquad (4.33)$$

Wegen der Gleichgewichtsbedingungen (3.35) und der Bedingung (3.34) für die Oberflächenkräfte können wir (4.33) weiter umformen. Wir beachten dabei, daß die Oberfläche des Körpers in die Bereiche R_a und R_b zerlegt wird. Auf R_a seien die Randbedingungen $\tilde{u}$, $\tilde{v}$, $\tilde{w}$ vorgegeben, auf R_b wirken die Oberflächenlasten P_x , P_y , P_z (siehe Abschnitt 3.4.1):

$$U = \frac{1}{2}\cdot\Big(\int_{R_a} (A_x\cdot\tilde{u} + A_y\cdot\tilde{v} + A_z\cdot\tilde{w})\, dO$$

$$+ \int_{R_b} (P_x\cdot u + P_y\cdot v + P_z\cdot w)\, dO$$

$$+ \int_V (\overline{X}\cdot u + \overline{Y}\cdot v + \overline{Z}\cdot w)\, dV \Big) \quad . \qquad (4.34)$$

A_x , A_y , A_z sind die Auflagerreaktionen für die Punkte mit Randbedingungen. Der Ausdruck (4.34) stellt die Arbeit A der äußeren Kräfte dar (Oberflächenkräfte, Auflagerkräfte, Volumenlasten). Damit haben wir den Energiesatz entwickelt.

Satz 4.4(Energiesatz): *Für einen linear elastischen Körper gilt*

$$U = A$$

bzw.

$$\frac{1}{2}\cdot \int_V (\sigma_{xx}\cdot\varepsilon_{xx} + \cdots + \tau_{zx}\cdot\tau_{zx})\, dV$$

$$= \frac{1}{2}\cdot\Big(\int_{R_a} (A_x\cdot\tilde{u} + A_y\cdot\tilde{v} + A_z\cdot\tilde{w})\, dO$$

$$+ \int_{R_b} (P_x\cdot u + P_y\cdot v + P_z\cdot w)\, dO$$

$$+ \int_V (\overline{X}\cdot u + \overline{Y}\cdot v + \overline{Z}\cdot w)\, dV \Big) \qquad (4.35)$$

In den meisten Anwendungsfällen kann man annehmen, daß die Volumenlasten vernachlässigbar sind, also $\overline{X} = \overline{Y} = \overline{Z} = 0$ im ganzen Gebiet V. Des weiteren sind die Sollverschiebungen in den Auflagern in der Regel 0, also $\tilde{u} = \tilde{v} = \tilde{w} = 0$ auf R_a. In der Gleichung (4.35) entfallen daher auf der rechten Seite 2 Integrale, so daß wir folgende Beziehung erhalten:

$$\frac{1}{2} \cdot \int_V \vec{\sigma}^T \cdot \vec{\varepsilon} \, dV = \frac{1}{2} \cdot \int_{R_b} (P_x \cdot u + P_y \cdot v + P_z \cdot w) \, dO \qquad (4.36)$$

Haben wir es z.B. nur mit einer einzelnen Last $\vec{F}^T = [F_x, F_y, F_z]$ zu tun, die in ihrem Angriffspunkt die Verschiebung $\vec{d}^T = [u,v,w]$ hervorruft, lautet der Energiesatz

$$\frac{1}{2} \cdot \int_V \vec{\sigma}^T \cdot \vec{\varepsilon} \, dV = \frac{1}{2} \cdot \vec{F}^T \cdot \vec{d} \qquad (4.37)$$

● Beispiel 4.10: *Verschiebung bei Einzellast*

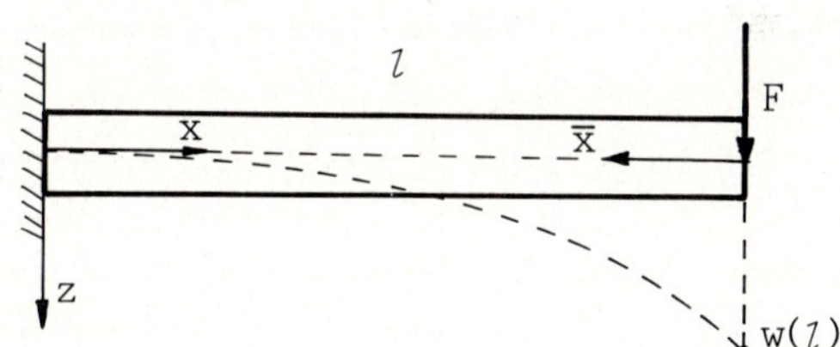

Bild 4-20

Nach dem Energiesatz in der Form (4.37) gilt

$$\frac{1}{2} \cdot \int_V \vec{\sigma}^T \cdot \vec{\varepsilon} \, dV = \frac{1}{2} \cdot F \cdot w(l) \quad .$$

Wir vernachlässigen den Energieanteil der Schubspannung und haben für die innere Energie nach Beispiel 4.8

$$U = \frac{1}{2E} \cdot \int_V \sigma_{xx}^2 \, dV = \frac{1}{2E} \cdot \int_V \frac{M_y^2(\overline{x})}{I_y^2} \cdot z^2 \, dV$$

$$= \frac{1}{2E} \cdot \int_V \frac{F^2 \cdot \overline{x}^2}{I_y^2} \cdot z^2 dV = \frac{1}{2E} \cdot \int_0^l \frac{F^2 \cdot \overline{x}^2}{I_y} \, d\overline{x}$$

$$= \frac{F^2 \cdot l^3}{6E \cdot I_y} \quad .$$

Wir setzen dies in die obige Energiegleichung ein und erhalten für die Absenkung

$$w(l) = \frac{F \cdot l^3}{3E \cdot I_y}$$

●

4.2.3 Die Einheitslastmethode

Ein Balken sei durch Kräfte und Momente in der zx-Ebene belastet.

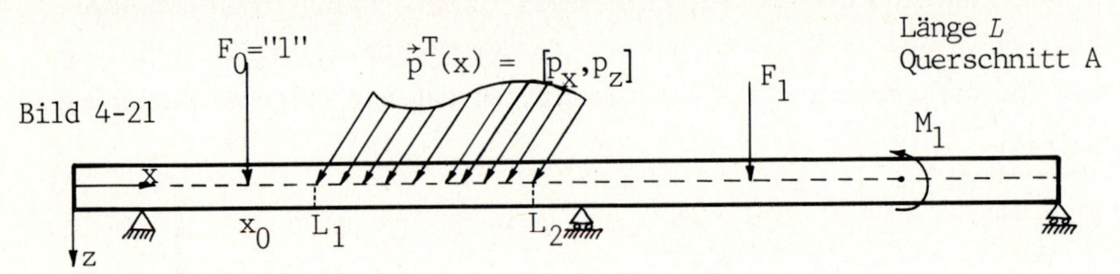

Bild 4-21

Gesucht ist die Verschiebung $w(x_0)$ an einer beliebigen Stelle x_0 des Balkens. Die Schnittgrößen im Balken sind $N(x)$, $M_y(x)$, $Q_z(x)$ für $0 \leqq x \leqq L$. Wir vernachlässigen den Energienateil der Schubspannung, die durch die Querkraft $Q_z(x)$ hervorgerufen wird. Die innere Energie ist dann

$$U = \frac{1}{2} \cdot \int_V \vec{\sigma}^T \cdot \vec{\varepsilon} \, dV = \frac{1}{2} \cdot \int_0^L \frac{N^2(x)}{A \cdot E} dx + \frac{1}{2} \cdot \int_0^L \frac{M_y^2(x)}{E \cdot I_y(x)} dx \quad (4.38)$$

Dem steht die Arbeit der äußeren Lasten gegenüber:

$$A = \frac{1}{2} \cdot F_1 \cdot w_1 + \ldots + \frac{1}{2} \cdot M_1 \cdot \phi_1 + \ldots + \frac{1}{2} \cdot \int_{L_1}^{L_2} p_z(x) \cdot w(x) \, dx + \ldots$$

Zunächst denken wir uns den Balken von allen realen Lasten befreit und nehmen in x_0 gedanklich eine Kraft $F_0 = 1$ in z-Richtung an. Die innere Energie dieser Kraft ist

$$\overline{U} = \frac{1}{2} \cdot \int_0^L \frac{\overline{N}^2(x)}{A \cdot E} dx + \frac{1}{2} \cdot \int_0^L \frac{\overline{M}_y^2(x)}{E \cdot I_y} dx \quad . \quad (4.39)$$

Wenn wir das Bauteil durch die realen und gedachten Kräfte und Momente belasten, ergibt sich für die innere Energie

$$U^* = \frac{1}{2} \cdot \int_0^L \frac{(\overline{N}(x)+N(x))^2}{A \cdot E} dx + \frac{1}{2} \cdot \int_0^L \frac{(\overline{M}_y(x) + M_y(x))^2}{E \cdot I_y} dx$$

$$= U + \overline{U} + \int_0^L \frac{\overline{N}(x) \cdot N(x)}{A \cdot E} dx + \int_0^L \frac{\overline{M}_y(x) \cdot M_y(x)}{E \cdot I_y} dx \quad .$$

Andererseits können wir das Bauteil auch in 2 Schritten hintereinander belasten, zuerst durch die gedachte Last F_0 und dann durch die realen Lasten. Nach dem ersten Schritt entsteht die innere Energie $\overline{U}$, durch den zweiten Schritt die innere Energie U. Zusätzlich wird aber im zweiten Schritt wegen der durch die realen Lasten entstehenden Verschiebung $w(x_0)$ noch die Arbeit $F_0 \cdot w(x_0)$ geleistet, da F_0 während des Aufbringens der realen Lasten konstant bleibt. Diese so dargestellte Gesamtenergie ist aber gleich

U^*, so daß wir folgende Gleichung bekommen:

$$U + \overline{U} + \int_0^L \frac{\overline{N}(x)\cdot N(x)}{A\cdot E}\,dx + \int_0^L \frac{\overline{M}_y(x)\cdot M_y(x)}{E\cdot I_y}\,dx$$

$$= U + \overline{U} + F_0\cdot w(x_0) \quad .$$

Hieraus folgt mit der Einheitslast $F_0 = 1$ die Absenkung an der Stelle x_0:

$$w(x_0) = \int_0^L \frac{\overline{N}(x)\cdot N(x)}{A\cdot E}\,dx + \int_0^L \frac{\overline{M}_y(x)\cdot M_y(x)}{E\cdot I_y}\,dx \qquad (4.40)$$

Möchten wir die Verdrehung an der Stelle x_0 haben, brauchen wir anstelle der Einheitslast F_0 nur ein Einheitsmoment $M_0 = 1$ wählen. In (4.40) setzen wir anstelle $w(x_0)$ die Verdrehung $\phi(x_0)$, wobei zu beachten ist, daß $\overline{N}(x)$ und $\overline{M}_y(x)$ jetzt andere Funktionen sind als bei der Einheitslast F_0.

● Beispiel 4.11:

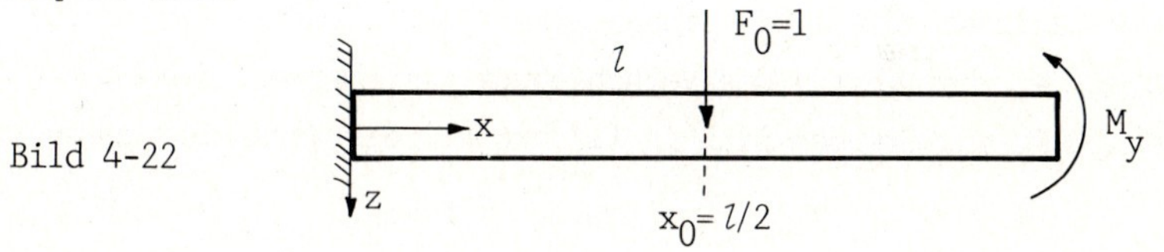

Bild 4-22

Längskräfte $N(x)$ treten nicht auf, so daß der entsprechende Summand in (4.40) wegfällt. Die reale Belastung ist durch das konstante Moment M_y an der Stelle $x = l$ gegeben. Da die Absenkung an der Stelle $x_0 = l/2$ gefragt ist, setzen wir dort eine gedachte Einheitslast F_0 an. Diese Last erzeugt den Momentenverlauf

$$\overline{M}_y(x) = -F_0\cdot\frac{l}{2} + F_0\cdot x \quad \text{für} \quad 0 \le x \le \frac{l}{2} ,$$

ansonsten ist $\overline{M}_y(x) = 0$. Für die Absenkung erhalten wir nach (4.40)

$$w(\tfrac{l}{2}) = \int_0^{l/2} \frac{M_y\cdot(F_0\cdot x - F_0\cdot l/2)}{E\cdot I_y}\,dx = -\frac{M_y\cdot l^2}{8\cdot E.I_y} \quad ,$$

wenn wir noch $F_0 = 1$ setzen. ●

4.2.4 Der erste Satz von Castigliano

Ein Balken der Länge L sei durch verschiedene Querkräfte und Momente in der zx-Ebene belastet. Längskräfte seien nicht vorhanden.

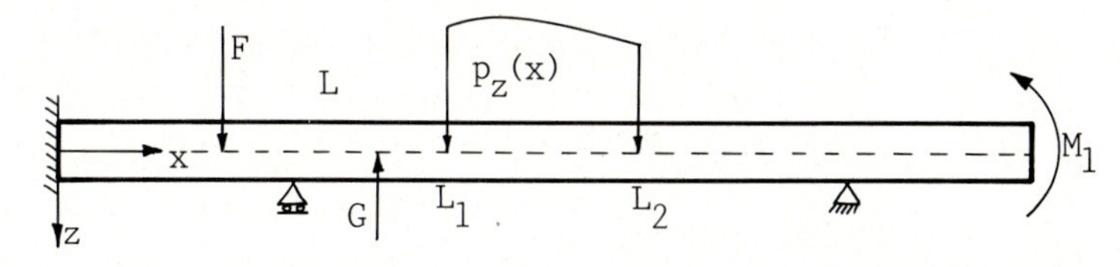

Bild 4-23

Der Energiesatz liefert die Gleichung

$$\frac{1}{2}\cdot F\cdot w_F + \frac{1}{2}\cdot G\cdot w_G + \frac{1}{2}\cdot \int_{L_1}^{L_2} p_z(x)\cdot w(x)\, dx + \frac{1}{2}\cdot M_1\cdot \phi_1 = \frac{1}{2}\cdot \int_0^L \frac{M_y^2(x)}{E\cdot I_y}\, dx \quad .$$

Da außer der Kraft F noch weitere Kräfte auf das Bauteil wirken, hängt der Betrag der Verschiebung w_F nicht nur von F, sondern auch von den anderen Lasten ab. Wir wollen klären, wie die Verschiebung an einer Stelle von allen auf ein Bauteil wirkenden Kräften abhängt.

Dazu betrachten wir der Einfachheit halber o.B.d.A. ein Bauteil mit Kräften F_1 und F_2 in den Angriffspunkten (1) und (2).

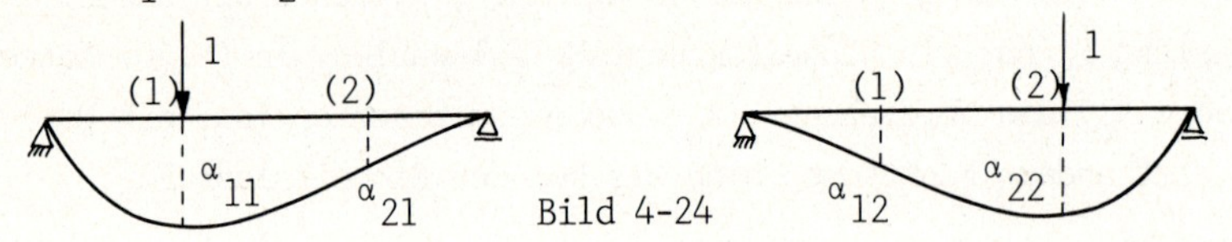

Bild 4-24

Bringen wir zunächst in (1) die Einheitslast 1 auf, ruft sie dort die Verschiebung α_{11} und in (2) die Verschiebung α_{21} hervor. Nehmen wir in (1) die Kraft F_1 an, ergeben sich in (1) bzw (2) die Verschiebungen

$$w_{11} = F_1\cdot\alpha_{11} \quad , \quad w_{21} = F_1\cdot\alpha_{21} \quad .$$

Analog gilt, wenn wir nur in (2) die Kraft F_2 aufbringen:

$$w_{12} = F_2\cdot\alpha_{12} \quad , \quad w_{22} = F_2\cdot\alpha_{22} \quad .$$

Greifen beide Kräfte F_1 und F_2 an, entstehen die Verschiebungen

$$w_1 = F_1\cdot\alpha_{11} + F_2\cdot\alpha_{12} \quad , \quad w_2 = F_1\cdot\alpha_{21} + F_2\cdot\alpha_{22} \quad .$$

Im allgemeinen Fall bei n Kräften im Angriffspunkt (i) gilt

$$w_i = F_1\cdot\alpha_{i1} + F_2\cdot\alpha_{i2} + \ldots + F_n\cdot\alpha_{in} = \sum_{j=1}^{n} F_j\cdot\alpha_{ij} \quad , \ i=1,\ldots,n. \tag{4.41}$$

Die von den beiden Kräften F_1 und F_2 erzeugte innere Energie ist gleich der von den beiden Kräften geleisteten äußeren Arbeit:

$$\begin{aligned} U &= \int_0^{w_1} F_1\, dw + \int_0^{w_2} F_2\, dw = \frac{1}{2}\cdot F_1\cdot w_1 + \frac{1}{2}\cdot F_2\cdot w_2 \\ &= \frac{1}{2}\cdot F_1(F_1\cdot\alpha_{11} + F_2\cdot\alpha_{12}) + \frac{1}{2}\cdot F_2(F_1\cdot\alpha_{21} + F_2\cdot\alpha_{22}) \\ &= \frac{1}{2}\cdot(F_1^2\cdot\alpha_{11} + F_1\cdot F_2\cdot\alpha_{12} + F_2\cdot F_1\cdot\alpha_{21} + F_2^2\cdot\alpha_{22}) \quad . \end{aligned}$$

Im Fall von n Kräften gilt analog

$$U = \frac{1}{2}\cdot(F_1^2\cdot\alpha_{11} + \cdots + F_i\cdot F_j\cdot\alpha_{ij} + \cdots + F_n^2\cdot\alpha_{nn})$$

$$= \frac{1}{2}\cdot\sum_{i=1}^{n}\sum_{j=1}^{n} F_i\cdot F_j\cdot\alpha_{ij} \quad . \tag{4.42}$$

Wir können U als Funktion der Kräfte F_1, $F_2,\ldots,$ F_n auffassen,

$$U = U(F_1,F_2,\ldots,F_n)$$

und partiell nach der Kraft F_k differenzieren. Hierzu beachten wir, daß sich (4.42) mit $\vec{F}^T = [F_1,F_2,\ldots,F_n]$ und $H = (\alpha_{ij})$, $i,j=1,\ldots,n$ als

$$U = \frac{1}{2}\cdot\vec{F}^T\cdot H\cdot\vec{F}$$

schreiben läßt. Die Ableitung nach F_k ergibt sich genau wie die partielle Ableitung des Ausdrucks (1.5) nach x_i:

$$\frac{\partial U}{\partial F_k} = \frac{1}{2}\cdot\sum_{i=1}^{n} F_i\cdot(\alpha_{ki} + \alpha_{ik}) \quad , \quad k=1,\ldots,n \tag{4.43}$$

Dieses Ergebnis können wir weiter vereinfachen mit Hilfe des Satzes von Maxwell.

Satz 4.5: *Die Matrix H ist symmetrisch, d.h.*
$\alpha_{ij} = \alpha_{ji}$ *für* $i,j = 1,\ldots,n$.

Beweis: *Wir beweisen die Behauptung für den Fall, daß 2 Kräfte* F_1 *und* F_2 *vorliegen, d.h. es ist* $\alpha_{12} = \alpha_{21}$ *zu zeigen (Bild 4-24).*

a) Zuerst wird F_1 *und danach* F_2 *aufgebracht. Mit* F_1 *wird die Arbeit*

$$\frac{1}{2}\cdot(F_1\cdot\alpha_{11})\cdot F_1$$

geleistet. Durch das folgende Aufbringen von F_2 *wird die Stelle (1) nochmals um* $\alpha_{12}\cdot F_2$ *verschoben, die Stelle (2) um* $\alpha_{22}\cdot F_2$. *Da* F_1 *in (1) schon voll vorhanden ist, wird dort der weitere Energieanteil* $\alpha_{12}\cdot F_2\cdot F_1$ *und in (2) der Anteil* $\frac{1}{2}\cdot\alpha_{22}\cdot F_2^2$ *erzeugt. Insgesamt ist die Arbeit der äußeren Kräfte*

$$A_a = \frac{1}{2}\cdot\alpha_{11}\cdot F_1^2 + \alpha_{12}\cdot F_1\cdot F_2 + \frac{1}{2}\cdot\alpha_{22}\cdot F_2^2 \quad .$$

b) Wir lassen die Kräfte in der zu a) umgekehrten Reihenfolge wirken und erhalten auf die gleiche Weise die Arbeit

$$A_b = \frac{1}{2}\cdot\alpha_{11}\cdot F_1^2 + \alpha_{21}\cdot F_1\cdot F_2 + \frac{1}{2}\cdot\alpha_{22}\cdot F_2^2 \quad .$$

Da aber $A_a = A_b$ *ist, folgt sofort* $\alpha_{21} = \alpha_{12}$. ●

Wir betrachten jetzt wieder (4.43) und nutzen die Symmetrie von H aus:

$$\frac{\partial U}{\partial F_k} = \sum_{i=1}^{n} F_i . \alpha_{ki} \quad , \ k=1,\ldots,n \quad .$$

Die rechte Seite ist wegen (4.41) gleich w_k und damit folgt der 1. Satz von Castigliano.

Satz 4.6: *Die innere Energie eines Bauteils, das durch n äußere Kräfte $F_1, F_2, \ldots, F_n$ belastet wird, ist eine Funktion $U = U(F_1, F_2, \ldots, F_n)$ dieser Kräfte. Für die Verschiebung w_k an der Angriffsstelle der Kraft F_k gilt*

$$\frac{\partial U}{\partial F_k} = w_k \quad , \ k=1,\ldots,n \quad .$$

w_k ist hierbei die Verschiebung in Richtung der Kraft F_k. Für Momente läßt sich der Drehwinkel im Angriffspunkt berechnen:

$$\frac{\partial U}{\partial M_k} = \phi_k \quad .$$

● Beispiel 4.12: *An einem Balken der Länge $l = l_1 + l_2$ greift am rechten Ende die Kraft F an. Gesucht ist die Absenkung w_F im Angriffspunkt der Kraft.*

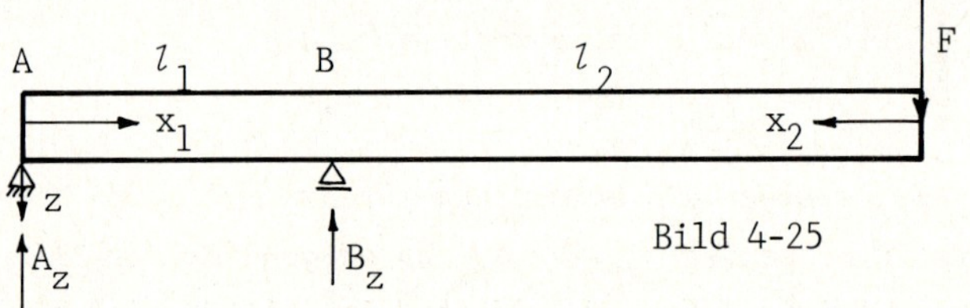

Bild 4-25

Wir berechnen die Auflagerreaktionen in A und B:

$$M(B) = - A_z \cdot l_1 - F \cdot l_2 = 0 \quad ,$$

$$\Sigma Z_i = F - A_z - B_z = 0 \quad ,$$

also

$$A_z = - F . l_2 / l_1 \quad \text{und} \quad B_z = F \cdot (l_1 + l_2) / l_1 \quad .$$

Der Momentenverlauf ist

$$M_y(x_1) = A_z \cdot x_1 = -F \cdot x_1 . l_2 / l_1 \quad \text{für} \quad 0 \leqq x_1 \leqq l_1$$

und

$$M_y(x_2) = -F \cdot x_2 \qquad \text{für} \quad 0 \leqq x_2 \leqq l_2 \quad .$$

Die Gesamtenergie hängt nur von F ab und beträgt

$$U(F) = \frac{1}{2E \cdot I_y} \cdot \int_0^{l_1+l_2} M_y^2(x) \, dx = \frac{1}{2E \cdot I_y} \left(\int_0^{l_1} M_y^2(x_1) dx_1 + \int_0^{l_2} M_y^2(x_2) dx_2 \right)$$

$$= \frac{1}{2E\cdot I_y}\cdot\left(\int_0^{l_1} F^2\cdot x_1^2\cdot l_2^2/l_1^2\, dx_1 \quad + \quad \int_0^{l_2} F^2\cdot x_2^2\, dx_2\right)$$

$$= \frac{F^2}{2E\cdot I_y}\cdot\left(\frac{1}{3}\cdot l_2^2\cdot l_1 \quad + \quad \frac{1}{3}\cdot l_2^3\right) \quad .$$

Die Anwendung des 1. Satzes von Castigliano bringt

$$\frac{\partial U}{\partial F} \quad = \quad w_F \quad = \quad \frac{F\cdot l_2^2}{3E\cdot I_y}\cdot(l_1 + l_2) \quad .$$

●

Die Anwendung des 1. Satzes von Castigliano läßt sich vereinfachen, wenn man die partielle Ableitung des Energieausdrucks nach der Kraft unter dem Integral vollzieht. Nehmen wir die Formänderungsenergie durch

$$U \quad = \quad \frac{1}{2}\cdot\int_{l_1}^{l_2} \frac{M_y^2(x)}{E\cdot I_y}\, dx \quad .$$

gegeben an, wobei der Integrand von der Kraft F abhängt. Der 1. Satz von Castigliano liefert

$$w_F \quad = \quad \frac{\partial}{\partial F}\left(\frac{1}{2}\cdot\int_{l_1}^{l_2} \frac{M_y^2(x)}{E\cdot I_y}\, dx\right) = \quad \frac{1}{2}\cdot\int_{l_1}^{l_2} \frac{\partial}{\partial F}\left(\frac{M_y^2(x)}{E\cdot I_y}\right) dx$$

$$= \quad \frac{1}{2}\cdot\int_{l_1}^{l_2} \frac{2\cdot M_y(x)\cdot\frac{\partial M_y(x)}{\partial F}}{E\cdot I_y} \quad = \quad \frac{1}{E\cdot I_y}\cdot\int_{l_1}^{l_2} M_y(x)\cdot\frac{\partial M_y(x)}{\partial F}\, dx \qquad (4.44)$$

Einen Spezialfall des 1. Satzes von Castigliano erhalten wir, wenn wir ihn in einem Auflager anwenden. Sei F_A eine unbekannte Auflagerreaktion im Auflager A, die innere Energie enthält also auch die Größe F_A. Da die Verschiebung in Richtung F_A gleich 0 ist, bekommen wir

$$\frac{\partial U}{\partial F_A} \quad = \quad 0 \qquad (4.45)$$

(4.45) stellt eine weitere Gleichung zur Bestimmung von Auflagerreaktionen bei statisch unbestimmten Systemen dar.

Der 1. Satz von Castigliano läßt sich auch an Stellen anwenden, wo keine Last vorliegt. Man führt an dieser Stelle eine gedachte Last ein, berechnet die innere Energie, die diese Last beinhaltet, wendet den Satz von Castigliano an und bildet schließlich den Grenzübergang gegen 0 für die gedachte Last. Das Ergebnis entspricht genau der Formel (4.40) aus der Einheitslastmethode und bringt daher nichts Neues.

4.2.5 Die Steifigkeits- und Nachgiebigkeitsmatrix

Die im Abschnitt 4.2.4 hergeleitete Beziehung (4.41) läßt sich mit den

Abkürzungen $\vec{w}^T = [w_1,w_2,\ldots,w_n]$, $\vec{F}^T = [F_1,F_2,\ldots,F_n]$ und der Matrix

$$H \underset{\text{Def.}}{=} (\alpha_{ij}) \quad , \; i,j=1,\ldots,n$$

zu der Matrizenbeziehung

$$\vec{w} = H\cdot\vec{F} \tag{4.46}$$

zusammenfassen. Die Matrix H heißt *Nachgiebigkeits-* oder *Flexibilitätsmatrix*. Wie schon in Abschnitt 4.2.4 erwähnt, können wir die innere Energie eines Körpers, der durch n Kräfte oder Momente belastet wird, ausdrücken durch

$$U = \frac{1}{2}\cdot\vec{F}^T\cdot\vec{w} = \frac{1}{2}\cdot\vec{F}^T\cdot H\cdot\vec{F} \tag{4.47}$$

Nach dem Satz 4.5 von Maxwell ist die Matrix H symmetrisch. Außerdem gilt für die innere Energie $U \geqq 0$. Nach der Definition 1.7 ist daher (4.47) eine positiv definite quadratische Form, d.h. die Matrix H ist positiv definit und damit regulär. Somit existiert die zu H inverse Matrix $K = H^{-1}$. Die Matrix K heißt *Steifigkeitsmatrix* des an n Punkten durch Kräfte und Momente belasteten Systems. Die Beziehung (4.46) können wir als Steifigkeitsbeziehung schreiben,

$$\vec{F} = H^{-1}\cdot\vec{w} = K\cdot\vec{w} \tag{4.48}$$

Mit (4.48) können wir die innere Energie durch die Verschiebungen ausdrücken:

$$U = \frac{1}{2}\cdot\vec{F}^T\cdot\vec{w} = \frac{1}{2}\cdot\vec{w}^T.K^T.\vec{w} = \frac{1}{2}\cdot\vec{w}^T\cdot K.\vec{w} \tag{4.49}$$

Über diese Gleichung läßt sich der 2. Satz von Castigliano sehr schnell herleiten. Wir differenzieren (4.49) nach der Beziehung (1.6) in Satz 1.2:

$$\frac{\partial U}{\partial \vec{w}} = K\cdot\vec{w} = \vec{F}$$

oder komponentenweise:

Satz 4.7 (2. Satz von Castigliano): $\dfrac{\partial U}{\partial w_k} = F_k$, $k=1,\ldots n.$

Die partielle Ableitung der inneren Energie U, die als Funktion $U = U(w_1,w_1,\ldots,w_n)$ der Verschiebungen in den Angriffspunkten der Kräfte bzw. Momente dargestellt werden kann, nach der Verschiebung w_k ergibt die Kraft F_k.

Die Beziehung (4.48) zwischen den Kräften und Momenten auf der einen Seite und den dort entstehenden Verschiebungen auf der anderen Seite ist grundlegend für die Methode der finiten Elemente. Im folgenden Beispiel entwickeln wir die Steifigkeitsbeziehung (4.48) für gerade Balken.

● Beispiel 4.13: *Wir betrachten einen Balken, der in den Endpunkten durch Kräfte und Momente in der zx-Ebene belastet ist. Das System sei im Gleichgewicht.*

Bild 4-26

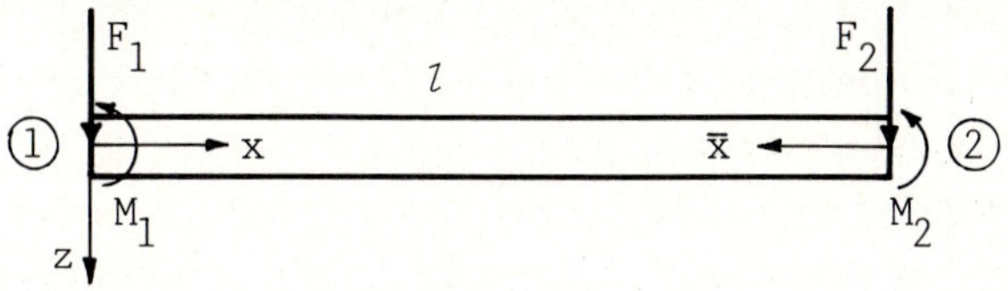

Unser Ziel ist es, die Steifigkeitsbeziehung zwischen den Kräften und Momenten F_1, M_1, F_2, M_2 und den Verschiebungen und Verdrehungen w_1, ϕ_1, w_2, ϕ_2, die in den Knoten 1 und 2 entstehen, entsprechend (4.48) aufzustellen:

$$\begin{bmatrix} F_1 \\ M_1 \\ F_2 \\ M_2 \end{bmatrix} = \left[\begin{array}{cc|cc} k_{11} & k_{12} & k_{13} & k_{14} \\ k_{21} & k_{22} & k_{23} & k_{24} \\ \hline k_{31} & k_{32} & k_{33} & k_{34} \\ k_{41} & k_{42} & k_{43} & k_{44} \end{array}\right] \cdot \begin{bmatrix} w_1 \\ \phi_1 \\ w_2 \\ \phi_2 \end{bmatrix} = \begin{bmatrix} K_{11} & K_{12} \\ K_{21} & K_{22} \end{bmatrix} \cdot \begin{bmatrix} w_1 \\ \phi_1 \\ w_2 \\ \phi_2 \end{bmatrix} ,$$

wobei die K_{ij}, $i,j=1,2$ (2,2)-Untermatrizen sind. Die Beziehung ist singulär, da Starrkörperbewegungen des Balkens in Bild 4-26 möglich sind. Die Singularität kann beseitigt werden, wenn wir z.B. Knoten 2 fest einspannen, d.h. $w_2 = \phi_2 = 0$ setzen. Dann bleibt aus der obigen Gleichung die Teilbeziehung

$$\begin{bmatrix} F_1 \\ M_1 \\ F_2 \\ M_2 \end{bmatrix} = \begin{bmatrix} K_{11} \\ K_{21} \end{bmatrix} \cdot \begin{bmatrix} w_1 \\ \phi_1 \end{bmatrix} .$$

Wir berechnen die Untermatrizen K_{11} und K_{21} mit Hilfe des 1. Satzes von Castigliano. Die Gleichgewichtsbedingungen für den Balken lauten

$$F_1 + F_2 = 0 \quad \text{und} \quad M_1 + M_2 - F_2 \cdot l = 0 .$$

Der Momentenverlauf über der x-Achse ist $M_y(x) = -M_1 - F_1 \cdot x$. Damit wird die innere Energie

$$U = \frac{1}{2E \cdot I_y} \cdot \int_0^l (-M_1 - F_1 \cdot x)^2 \, dx .$$

Die Anwendung des 1. Satzes von Castigliano bringt

$$w_1 = \frac{\partial U}{\partial F_1} = \frac{1}{E \cdot I_y} \cdot \int_0^l (-x)(-M_1 - F_1 \cdot x) \, dx = \frac{F_1 \cdot l^3}{3E \cdot I_y} + \frac{M_1 \cdot l^2}{2E \cdot I_y} ,$$

$$\phi_1 = \frac{\partial U}{\partial M_1} = \frac{1}{E \cdot I_y} \cdot \int_0^l -(-M_1 - F_1 \cdot x) \, dx = \frac{F_1 \cdot l^2}{2E \cdot I_y} + \frac{M_1 \cdot l}{E \cdot I_y} \qquad (4.50)$$

Die Auflösung der Gleichungen nach F_1 und M_1 bringt die Untermatrix K_{11}:

$$\begin{bmatrix} F_1 \\ M_1 \end{bmatrix} = E \cdot I_y \cdot \begin{bmatrix} 12/l^3 & -6/l^2 \\ -6/l^2 & 4/l \end{bmatrix} \cdot \begin{bmatrix} w_1 \\ \phi_1 \end{bmatrix} = K_{11} \cdot \begin{bmatrix} w_1 \\ \phi_1 \end{bmatrix} \qquad (4.51a)$$

Mittels der Gleichgewichtsbedingungen ersetzen wir F_1, M_1 durch F_2, M_2 und bekommen die Untermatrix K_{21}:

$$\begin{bmatrix} F_2 \\ M_2 \end{bmatrix} = E \cdot I_y \cdot \begin{bmatrix} -12/l^3 & 6/l^2 \\ -6/l^2 & 2/l \end{bmatrix} \cdot \begin{bmatrix} w_1 \\ \phi_1 \end{bmatrix} = K_{21} \cdot \begin{bmatrix} w_1 \\ \phi_1 \end{bmatrix} \qquad (4.51b)$$

Nun spannen wir den Balken im Knoten 1 ein ($w_1 = \phi_1 = 0$) und berechnen mit dem Momentenverlauf über der $\bar{x}$-Achse , $M_y(\bar{x}) = M_2 - F_2 \cdot \bar{x}$, die innere Energie:

$$U = \frac{1}{2E \cdot I_y} \cdot \int_0^l (M_2 - F_2 \cdot \bar{x})^2 \, d\bar{x} \quad .$$

Mit dem 1. Satz von Castigliano berechnen wir w_2 , ϕ_2 im Knoten 2:

$$w_2 = \frac{\partial U}{\partial F_2} = \frac{1}{E \cdot I_y} \cdot \int_0^l (-\bar{x})(M_2 - F_2 \cdot \bar{x}) \, d\bar{x} = \frac{F_2 \cdot l^3}{3E \cdot I_y} - \frac{M_2 \cdot l^2}{2E \cdot I_y} \quad ,$$

$$\phi_2 = \frac{\partial U}{\partial M_2} = \frac{1}{E \cdot I_y} \cdot \int_0^l (M_2 - F_2 \cdot \bar{x}) \, d\bar{x} = -\frac{F_2 \cdot l^2}{2E \cdot I_y} + \frac{M_2 \cdot l}{E \cdot I_y} \qquad (4.52)$$

Die Auflösung der Gleichungen nach F_2, M_2 ergibt die Beziehung mit der Untermatrix K_{22}, benutzen wir wieder die Gleichgewichtsbedingungen, erhalten wir K_{12}:

$$\begin{bmatrix} F_2 \\ M_2 \end{bmatrix} = E \cdot I_y \cdot \begin{bmatrix} 12/l^3 & 6/l^2 \\ 6/l^2 & 4/l \end{bmatrix} \cdot \begin{bmatrix} w_2 \\ \phi_2 \end{bmatrix} , \quad \begin{bmatrix} F_1 \\ M_1 \end{bmatrix} = E \cdot I_y \cdot \begin{bmatrix} -12/l^3 & -6/l^2 \\ 6/l^2 & 2/l \end{bmatrix} \cdot \begin{bmatrix} w_2 \\ \phi_2 \end{bmatrix} \qquad (4.53)$$

Mit (4.51) und (4.53) haben wir die Elementsteifigkeitsbeziehung:

$$\begin{bmatrix} F_1 \\ M_1 \\ F_2 \\ M_2 \end{bmatrix} = E \cdot I_y \cdot \begin{bmatrix} 12/l^3 & -6/l^2 & -12/l^3 & -6/l^2 \\ -6/l^2 & 4/l & 6/l^2 & 2/l \\ -12/l^3 & 6/l^2 & 12/l^3 & 6/l^2 \\ -6/l^2 & 2/l & 6/l^2 & 4/l \end{bmatrix} \cdot \begin{bmatrix} w_1 \\ \phi_1 \\ w_2 \\ \phi_2 \end{bmatrix} \qquad (4.54)$$

●

5 DIE MATRIXSTEIFIGKEITSMETHODE

Das Prinzip der Matrixsteifigkeitsmethode ist grundlegend für die FEM und hat in der linearen Elastizitätstheorie als Basis den linearen Zusammenhang zwischen den äußeren Kräften bzw. Momenten und den Verschiebungen bzw. Verdrehungen in den Angriffspunkten über den Satz von Maxwell. Wir haben in (4.48) die sogenannte Steifigkeitsbeziehung entwickelt:

$$\vec{F} = K \cdot \vec{w} \qquad (5.1)$$

mit $\vec{w}^T = [w_1, w_2, \ldots, w_n]$ und $\vec{F}^T = [F_1, F_2, \ldots, F_n]$.

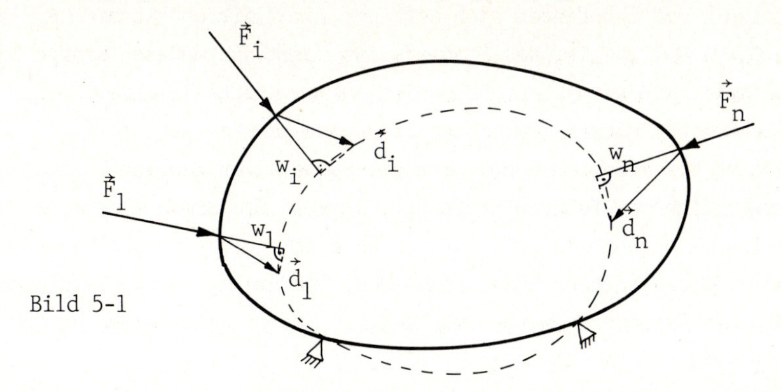

Bild 5-1

Die Matrix K heißt Steifigkeitsmatrix. Wenn das belastete Bauteil statisch ausreichend gelagert ist, ist die Matrix K positiv definit, d. h. K ist regulär. Mit der Kehrmatrix $H = K^{-1}$ können wir (5.1) schreiben als

$$\vec{w} = H \cdot \vec{F} \tag{5.2}$$

Die Matrix H wird die Flexibilitätsmatrix genannt.

Wenn wir voraussetzen, daß die Kräfte $F_1, \ldots, F_n$ bekannt sind, ist das Gleichungssystem (5.1) nach den $w_1, \ldots, w_n$ aufzulösen. Man spricht von der Verschiebungsmethode oder auch Matrixsteifigkeitsmethode. Nehmen wir hingegen an, daß die Verschiebungen bekannt sind, ist (5.2) nach den Kräften aufzulösen. Dies ist die Kraftmethode.

Im Rahmen dieses Buches lernen wir die Verschiebungsmethode als eines von mehreren FEM-Verfahren kennen. Als erstes wird die Matrixsteifigkeitsmethode an Stabwerken erläutert. Für Stabwerke und Balkensysteme bietet sich die Zerlegung des Bauteils in Elemente auf natürliche Weise an.

5.1 Die Verschiebungsmethode für Stabwerke

Als einführendes Beispiel ist ein Stabwerk aus 5 Stäben gegeben.

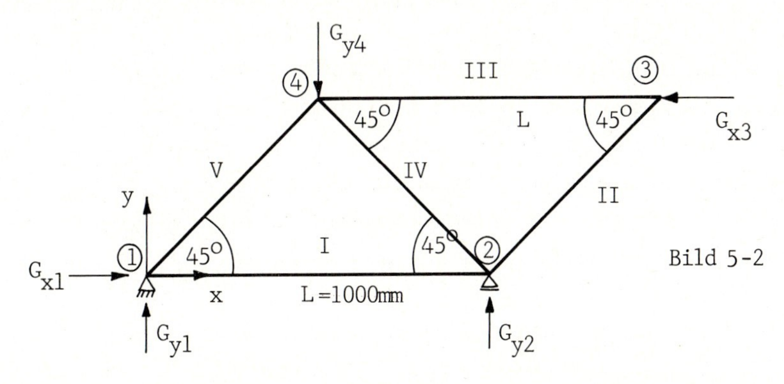

Bild 5-2

Die Stäbe I bis V sind über die Knoten 1 bis 4 miteinander verbunden. In den Knoten 1 und 2 befinden sich Auflager, d.h. die unbekannten Auflagerkräfte G_{x1} , G_{y1} , G_{y2} . Das Stabwerk ist durch die äußeren Kräfte G_{x3} und G_{y4} belastet. Wie wir sehen, sind die inneren Kräfte in einem Knoten gleich einer bekannten äußeren Kraft oder einer unbekannten Auflagerkraft oder aber gleich 0. Im Knoten 4 z.B. ist die Summe aller inneren Kräfte in y-Richtung gleich der äußeren Kraft G_{y4}, dagegen die Summe aller inneren Kräfte in x-Richtung gleich $G_{x4} = 0$. Es bietet sich an, die Knoten des Bauteils als diejenigen Punkte anzusehen, für die man die Verschiebungen und dann die Spannungen wissen möchte. Die Steifigkeitsbeziehung für das Stabwerk lautet

$$\begin{bmatrix} G_{x1} \\ G_{y1} \\ G_{x2} \\ G_{y2} \\ G_{x3} \\ G_{y3} \\ G_{x4} \\ G_{y4} \end{bmatrix} = \begin{bmatrix} k_{11} & \cdots & k_{18} \\ \vdots & & \vdots \\ k_{81} & \cdots & k_{88} \end{bmatrix} \cdot \begin{bmatrix} u_1 \\ v_1 \\ u_2 \\ v_2 \\ u_3 \\ v_3 \\ u_4 \\ v_4 \end{bmatrix} , \qquad (5.3)$$

kurz

$$\vec{G} = K \cdot \vec{w} \quad .$$

Um das Gleichungssystem berechnen zu können, müssen wir zunächst die Matrix $K = (k_{ij})$, $i,j=1,\ldots,8$ bestimmen.

Zu diesem Zweck schneiden wir einen beliebigen Stab aus einem Stabwerk heraus und bezeichnen Anfang und Ende mit Knoten 1 bzw. 2:

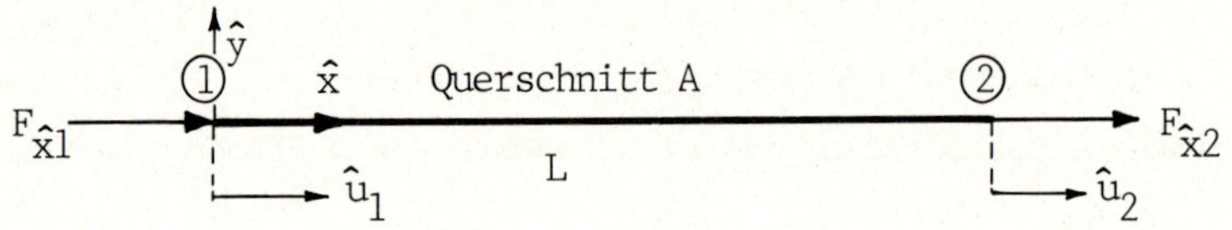

Bild 5-3

Wir installieren ein lokales Koordinatensystem, dessen Nullpunkt Knoten 1 ist, wobei die $\hat{x}$-Achse von Knoten 1 nach Knoten 2 orientiert ist. Der Stab kann nur Kräfte in Längsrichtung aufnehmen. Um Gleichgewicht am herausgeschnittenen Stab zu erhalten, müssen wir in den beiden Knoten die Kräfte $F_{\hat{x}1}$ bzw. $F_{\hat{x}2}$ anbringen, die die Verschiebungen $\hat{u}_1$ bzw. $\hat{u}_2$ hervorrufen. Wir nehmen an, daß der Stab die konstante Querschnittsfläche A und den Elastizitätsmodul E besitzt.

Wir entwickeln die Steifigkeitsbeziehung zwischen den Kräften $F_{\hat{x}1}$,$F_{\hat{x}2}$

und den Verschiebungen $\hat{u}_1$, $\hat{u}_2$.

Für jeden Punkt des Stabes gilt für die Normalspannung

$$\sigma_{xx} = \varepsilon_{xx} \cdot E \quad \text{und} \quad \sigma_{xx} = \frac{F_{\hat{x}2}}{A} \quad ,$$

deshalb $\varepsilon_{xx} = \frac{F_{\hat{x}2}}{A \cdot E}$. Mit $\varepsilon_{xx} = \frac{\partial u}{\partial x}$ folgt durch unbestimmte Integration

$$u(\hat{x}) = \frac{F_{\hat{x}2}}{A \cdot E} \cdot \hat{x} + C \quad .$$

Mit der Randbedingung $u(0) = \hat{u}_1$ folgt sofort $C = \hat{u}_1$ und daher wegen $u(L) = \hat{u}_2$:

$$\hat{u}_2 = \frac{F_{\hat{x}2}}{A \cdot E} \cdot L + \hat{u}_1$$

bzw.

$$F_{\hat{x}2} = \frac{A \cdot E}{L} \cdot (\hat{u}_2 - \hat{u}_1) \quad . \tag{5.4}$$

Wir ersetzen in (5.4) wegen der Gleichgewichtsbedingung $F_{\hat{x}1} + F_{\hat{x}2} = 0$ die Kraft $F_{\hat{x}2}$ durch $F_{\hat{x}1}$:

$$F_{\hat{x}1} = \frac{A \cdot E}{L} \cdot (\hat{u}_1 - \hat{u}_2) \quad . \tag{5.5}$$

Die Beziehungen (5.4) und (5.5) fassen wir in einer Matrizengleichung, der Steifigkeitsbeziehung des Stabes, zusammen:

$$\begin{bmatrix} F_{\hat{x}1} \\ F_{\hat{x}2} \end{bmatrix} = \frac{A \cdot E}{L} \cdot \begin{bmatrix} 1 & -1 \\ -1 & 1 \end{bmatrix} \cdot \begin{bmatrix} \hat{u}_1 \\ \hat{u}_2 \end{bmatrix} \quad . \tag{5.6}$$

Die Matrix

$$\hat{K}_e = \frac{A \cdot E}{L} \cdot \begin{bmatrix} 1 & -1 \\ -1 & 1 \end{bmatrix} \tag{5.7}$$

ist die Elementsteifigkeitsmatrix (ES-Matrix) des Zug-Druck-Stabes. $\hat{K}_e$ ist singulär wie alle ES-Matrizen, da ein aus dem Verband herausgeschnittener Stab, für sich betrachtet, nicht statisch bestimmt gelagert ist.

Die Beziehung (5.6) erweitern wir formal, indem wir in $\hat{y}$-Richtung die Nullkräfte $F_{\hat{y}1}$, $F_{\hat{y}2}$ und die Nullverschiebungen $\hat{v}_1$, $\hat{v}_2$ hinzunehmen:

$$\begin{bmatrix} F_{\hat{x}1} \\ F_{\hat{y}1} \\ F_{\hat{x}2} \\ F_{\hat{y}2} \end{bmatrix} = \frac{A \cdot E}{L} \cdot \begin{bmatrix} 1 & 0 & -1 & 0 \\ 0 & 0 & 0 & 0 \\ -1 & 0 & 1 & 0 \\ 0 & 0 & 0 & 0 \end{bmatrix} \cdot \begin{bmatrix} \hat{u}_1 \\ \hat{v}_1 \\ \hat{u}_2 \\ \hat{v}_2 \end{bmatrix} \quad , \tag{5.8}$$

kurz

$$\hat{\vec{F}} = \tilde{K}_e \cdot \hat{\vec{w}} \quad .$$

Nun ist der in Bild 5-3 betrachtete Stab ein Sonderfall, da die Beziehung (5.8) im lokalen $\hat{x}\hat{y}$-Koordinatensystem entwickelt wurde. Wie wir in Bild 5-2 sehen, hat ein Stab innerhalb eines Stabwerks eine Neigung gegen die positive x-Achse des globalen xy-Koordinatensystem. Uns interessiert eine zu (5.8) analoge Beziehung, in der die Verschiebungen $\vec{w}^T = [u_1, v_1, u_2, v_2]$ und Kräfte $\vec{F}^T = [F_{x1}, F_{y1}, F_{x2}, F_{y2}]$ stehen, die sich auf das globale Koordinatensystem beziehen. Eine solche Beziehung können wir herstellen, wenn wir den Zusammenhang zwischen den lokalen und globalen Größen herstellen. Dies ist aber in Beispiel 1.14 mit (1.19) hergeleitet worden:

$$\hat{\vec{w}} = \begin{bmatrix} \cos\alpha & \sin\alpha & 0 & 0 \\ -\sin\alpha & \cos\alpha & 0 & 0 \\ 0 & 0 & \cos\alpha & \sin\alpha \\ 0 & 0 & -\sin\alpha & \cos\alpha \end{bmatrix} \cdot \vec{w} \qquad (5.9)$$

Wir nennen die Transformationsmatrix in (5.9) T_e. Für die lokalen und globalen Kraftkomponenten gilt entsprechend:

$$\hat{\vec{F}} = T_e \cdot \vec{F} \qquad (5.10)$$

Mit (5.9) und (5.10) gehen wir in die Gleichung (5.8) :

$$T_e \cdot \vec{F} = \tilde{K}_e \cdot T_e \cdot \vec{w} \quad .$$

Die Matrix ist regulär und hat die Eigenschaft $T_e^{-1} = T_e^T$, wie man schnell nachprüft. Daher wird aus der Gleichung, wenn wir sie von links mit T_e^{-1} multiplizieren:

$$\vec{F} = T_e^T \cdot \tilde{K}_e \cdot T_e \cdot \vec{w} \qquad (5.11)$$

Wir haben den Zusammenhang zwischen den Kräften und Verschiebungen im globalen Koordinatensystem. Die Matrix $K_e = T_e^{-1} \cdot \tilde{K}_e \cdot T_e$ ist die ES-Matrix des Zug-Druck-Stabes im globalen Koordinatensystem, d.h. für eine allgemeine Lage (α). Die Ausrechnung des Matrizenprodukts ergibt

$$K_e = \frac{A \cdot E}{L} \begin{bmatrix} \cos^2\alpha & \cos\alpha \cdot \sin\alpha & -\cos^2\alpha & -\cos\alpha \cdot \sin\alpha \\ \cos\alpha \cdot \sin\alpha & \sin^2\alpha & -\cos\alpha \cdot \sin\alpha & -\sin^2\alpha \\ -\cos^2\alpha & -\cos\alpha \cdot \sin\alpha & \cos^2\alpha & \cos\alpha \cdot \sin\alpha \\ -\cos\alpha \cdot \sin\alpha & -\sin^2\alpha & \cos\alpha \cdot \sin\alpha & \sin^2\alpha \end{bmatrix} \qquad (5.12)$$

Wir fahren nun mit unserem Stabwerk in Bild 5-2 fort und stellen als erstes die ES-Matrizen der 5 Stäbe auf. Dazu benötigen wir die folgenden Daten über das Stabwerk, die schon so aufbereitet sind, daß sie als Eingabe für ein FEM-Programm verwendet werden könnten:

Knotenkoordinaten		
Knoten	x	y [mm]
1	0	0
2	1000	0
3	1500	500
4	500	500

Element-Knoten-Zuordnungen		
Elementnr.	1.Knoten	2.Knoten
I	1	2
II	2	3
III	4	3
IV	2	4
V	1	4

Auflagerbedingungen [mm]		
Knoten	x-Verschieb.	y-Versch.
1	0	0
2	frei	0

Belastungen		
Knoten	x-Kompon.	y-Kompon. [N]
3	-500	0
4	0	-1000

Für alle Stäbe nehmen wir an: Querschnittsfläche $A = 150 \text{ mm}^2$,
Elastizitätsmodul $E = 210000 \text{ N/mm}^2$.

Wie aus der Zeichnung 5-2 ersichtlich ist, haben die Stäbe I und III die Länge $L = 1000$ mm, die Stäbe II,IV,V die Länge $L_1 = \frac{1}{2}\cdot\sqrt{2}\cdot 1000$ mm $= 707{,}107$ mm .

Wir kommen zur Berechnung der ES-Matrizen für die 5 Stäbe.

Stab I: $\frac{A\cdot E}{L} = 31500$ N/mm , $\alpha = 0^\circ$.

$$K_{eI} = 31500 \begin{bmatrix} 1 & 0 & -1 & 0 \\ 0 & 0 & 0 & 0 \\ -1 & 0 & 1 & 0 \\ 0 & 0 & 0 & 0 \end{bmatrix}$$

Stab II: $\frac{A\cdot E}{L_1} = \sqrt{2}\cdot 31500$ N/mm , $\alpha = 45^\circ$.

$$K_{eII} = \sqrt{2}\cdot 31500 \begin{bmatrix} 0{,}5 & 0{,}5 & -0{,}5 & -0{,}5 \\ 0{,}5 & 0{,}5 & -0{,}5 & -0{,}5 \\ -0{,}5 & -0{,}5 & 0{,}5 & 0{,}5 \\ -0{,}5 & -0{,}5 & 0{,}5 & 0{,}5 \end{bmatrix}$$

Stab III: $\frac{A\cdot E}{L} = 31500$ N/mm , $\alpha = 0^\circ$.

$$K_{eIII} = K_{eI}$$

Stab IV: $\frac{A\cdot E}{L_1} = \sqrt{2}\cdot 31500$ N/mm , $\alpha = 135^\circ$.

$$K_{eIV} = \sqrt{2}\cdot 31500 \begin{bmatrix} 0{,}5 & -0{,}5 & -0{,}5 & 0{,}5 \\ -0{,}5 & 0{,}5 & 0{,}5 & -0{,}5 \\ -0{,}5 & 0{,}5 & 0{,}5 & -0{,}5 \\ 0{,}5 & -0{,}5 & -0{,}5 & 0{,}5 \end{bmatrix}$$

Stab V:
$$\frac{A \cdot E}{L_1} = \sqrt{2} \cdot 31500 \text{ N/mm} \quad , \qquad \alpha = 45^{\circ} \quad .$$

$$K_{eV} = K_{eII} \quad .$$

Man achte darauf, mit welchen Kräften und Verschiebungen die jeweiligen ES-Matrizen verknüpft werden, z.B. gilt für Stab V:

$$\begin{bmatrix} F_{x1} \\ F_{y1} \\ F_{x4} \\ F_{y4} \end{bmatrix} = K_{eV} \cdot \begin{bmatrix} u_1 \\ v_1 \\ u_4 \\ v_4 \end{bmatrix} \quad .$$

Diese 5 Elementsteifigkeitsbeziehungen müssen wir jetzt über die an jedem Knoten vorliegenden Gleichgewichtsbedingungen miteinander verknüpfen, d.h. in ein umfassendes Gleichungssystem einbetten. Die Gleichgewichtsbedingungen an den Knoten lauten:

Knoten 1:
$$F_{x1I} + F_{x1V} = G_{x1} \quad \text{(unbekannt)}$$
$$F_{y1I} + F_{y1V} = G_{y1} \quad \text{(unbekannt)}$$

Knoten 2:
$$F_{x2I} + F_{x2II} + F_{x2IV} = G_{x2} = 0$$
$$F_{y2I} + F_{y2II} + F_{y2IV} = G_{y2} \quad \text{(unbekannt)}$$

Knoten 3:
$$F_{x3II} + F_{x3III} = G_{x3} = -500 \text{ N}$$
$$F_{y3II} + F_{y3III} = G_{y3} = 0$$

Knoten 4:
$$F_{x4III} + F_{x4IV} + F_{x4V} = G_{x4} = 0$$
$$F_{y4III} + F_{y4IV} + F_{y4V} = G_{y4} = -1000 \text{ N} \quad .$$

Mit diesen Gleichungen können wir die Gesamtsteifigkeitsmatrix (GS-Matrix) aus (5.3) erstellen. Die 5. Zeile aus (5.3) greifen wir beispielhaft heraus. Sie lautet

$$G_{x3} = \left[k_{51}\,,\, k_{52}\,,\, k_{53}\,,\, k_{54}\,,\, k_{55}\,,\, k_{56}\,,\, k_{57}\,,\, k_{58}\right] \cdot \begin{bmatrix} u_1 \\ v_1 \\ \vdots \\ u_4 \\ v_4 \end{bmatrix} \quad .$$

Die Werte für die k_{5j} , j=1,...,8 bekommen wir aus der Gleichgewichtsbedingung $G_{x3} = F_{x3II} + F_{x3III}$,

indem wir F_{x3II} und F_{x3III} mit den Elementsteifigkeitsbeziehungen ersetzen:

$$G_{x3} = -500 = \sqrt{2} \cdot 31500 \cdot \left[-0{,}5 \quad -0{,}5 \quad 0{,}5 \quad 0{,}5\right] \cdot \begin{bmatrix} u_2 \\ v_2 \\ u_3 \\ v_3 \end{bmatrix}$$
$$+ \; 31500 \cdot \left[-1 \quad 0 \quad 1 \quad 0\right] \cdot \begin{bmatrix} u_4 \\ v_4 \\ u_3 \\ v_3 \end{bmatrix}$$

$$= \quad 31500 \cdot \begin{bmatrix} 0 & 0 & -0{,}707 & -0{,}707 & 1{,}707 & 0{,}707 & -1 & 0 \end{bmatrix} \cdot \begin{bmatrix} u_1 \\ v_1 \\ \vdots \\ u_4 \\ v_4 \end{bmatrix} .$$

Der Zeilenvektor dieser Gleichung stellt schon die 5. Zeile der Matrix K aus (5.3) dar. Man erkennt, daß die ES-Matrizen entsprechend den Indices der beteiligten Knoten an den entsprechenden Stellen in K aufaddiert werden. Wir brauchen daher die Gleichgewichtsbedingungen nicht mehr wie oben ausführlich aufzuführen, sondern addieren die ES-Matrizen in Abhängigkeit ihrer beteiligten Indices auf die zunächst leere Gesamtsteifigkeitsmatrix K, indem wir allerdings den Faktor 31500 ausklammern:

$$\begin{bmatrix} G_{x1} \\ G_{y1} \\ 0 \\ G_{y2} \\ -500 \\ 0 \\ 0 \\ -1000 \end{bmatrix} = R \cdot \begin{bmatrix} 1{,}707 & 0{,}707 & -1 & 0 & 0 & 0 & -0{,}707 & -0{,}707 \\ 0{,}707 & 0{,}707 & 0 & 0 & 0 & 0 & -0{,}707 & -0{,}707 \\ -1 & 0 & 2{,}414 & 0 & -0{,}707 & -0{,}707 & -0{,}707 & 0{,}707 \\ 0 & 0 & 0 & 1{,}414 & -0{,}707 & -0{,}707 & 0{,}707 & -0{,}707 \\ 0 & 0 & -0{,}707 & -0{,}707 & 1{,}707 & 0{,}707 & -1 & 0 \\ 0 & 0 & -0{,}707 & -0{,}707 & 0{,}707 & 0{,}707 & 0 & 0 \\ -0{,}707 & -0{,}707 & -0{,}707 & 0{,}707 & -1 & 0 & 2{,}414 & 0 \\ -0{,}707 & -0{,}707 & 0{,}707 & -0{,}707 & 0 & 0 & 0 & 1{,}414 \end{bmatrix} \cdot \begin{bmatrix} 0 \\ 0 \\ u_2 \\ 0 \\ u_3 \\ v_3 \\ u_4 \\ v_4 \end{bmatrix}$$

mit $R = 31500$. (5.13)

Für die Vektoren $\vec{G}$ und $\vec{w}$ sind die bekannten, d.h. gegebenen Größen eingetragen, z.B. $u_1 = 0$, so daß die Unbekannten u_2 , u_3 , v_3 , u_4 , v_4 , G_{x1} , G_{y1} , G_{y2} übrigbleiben. Die gesamte Koeffizientenmatrix K ist singulär, weil sie eine Beziehung für das ungelagerte Stabwerk darstellt.

Das Gleichungssystem wäre aber regulär, wenn wir es derart umordnen würden, daß die 8 Unbekannten $u_2,\ldots,v_4,G_{x1},G_{y1},G_{y2}$ in einem Vektor geordnet wären. Diese Umstellung können wir uns ersparen, wenn wir folgendermaßen vorgehen:

Die Auflagerbedingungen $u_1 = v_1 = v_2 = 0$ bedeuten, daß bei Multiplikation des Verschiebungsvektors mit K in (5.13) die 1. , 2. und 4. Spalte zu "Nullspalten" werden. Wir können sie daher weglassen. Wir haben nun 8 Gleichungen für die gesuchten Verschiebungen u_2,u_3,v_3,u_4,v_4. Wir erkennen, daß wir hieraus 5 Gleichungen mit 5 Unbekannten gewinnen, wenn wir die 1. , 2. und 4. Zeile streichen, die auf der linken Seite die unbekannten Auflagerreaktionen G_{x1},G_{y1},G_{y2} enthalten. Wie man sieht, ist das Streichen der notwendigen Zeilen und Spalten ein symmetrischer Vorgang.

Der beschriebene Vorgang reduziert das Gleichungssystem. Wir nennen das übriggebliebene System das *reduzierte Gleichungssystem*. Es ist regulär:

$$31500\cdot\begin{bmatrix} 2,414 & -0,707 & -0,707 & -0,707 & 0,707 \\ -0,707 & 1,707 & 0,707 & -1 & 0 \\ -0,707 & 0,707 & 0,707 & 0 & 0 \\ -0,707 & -1 & 0 & 2,414 & 0 \\ 0,707 & 0 & 0 & 0 & 1,414 \end{bmatrix}\cdot\begin{bmatrix} u_2 \\ u_3 \\ v_3 \\ u_4 \\ v_4 \end{bmatrix} = \begin{bmatrix} 0 \\ -500 \\ 0 \\ 0 \\ -1000 \end{bmatrix} . \quad (5.14)$$

Da das Aufaddieren der symmetrischen ES-Matrizen in die GS-Matrix K ein symmetrischer Vorgang ist und auch das Reduzieren durch Streichen von Zeilen und Spalten die Symmetrie erhält, ist die Matrix K_{red} aus (5.14) symmetrisch. Des weiteren ist K_{red} positiv definit. Das Gleichungssystem (5.14) läßt sich daher am besten mit dem Cholesky-Verfahren lösen. Die Lösungen für die Verschiebungen ergeben sich in mm :

$$\vec{w}^T_{red} = [u_2, u_3, v_3, u_4, v_4]$$

$$= [0,00794 \quad -0,02313 \quad 0,03107 \quad -0,00726 \quad -0,02642] .$$

Fügen wir die Nullverschiebungen der Auflager ein, erhalten wir

$$\vec{w}^T_{ges} = [u_1, v_1, u_2, v_2, u_3, v_3, u_4, v_4] \quad (5.15)$$

$$= [0,0 \quad 0,0 \quad 0,00794 \quad 0,0 \quad -0,02313 \quad 0,03107 \quad -0,00726 \quad -0,02642] .$$

Im nächsten Schritt können wir die Auflagerkräfte berechnen, die wir mit Hilfe der gestrichenen Zeilen erhalten, wobei wir wieder die 1. , 2. und 4. Spalte weglassen können:

$$\begin{bmatrix} G_{x1} \\ G_{y1} \\ G_{y2} \end{bmatrix} = 31500 \begin{bmatrix} -1 & 0 & 0 & -0,707 & -0,707 \\ 0 & 0 & 0 & -0,707 & -0,707 \\ 0 & -0,707 & -0,707 & -0,707 & -0,707 \end{bmatrix}\cdot\begin{bmatrix} u_2 \\ u_3 \\ v_3 \\ u_4 \\ v_4 \end{bmatrix} .$$

Es ergibt sich $G_{x1} = 500$ N , $G_{y1} = 750$ N , $G_{y2} = 250$ N .

Über die ES-Matrizen berechnen wir die inneren Stabkräfte(Längskräfte). Als Beispiel betrachten wir Stab IV, der Knoten 2 mit 4 verbindet. Beteiligt aus $\vec{w}_{ges}$ ist daher $[u_2, v_2, u_4, v_4] = [0,00794 \ 0,0 \ -0,00726 \ -0,02642]$.
Die Stabkräfte lauten

$$\begin{bmatrix} F_{x2} \\ F_{y2} \\ F_{x4} \\ F_{y4} \end{bmatrix} = \sqrt{2}\cdot 31500 \begin{bmatrix} 0,5 & -0,5 & -0,5 & 0,5 \\ -0,5 & 0,5 & 0,5 & -0,5 \\ -0,5 & 0,5 & 0,5 & -0,5 \\ 0,5 & -0,5 & -0,5 & 0,5 \end{bmatrix}\cdot\begin{bmatrix} 0,00794 \\ 0,0 \\ -0,00726 \\ -0,02642 \end{bmatrix}$$

$$= \left[-250{,}0 \quad 250{,}0 \quad 250{,}0 \quad -250{,}0\right]^T \; N \quad .$$

Über die Beziehung (5.10) transformieren wir die soeben berechneten globalen Stabkräfte in lokale und damit direkt erkennbare Längskräfte:

$$\begin{bmatrix} F_{\hat{x}2} \\ F_{\hat{y}2} \\ F_{\hat{x}4} \\ F_{\hat{y}4} \end{bmatrix} = \begin{bmatrix} -0{,}707 & 0{,}707 & 0 & 0 \\ -0{,}707 & -0{,}707 & 0 & 0 \\ 0 & 0 & -0{,}707 & 0{,}707 \\ 0 & 0 & -0{,}707 & -0{,}707 \end{bmatrix} \begin{bmatrix} -250 \\ 250 \\ 250 \\ -250 \end{bmatrix}$$

$$= \left[353{,}5 \quad 0{,}0 \quad -353{,}5 \quad 0{,}0\right]^T \; N \quad .$$

In T_e ist der Drehwinkel $\alpha = 135^o$ einzusetzen.

Die Normalspannung im Stab IV läßt sich über die Gleichung $\sigma_{xx} = \frac{F}{A}$ berechnen:

$$\sigma_{xx} = \frac{-353{,}5}{150} \frac{N}{mm^2} = -\,2{,}357 \; N/mm^2 \; .$$

5.2 *Die Verschiebungsmethode für Balkensysteme*

Wir ersetzen den Stab, der nur Längskräfte aufnehmen kann, durch den Balken, der Längskräfte, Querkräfte und Momente übertragen kann. Diese Größen sollen nur an den Balkenenden angreifen dürfen. Ein Balken mit den Knoten 1 und 2 ist dann durch folgende Kräfte und Momente belastbar:

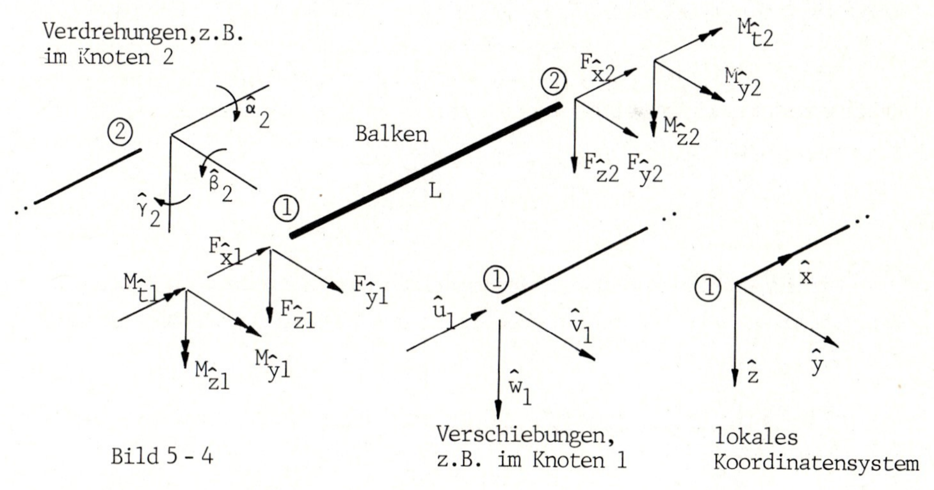

Bild 5 - 4

Die Eigenschaften des Balkens sind durch die folgenden Konstanten festgelegt:

Querschnittsfläche A , Länge L ,
Elastizitätsmodul E , Gleitmodul G ,
Trägheitsmomente I_y , I_z , I_t .

Die ES-Matrix des räumlichen Balkens können wir erst aufstellen, wenn wir die Steifigkeitsbeziehung des Torsionsmoments $M_{\hat{t}}$ kennen. Wir nehmen an, daß ein Balken der Länge L alleine durch die Torsionsmomente $M_{\hat{t}1}$ und $M_{\hat{t}2}$ in den Knoten beansprucht wird.

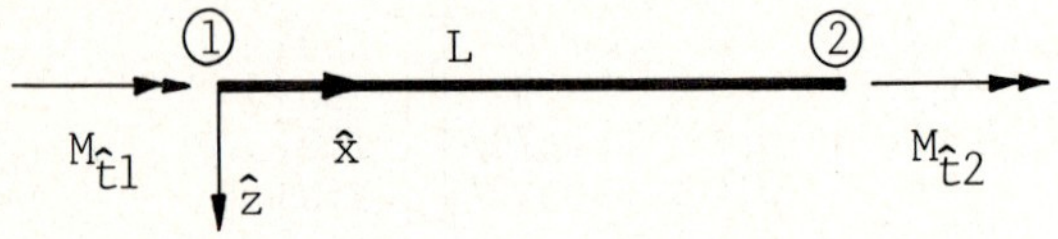

① L ②

$M_{\hat{t}1}$ $\hat{z}$ $\hat{x}$ $M_{\hat{t}2}$

Bild 5 - 5

Die Gleichgewichtsbedingung lautet $M_{\hat{t}1} + M_{\hat{t}2} = 0$. Für den Torsionswinkel $\hat{\alpha}$ an der Stelle $\hat{x}$ des Balkens gilt

$$\frac{\partial \alpha}{\partial \hat{x}} = \frac{M_{\hat{t}2}}{G \cdot I_t} \quad ,$$

unbestimmt integriert

$$\alpha(\hat{x}) = \frac{M_{\hat{t}2}}{G \cdot I_t} \cdot \hat{x} + C \quad .$$

Mit den Randbedingungen $\alpha(0) = \hat{\alpha}_1$ und $\alpha(L) = \hat{\alpha}_2$ folgt

$$\hat{\alpha}_2 = \frac{M_{\hat{t}2} \cdot L}{G \cdot I_t} + \hat{\alpha}_1$$

bzw.

$$M_{\hat{t}2} = \frac{G \cdot I_t}{L} \cdot (\hat{\alpha}_2 - \hat{\alpha}_1) \quad .$$

Wegen $M_{\hat{t}1} = - M_{\hat{t}2}$ folgt

$$M_{\hat{t}1} = \frac{G \cdot I_t}{L} \cdot (\hat{\alpha}_1 - \hat{\alpha}_2) \quad .$$

Zusammengefaßt ergibt sich

$$\begin{bmatrix} M_{\hat{t}1} \\ M_{\hat{t}2} \end{bmatrix} = \frac{G \cdot I_t}{L} \cdot \begin{bmatrix} 1 & -1 \\ -1 & 1 \end{bmatrix} \begin{bmatrix} \hat{\alpha}_1 \\ \hat{\alpha}_2 \end{bmatrix} \tag{5.16}$$

Wir entwickeln zunächst 2 Teilmatrizen der ES-Matrix. Im ersten Schritt lassen wir Kräfte und Momente in der $\hat{z}\hat{x}$-Ebene und Torsionsmomente zu.

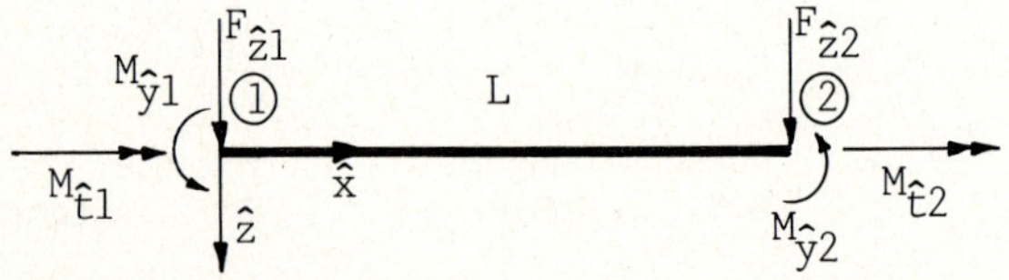

$F_{\hat{z}1}$ $F_{\hat{z}2}$

$M_{\hat{y}1}$ ① L ②

$M_{\hat{t}1}$ $\hat{x}$ $\hat{z}$ $M_{\hat{t}2}$ $M_{\hat{y}2}$

Bild 5 - 6

Die beteiligten Vektoren der ES-Beziehung sind
$\hat{\vec{F}}_u^T = [M_{\hat{t}1}, F_{\hat{z}1}, M_{\hat{y}1}, M_{\hat{t}2}, F_{\hat{z}2}, M_{\hat{y}2}]$ und
$\hat{\vec{w}}_u^T = [\hat{\alpha}_1, \hat{w}_1, \hat{\beta}_1, \hat{\alpha}_2, \hat{w}_2, \hat{\beta}_2]$. Die Steifigkeitsbeziehung hierfür

kombinieren wir aus (5.16) und (4.54), wobei wir noch die Bezeichnungen für die Verschiebungen und Kräfte ändern, also z.B. Φ_1 zu α_1 usw. :

$$
\begin{bmatrix} M_{\hat{t}1} \\ F_{\hat{z}1} \\ M_{\hat{y}1} \\ M_{\hat{t}2} \\ F_{\hat{z}2} \\ M_{\hat{y}2} \end{bmatrix} = \frac{E \cdot I_y}{L^3} \cdot \begin{bmatrix} \frac{G \cdot I_t \cdot L^2}{E \cdot I_y} & 0 & 0 & -\frac{G \cdot I_t \cdot L^2}{E \cdot I_y} & 0 & 0 \\ 0 & 12 & -6 \cdot L & 0 & -12 & -6 \cdot L \\ 0 & -6 \cdot L & 4L^2 & 0 & 6 \cdot L & 2L^2 \\ -\frac{G \cdot I_t \cdot L^2}{E \cdot I_y} & 0 & 0 & \frac{G \cdot I_t \cdot L^2}{E \cdot I_y} & 0 & 0 \\ 0 & -12 & 6 \cdot L & 0 & 12 & 6 \cdot L \\ 0 & -6 \cdot L & 2L^2 & 0 & 6 \cdot L & 4L^2 \end{bmatrix} \cdot \begin{bmatrix} \hat{\alpha}_1 \\ \hat{w}_1 \\ \hat{\beta}_1 \\ \hat{\alpha}_2 \\ \hat{w}_2 \\ \hat{\beta}_2 \end{bmatrix} \qquad (5.17)
$$

bzw.

$$
\hat{\vec{F}}_u = \hat{K}_e^u \cdot \hat{\vec{w}}_u \quad .
$$

In der gleichen Weise fassen wir die Steifigkeitsbeziehungen (4.54) und (5.6) zusammen, indem wir unseren Balken jetzt in der $\hat{x}\hat{y}$-Ebene betrachten und dort die Kräfte bzw. Momente $F_{\hat{x}}$, $M_{\hat{z}}$ und $F_{\hat{y}}$ zulassen.

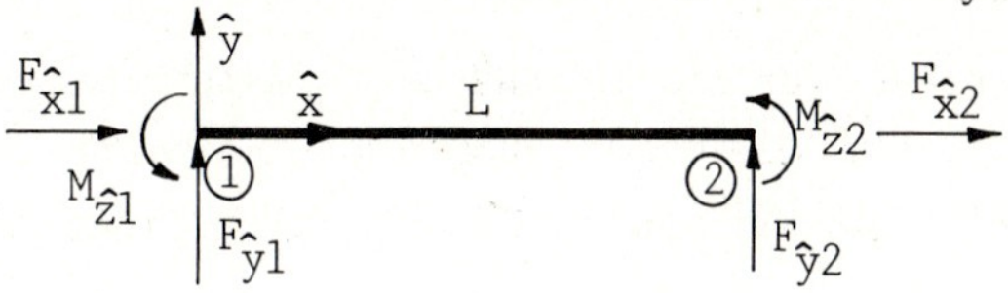

Bild 5 - 7

Die beteiligten Vektoren sind hier $\hat{\vec{w}}_o^T = [\hat{u}_1 , \hat{v}_1 , \hat{\gamma}_1 , \hat{u}_2 , \hat{v}_2 , \hat{\gamma}_2]$ und $\hat{\vec{F}}_o^T = [F_{\hat{x}1} , F_{\hat{y}1} , M_{\hat{z}1} , F_{\hat{x}2} , F_{\hat{y}2} , M_{\hat{z}2}]$. Wir beachten, daß das Koordinatensystem in Bild 5-7 anders liegt als in 5-6 und dadurch die Elemente in (4.54) z.T. andere Vorzeichen erhalten:

$$
\begin{bmatrix} F_{\hat{x}1} \\ F_{\hat{y}1} \\ M_{\hat{z}1} \\ F_{\hat{x}2} \\ F_{\hat{y}2} \\ M_{\hat{z}_2} \end{bmatrix} = \frac{E \cdot I_z}{L^3} \cdot \begin{bmatrix} \frac{A \cdot L^2}{I_z} & 0 & 0 & -\frac{A \cdot L^2}{I_z} & 0 & 0 \\ 0 & 12 & 6 \cdot L & 0 & -12 & 6 \cdot L \\ 0 & 6 \cdot L & 4 \cdot L^2 & 0 & -6 \cdot L & 2 \cdot L^2 \\ -\frac{A \cdot L^2}{I_z} & 0 & 0 & \frac{A \cdot L^2}{I_z} & 0 & 0 \\ 0 & -12 & -6 \cdot L & 0 & 12 & -6 \cdot L \\ 0 & 6 \cdot L & 2 \cdot L^2 & 0 & -6 \cdot L & 4 \cdot L^2 \end{bmatrix} \cdot \begin{bmatrix} \hat{u}_1 \\ \hat{v}_1 \\ \hat{\gamma}_1 \\ \hat{u}_2 \\ \hat{v}_2 \\ \hat{\gamma}_2 \end{bmatrix} \qquad (5.18)
$$

bzw.

$$
\hat{\vec{F}}_o = \hat{K}_e^o \cdot \hat{\vec{w}}_o \quad .
$$

Schließlich gewinnen wir die Elementsteifigkeitsbeziehung für den allgemeinen räumlichen Balken aus Bild 5-4 , wenn wir die Beziehungen (5.17) und (5.18) zusammenfassen zur Elementsteifigkeitsbeziehung im lokalen $\hat{x}\hat{y}\hat{z}$-Koordinatensystem:

$$\left[F_{\hat{x}1}, F_{\hat{y}1}, M_{\hat{z}1}, F_{\hat{x}2}, F_{\hat{y}2}, M_{\hat{z}2}, M_{\hat{t}1}, F_{\hat{z}1}, M_{\hat{y}1}, M_{\hat{t}2}, F_{\hat{z}2}, M_{\hat{y}2}\right]^T$$

$$= \left[\begin{array}{c|c} \hat{K}_e^o & 0 \\ \hline 0 & \hat{K}_e^u \end{array}\right] \cdot \left[\hat{u}_1, \hat{v}_1, \hat{\gamma}_1, \hat{u}_2, \hat{v}_2, \hat{\gamma}_2, \hat{\alpha}_1, \hat{w}_1, \hat{\beta}_1, \hat{\alpha}_2, \hat{w}_2, \hat{\beta}_2\right]^T \qquad (5.19)$$

bzw. $$\hat{\vec{F}} = \hat{K}_e \cdot \hat{\vec{w}} \quad .$$

Man achte darauf, daß die Faktoren vor den Matrizen aus (5.17) und (5.18) jetzt jeweils vor den Untermatrizen aus $\hat{K}_e$ stehen. Die Matrix $\hat{K}_e$ ist eine symmetrische (12,12)-Matrix. Für die Benutzung in FEM-Programmen ist sie in dieser Anordnung nicht brauchbar. Im Folgeband wird $\hat{K}_e$ derart umgeordnet, daß nach Verschiebungen und Drehungen an einem Knoten zusammengefaßt wird. Dort wird auch die Transformationsmatrix T_e für Drehungen in das globale Koordinatensystem entwickelt entsprechend Beispiel 1.16.

Die Transformationsmatrix T_e^{-1} für die Elementsteifigkeitsbeziehung (5.18) in der $\hat{x}\hat{y}$-Ebene setzen wir aus (1.20) zusammen . Die beiden Einsen in T_e^{-1} haben ihren Grund darin, daß die Momente $M_{\hat{z}}$ bei Drehungen der $\hat{x}\hat{y}$-Ebene in die xy-Ebene koordinateninvariant sind. Mit

$$\hat{\vec{F}}_o = T_e \cdot \vec{F}_o \quad \text{und} \quad \hat{\vec{w}}_o = T_e \cdot \vec{w}_o$$

beziehen wir (5.18) auf das globale Koordinatensystem:

$$T_e \cdot \vec{F}_o = \hat{K}_e^o \cdot T_e \cdot \vec{w}_o \quad .$$

Wegen $T_e^{-1} = T_e^T$ folgt

$$\vec{F}_o = T_e^T \cdot \hat{K}_e^o \cdot T_e \cdot \vec{w}_o \qquad (5.20)$$

Die globale ES-Matrix für den Balken in Bild 5-7 lautet demnach

$$K_e^o = T_e^T \cdot \hat{K}_e^o \cdot T_e \qquad (5.21)$$

● Beispiel 5.1 : *Wir behandeln ein Balkensystem in der xy-Ebene, für das wir die ES-Beziehung (5.18) bzw. (5.20) benutzen können.*

Vorgegebene Daten: *Last* $F = 600$ *N* , $l = 1000$ *mm*

Querschnitt $= 1000$ *mm*^{2} , $E = 210000$ *N/mm*^{2}

$I_z = 10^5$ *mm*^{4} .

Da Kräfte und Momente nur an Knoten des Bauteils angreifen können, bietet sich die folgende Zerlegung in Balkenelemente an. Das globale Koordinatensystem wird so gelegt, daß die Balken I und II im lokalen und globalen Koordinatensystem dieselbe ES-Matrix haben.

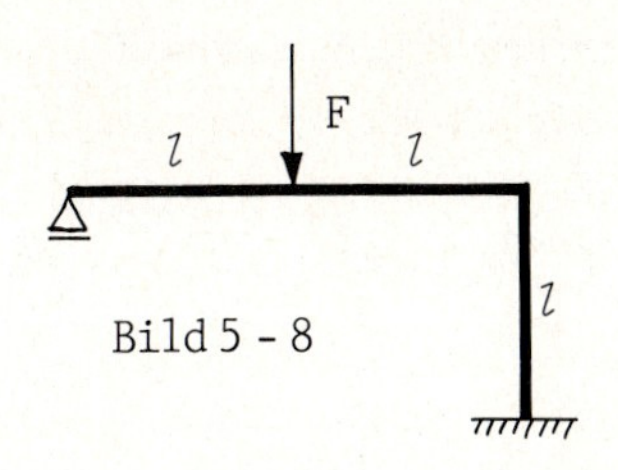

Bild 5 - 8

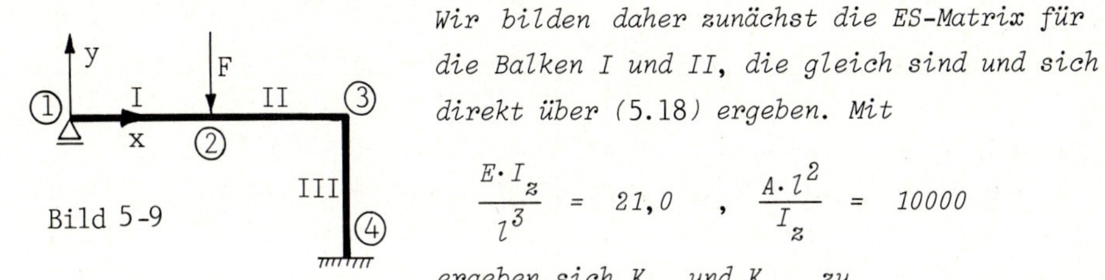

Bild 5-9

Wir bilden daher zunächst die ES-Matrix für die Balken I und II, die gleich sind und sich direkt über (5.18) ergeben. Mit

$$\frac{E\cdot I_z}{l^3} = 21{,}0 \quad , \quad \frac{A\cdot l^2}{I_z} = 10000$$

ergeben sich K_{eI} *und* K_{eII} *zu*

$$K_{eI} = K_{eII} = 21\cdot\begin{bmatrix} 10000 & 0 & 0 & -10000 & 0 & 0 \\ 0 & 12 & 6000 & 0 & -12 & 6000 \\ 0 & 6000 & 4\cdot 10^6 & 0 & -6000 & 2\cdot 10^6 \\ -10000 & 0 & 0 & 10000 & 0 & 0 \\ 0 & -12 & -6000 & 0 & 12 & -6000 \\ 0 & 6000 & 2\cdot 10^6 & 0 & -6000 & 4\cdot 10^6 \end{bmatrix} .$$

Das Balkenelement III sei als Verbindung von Knoten 3 nach Knoten 4 definiert. Der Drehwinkel gegen das globale Koordinatensystem ist daher $\alpha = -90^o$. *Die Transformationsmatrix* T_e *gewinnen wir über* T_e^{-1} *aus (1.20), indem wir* $\alpha = -90^o$ *einsetzen:*

$$T_{eIII} = \begin{bmatrix} 0 & -1 & 0 & 0 & 0 & 0 \\ 1 & 0 & 0 & 0 & 0 & 0 \\ 0 & 0 & 1 & 0 & 0 & 0 \\ 0 & 0 & 0 & 0 & -1 & 0 \\ 0 & 0 & 0 & 1 & 0 & 0 \\ 0 & 0 & 0 & 0 & 0 & 1 \end{bmatrix} .$$

Wir berechnen mit (5.21) $K_{eIII} = T^T_{eIII}\cdot K_{eI}\cdot T_{eIII}$:

$$K_{eIII} = 21\cdot\begin{bmatrix} 12 & 0 & 6000 & -12 & 0 & 6000 \\ 0 & 10000 & 0 & 0 & -10000 & 0 \\ 6000 & 0 & 4\cdot 10^6 & -6000 & 0 & 2\cdot 10^6 \\ -12 & 0 & -6000 & 12 & 0 & -6000 \\ 0 & -10000 & 0 & 0 & 10000 & 0 \\ 6000 & 0 & 2\cdot 10^6 & -6000 & 0 & 4\cdot 10^6 \end{bmatrix} .$$

Die ES-Matrizen K_{eI}, K_{eII} und K_{eIII} werden entsprechend ihrer beteiligten Knoten in die GS-Matrix K_{ges} aufaddiert:

$$\begin{bmatrix} 10^4 & 0 & 0 & -10^4 & 0 & 0 & 0 & 0 & 0 & 0 & 0 & 0 \\ 0 & 12 & 6\cdot 10^3 & 0 & -12 & 6\cdot 10^3 & 0 & 0 & 0 & 0 & 0 & 0 \\ 0 & 6\cdot 10^3 & 4\cdot 10^6 & 0 & -6\cdot 10^3 & 2\cdot 10^6 & 0 & 0 & 0 & 0 & 0 & 0 \\ -10^4 & 0 & 0 & 2\cdot 10^4 & 0 & 0 & -10^4 & 0 & 0 & 0 & 0 & 0 \\ 0 & -12 & -6\cdot 10^3 & 0 & 24 & 0 & 0 & -12 & 6\cdot 10^3 & 0 & 0 & 0 \\ 0 & 6\cdot 10^3 & 2\cdot 10^3 & 0 & 0 & 8\cdot 10^6 & 0 & -6.10^3 & 2.10^6 & 0 & 0 & 0 \\ 0 & 0 & 0 & -10^4 & 0 & 0 & 10012 & 0 & 6\cdot 10^3 & -12 & 0 & 6\cdot 10^3 \\ 0 & 0 & 0 & 0 & -12 & -6\cdot 10^3 & 0 & 10012 & -6\cdot 10^3 & 0 & -10^4 & 0 \\ 0 & 0 & 0 & 0 & 6.10^3 & 2\cdot 10^6 & 6\cdot 10^3 & -6\cdot 10^3 & 8\cdot 10^6 & -6\cdot 10^3 & 0 & 2\cdot 10^6 \\ 0 & 0 & 0 & 0 & 0 & 0 & -12 & 0 & -6\cdot 10^3 & 12 & 0 & -6\cdot 10^3 \\ 0 & 0 & 0 & 0 & 0 & 0 & 0 & -10^4 & 0 & 0 & 10^4 & 0 \\ 0 & 0 & 0 & 0 & 0 & 0 & 6\cdot 10^3 & 0 & 2\cdot 10^6 & -6\cdot 10^3 & 0 & 4\cdot 10^6 \end{bmatrix} \cdot 21$$

Aufgrund der angegebenen Auflager in den Knoten 1 und 4 sind die Verschiebungen $v_1 = u_4 = v_4 = \gamma_4 = 0$ anzunehmen. Wir streichen daher aus K_{ges} die 2., 10., 11., 12. Zeile und Spalte heraus und erhalten das reduzierte Gleichungssystem

$$\begin{bmatrix} 0 \\ 0 \\ 0 \\ -600 \\ 0 \\ 0 \\ 0 \\ 0 \end{bmatrix} = 21 \cdot \begin{bmatrix} 10^4 & 0 & -10^4 & 0 & 0 & 0 & 0 & 0 \\ 0 & 4\cdot 10^6 & 0 & -6\cdot 10^3 & 2\cdot 10^6 & 0 & 0 & 0 \\ -10^4 & 0 & 2\cdot 10^4 & 0 & 0 & -10^4 & 0 & 0 \\ 0 & -6\cdot 10^3 & 0 & 24 & 0 & 0 & -12 & 6\cdot 10^3 \\ 0 & 2\cdot 10^6 & 0 & 0 & 8\cdot 10^6 & 0 & -6\cdot 10^3 & 2\cdot 10^6 \\ 0 & 0 & -10^4 & 0 & 0 & 10012 & 0 & 6\cdot 10^3 \\ 0 & 0 & 0 & -12 & -6.10^3 & 0 & 10012 & -6\cdot 10^3 \\ 0 & 0 & 0 & 6\cdot 10^3 & 2\cdot 10^6 & 6\cdot 10^3 & -6\cdot 10^3 & 8\cdot 10^6 \end{bmatrix} \cdot \begin{bmatrix} u_1 \\ \gamma_1 \\ u_2 \\ v_2 \\ \gamma_2 \\ u_3 \\ v_3 \\ \gamma_3 \end{bmatrix} .$$

Den Lösungsvektor füllen wir mit den Nullverschiebungen der Auflagerbedingungen auf und erhalten die Verschiebungen als Vektor aus 12 Komponenten (5.22)

$$\vec{w}^T = [u_1, v_1, \gamma_1, u_2, v_2, \gamma_2, u_3, v_3, \gamma_3, u_4, v_4, \gamma_4]$$

$$= [-2{,}143 \quad 0{,}0 \quad -0{,}0057 \quad -2{,}143 \quad -3{,}690 \quad 0{,}00036 \quad -2{,}143 \quad -0{,}00164 \quad 0{,}00429 \quad 0{,}0 \quad 0{,}0 \quad 0{,}0] \; [mm] \text{ bzw. } [Rad] .$$

Die Auflagerreaktionen ergeben sich, wenn wir $\vec{w}$ mit den gestrichenen Zeilen (2.,10.,11.,12. Zeile) von K_{ges} multiplizieren, denn diese Komponenten entsprechen im Kraftvektor der GS-Beziehung den Auflagerkräften bzw.-momenten.

So ist z.B. das Moment im Auflager des Knoten 4

$$M_{z4} = 21\cdot\left[0 \quad 0 \quad 0 \quad 0 \quad 0 \quad 0 \quad 6\cdot 10^3 \quad 0 \quad 2\cdot 10^6 \quad -6\cdot 10^3 \quad 0 \quad 4\cdot 10^6\right]\cdot\vec{w}$$

$$= -90000 \text{ N mm} \quad .$$

Für die anderen Auflagerkräfte ergibt sich

$$G_{y1} = 255 \text{ N} \quad , \quad G_{x4} = 0 \text{ N} \quad , \quad G_{y4} = 345 \text{ N} \quad .$$

Über die ES-Matrizen berechnen wir die Schnittkräfte in den Balken. Beispielsweise bekommen wir die Schnittgrößen für den Balken II über die ES-Beziehung $\vec{F}_{II} = K_{eII}\cdot\vec{w}_{II}$,

$$\begin{bmatrix} F_{x2} \\ F_{y2} \\ M_{z2} \\ F_{x3} \\ F_{y3} \\ M_{z3} \end{bmatrix} = 21\cdot\begin{bmatrix} 10000 & 0 & 0 & -10000 & 0 & 0 \\ 0 & 12 & 6000 & 0 & -12 & 6000 \\ 0 & 6000 & 4\cdot 10^6 & 0 & -6000 & 2\cdot 10^6 \\ -10000 & 0 & 0 & 10000 & 0 & 0 \\ 0 & -12 & -6000 & 0 & 12 & -6000 \\ 0 & 6000 & 2\cdot 10^6 & 0 & -6000 & 4\cdot 10^6 \end{bmatrix}\cdot\begin{bmatrix} -2,143 \\ -3,690 \\ 0,00036 \\ -2,143 \\ -0,00164 \\ 0,00429 \end{bmatrix}$$

$$= \left[0,0 \quad -345,0 \quad -255000,0 \quad 0,0 \quad 345,0 \quad -90000\right]^T \ [N] \text{ bzw. } [N\,mm]$$

●

5.3 Allgemeine Beschreibung der FE-Methode

Außer den besprochenen Elementtypen Stab und Balken, die bei Fachwerken eine naturgemäße Zerlegung des Bauteils in Elemente vorgeben, gibt es eine Vielzahl von weiteren Elementtypen, die je nach Problemstellung eingesetzt werden. Das hängt z.B. davon ab, ob es sich um ebene oder räumliche Probleme handelt. Es werden beispielhaft einige Elementtypen ohne ihre ES-Matrizen angegeben. Die Aufstellung der ES-Matrizen wird in Abschnitt 6.2 behandelt.

1) Der räumliche Biegestab

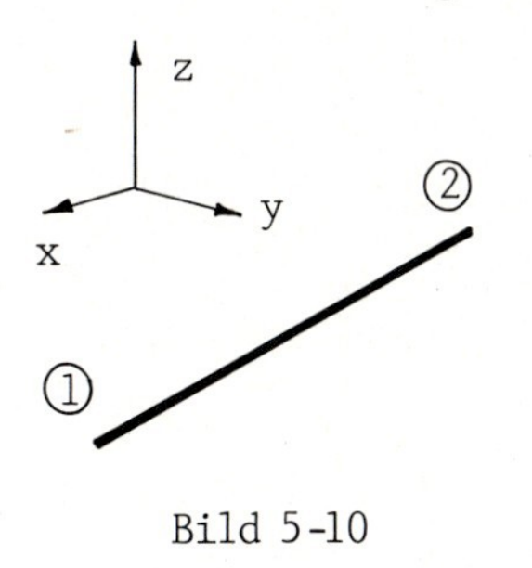

Bild 5-10

In jedem Knoten sind 3 Verschiebungen und 3 Verdrehungen zugelassen, so daß (12,12)-ES-Matrizen entstehen.

Ein Sonderfall ist z.B. der räumliche Zug-Druck-Stab, bei dem in jedem Knoten 3 Verschiebungen auftreten. Die ES-Matrix ist eine (6,6)-Matrix.

2) Das ebene Scheibendreieck mit konstanter Dicke h

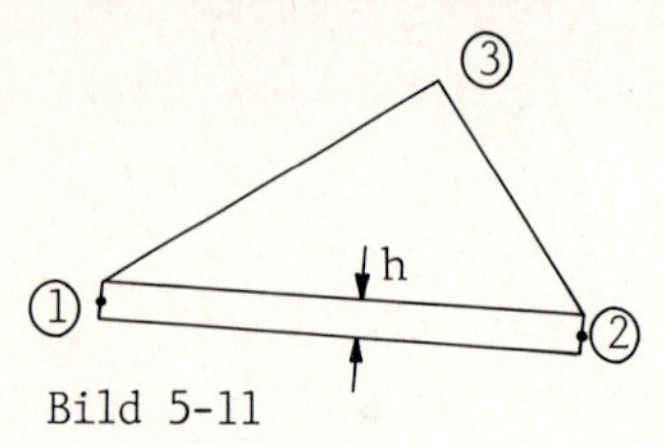

Bild 5-11

In jedem Knoten sind 2 Verschiebungen möglich, die ES-Matrix ist also eine (6,6)-Matrix.

3) Das Hexaederelement

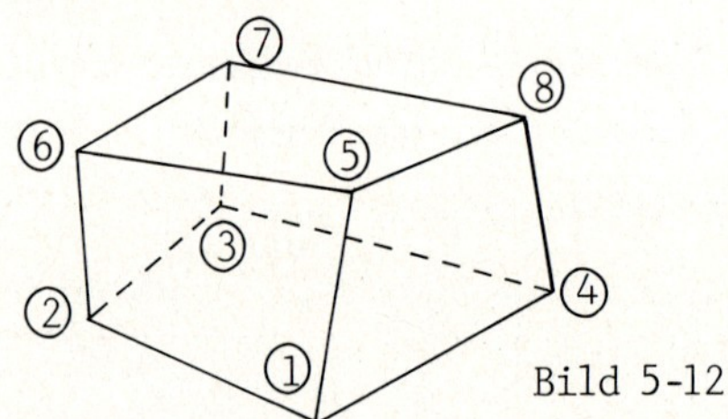

Bild 5-12

Bei 3 Verschiebungen pro Knoten entstehen (24,24)-Matrizen als ES-Matrizen.

Das Verschiebungsfeld des Elements und damit der gesamten FE-Struktur des Bauteils wird flexibler, wenn man z.B. außer den Eckpunkten des Elements weitere Zwischenpunkte als Knoten zuläßt. Der Nachteil liegt darin, daß die ES-Matrizen sehr umfangreich werden.

4) Das Dreieckselement mit Zwischenpunkten

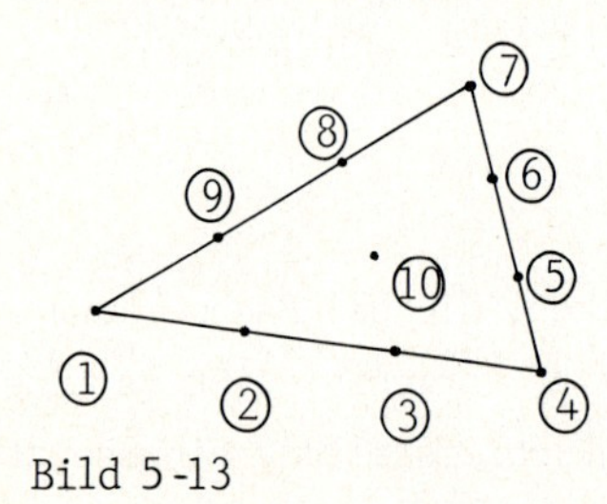

Bild 5-13

Knoten 10 liegt im Schwerpunkt der Dreiecksfläche. Bei 2 Verschiebungen pro Knoten ergeben sich schon (20,20)-Matrizen.

Der erste Schritt zur FE-Berechnung des Bauteils besteht je nach Problemstellung in der Zerlegung in bestimmte Elementtypen.

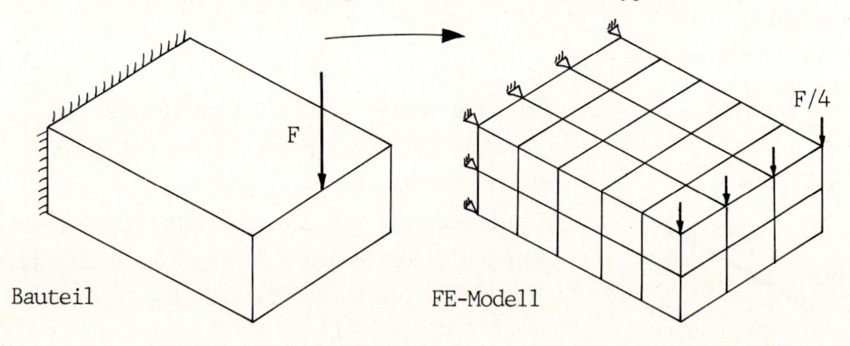

Bild 5-14

Der Balken in Bild 5-14 ist in Hexaeder zerlegt. Da dem Angriffspunkt bei dieser Zerlegung kein Knoten für die Last F entspricht, könnte man auf die Idee kommen, in den 4 benachbarten Knoten jeweils die Ersatzlast F/4 aufzubringen. Dieses Problem entsteht immer dann im FE-Modell, wenn die vorgegebenen Einzelkräfte nicht an Knotenpunkten angreifen oder wenn etwa eine Linienlast vorliegt. Man muß sich dann um Ersatzlasten bemühen, die die gleiche Wirkung haben wie die vorgelegten Lasten. Die Frage nach der gleichen Wirkung bezieht sich auf das Verhalten des Elementtyps. Das Verfahren der Ersatzlasten wird im folgenden Abschnitt behandelt.

Da die aneinander grenzenden Elemente des FE-Modells gedanklich nur durch die Knoten verbunden sind, können auch hier nur Kräfte innerhalb des Bauteils übertragen werden. Hierin zeigt sich z.B. der Modellcharakter der FE-Struktur. Jede FE-Struktur eines Bauteils macht das FE-Modell steifer als das reale Bauteil. Je feiner jedoch die Zerlegung gewählt wird, desto besser wird der reale Zustand beschrieben. Mit fortschreitender Verfeinerung konvergieren die Lösungen (Verschiebungen, Spannungen) gegen die Werte der zugehörigen Methode der Elastizitätstheorie.

Im folgenden entwickeln wir den Algorithmus, der aus dem FE-Modell zu den gesuchten Lösungen (Verschiebungen und Spannungen) führt. Wir nehmen an, daß das Bauteil in

s Elemente mit insgesamt n Knoten

zerlegt sei. Der gewählte Elementtyp habe

k Knoten pro Element und

f Freiheitsgrade pro Knoten.

Der Verschiebungsvektor im i-ten Knoten des FE-Modells ist

$$\vec{d}_i^T = \vec{d}_i^T(x_i, y_i, z_i) = [u_{i1}, u_{i2}, \dots, u_{if}] \quad .$$

Der zugehörige Kraftvektor (Kräfte und Momente) lautet

$$\vec{F}_i^T = [F_{i1}, F_{i2}, \dots, F_{if}] \quad .$$

Die ES-Matrix eines Elements lautet

$$\begin{bmatrix} \vec{F}_1 \\ \vec{F}_2 \\ \vdots \\ \vec{F}_k \end{bmatrix} = \begin{bmatrix} K_{11} & K_{12} & \dots & K_{1k} \\ K_{21} & \dots & & \vdots \\ \vdots & & & \\ K_{k1} & K_{k2} & \dots & K_{kk} \end{bmatrix} \cdot \begin{bmatrix} \vec{d}_1 \\ \vec{d}_2 \\ \vdots \\ \vec{d}_k \end{bmatrix} \quad . \qquad (5.23)$$

Die quadratischen Untermatrizen K_{ij} , i,j=1,...,k , sind (f,f)-Matrizen, die gesamte ES-Matrix ist daher eine (k·f,k·f)-Matrix.

Um den weiteren Ablauf einfacher beschreiben zu können, nehmen wir ES-Matrizen mit 2 Knoten und 2 Freiheitsgraden je Knoten an:

$$\begin{bmatrix} \vec{F}_1 \\ \vec{F}_2 \end{bmatrix} = \begin{bmatrix} K_{11} & K_{12} \\ K_{21} & K_{22} \end{bmatrix} \cdot \begin{bmatrix} \vec{d}_1 \\ \vec{d}_2 \end{bmatrix} , \quad \vec{F}_i = \begin{bmatrix} F_{i1} \\ F_{i2} \end{bmatrix} , \quad \vec{d}_i = \begin{bmatrix} u_i \\ v_i \end{bmatrix} , \quad i=1,2 ,$$

kurz

$$\vec{F}_e = K_e \cdot \vec{w}_e \tag{5.24}$$

Wir nehmen weiter an, daß die ES-Matrix K_e mit Hilfe der Transformationsmatrix T_e schon auf das globale Koordinatensystem bezogen ist. Betrachten wir nun einen beliebigen Knoten i aus der FE-Struktur unseres Bauteils. Im Knoten i treffen L Elemente zusammen. Wiederum der Einfachheit halber wollen wir die angrenzenden Elemente und Knoten von 1 bis L durchnumerieren. Als Elemente sind in Bild 5-15 Stäbe gewählt. Der Knoten i erfährt die Verschiebung $\vec{d}_i$. Im Knoten i greift der Kraftvektor $\vec{G}_i^T = [G_1, G_2]$ an.

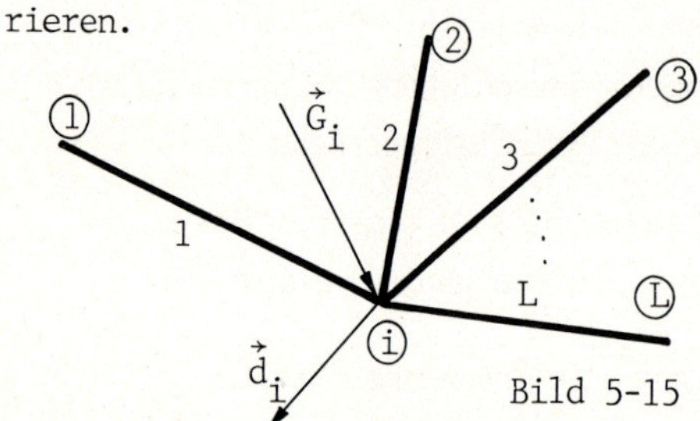

Bild 5-15

Für $\vec{G}_i$ gibt es 3 Möglichkeiten:

a) $\vec{G}_i$ ist eine im Knoten i vorgegebene äußere Belastung ,

b) $\vec{G}_i$ bedeutet die unbekannte Auflagerreaktion im Knoten i, wenn dort ein Auflager vorliegt(Randbedingung) ,

c) $\vec{G}_i$ ist der Nullvektor .

Jedes an den Knoten i angrenzende Element überträgt innere Kräfte bzw. Momente nach i. Von den Elementen 1 bis L werden also die inneren Kräfte und Momente $\vec{F}_i^{(1)}$, $\vec{F}_i^{(2)}$, ... , $\vec{F}_i^{(L)}$ in i übertragen. Der hochgestellte Index gibt das beteiligte Element an, der untere Index i zeigt den Knoten an,in dem die Kräfte wirken. Schneiden wir den Knoten i aus dem Bauteil heraus, muß Gleichgewicht aller an i beteiligten Kräfte herrschen:

$$\vec{G}_i = \vec{F}_i^{(1)} + \vec{F}_i^{(2)} + \ldots + \vec{F}_i^{(L)} \tag{5.25}$$

Eine solche Gleichgewichtsbedingung muß für alle Knoten des FE-Modells gelten, d.h. i = 1,...,n . Die anteiligen Kräfte $\vec{F}_i^{(j)}$, j = 1,...,L können wir über die ES-Beziehungen der an i beteiligten Elemente durch Verschiebungen ausdrücken. Wir schreiben dazu die ES-Beziehung (5.24), die sich auf Knoten mit den Nummern 1 und 2 bezieht, auf Knotennummern i und j um:

$$\begin{bmatrix} \vec{F}_i \\ \vec{F}_j \end{bmatrix} = \begin{bmatrix} K_{ii} & K_{ij} \\ K_{ji} & K_{jj} \end{bmatrix} \cdot \begin{bmatrix} \vec{d}_i \\ \vec{d}_j \end{bmatrix} \quad , \; j = 1,\ldots,L \quad . \tag{5.26}$$

Der Vektor $\vec{F}_i^{(j)}$ aus (5.25), $j=1,\ldots,L$ entspricht dem Vektor $\vec{F}_i$ aus (5.26), es ergibt sich also

$$\vec{F}_i^{(j)} = K_{ii}^{(j)} \cdot \vec{d}_i + K_{ij}^{(j)} \cdot \vec{d}_j \quad , \; j=1,\ldots,L \quad . \tag{5.27}$$

Wir müssen hier den hochgestellten Index (j) einführen, da sich sonst die verschiedenen K_{ii} der am Knoten beteiligten ES-Matrizen nicht unterscheiden lassen. Wir formen nun die Gleichgewichtsbedingung (5.25) mit Hilfe von (5.27) um:

$$\vec{G}_i = \sum_{j=1}^{L} (K_{ii}^{(j)} \cdot \vec{d}_i) + K_{i1}^{(1)} \cdot \vec{d}_1 + K_{i2}^{(2)} \cdot \vec{d}_2 + \ldots + K_{iL}^{(L)} \cdot \vec{d}_L \tag{5.28}$$

Mit (5.28) bauen wir eine Matrizenbeziehung der Form

$$\begin{bmatrix} \vec{G}_1 \\ \vec{G}_2 \\ \vdots \\ \vec{G}_n \end{bmatrix} = K_{ges} \cdot \begin{bmatrix} \vec{d}_1 \\ \vec{d}_2 \\ \vdots \\ \vec{d}_n \end{bmatrix} \quad \text{auf} \; . \tag{5.29}$$

Die Matrix K_{ges} ist eine $(n \cdot f, n \cdot f)$-Matrix und heißt die *Gesamtsteifigkeitsmatrix (GS-Matrix)*. Die Gleichung (5.28) entspricht dabei der i-ten Zeile von (5.29). (5.28) besteht tatsächlich aus f Zeilen, entsprechend der Anzahl Freiheitsgrade am Knoten i, wir haben der Einfachheit halber mit (5.24) $f = 2$ vereinbart. Wir erweitern (5.28) zur i-ten Zeile von (5.29):

$$\vec{G}_i = \left[K_{i1}^{(1)} \; K_{i2}^{(2)} \; \ldots \; K_{iL}^{(L)} \; \mathcal{O} \ldots \mathcal{O} \; \sum_{j=1}^{L} K_{ii}^{(j)} \; \mathcal{O} \ldots \mathcal{O} \right] \cdot \begin{bmatrix} \vec{d}_1 \\ \vdots \\ \vec{d}_L \\ \vdots \\ \vec{d}_i \\ \vdots \\ \vec{d}_n \end{bmatrix} \quad . \tag{5.30}$$

$\mathcal{O}$ bedeutet die Nullmatrix $\begin{bmatrix} 0 & 0 \\ 0 & 0 \end{bmatrix}$.

Diesen Vorgang führen wir für alle Knoten, d.h. $i = 1,\ldots,n$ durch und erhalten damit die GS-Matrix K_{ges}.

Diese Konstruktion von K_{ges} ist knotenorientiert, d.h. es werden die Gleichgewichtsbedingungen in den Knoten nacheinander abgearbeitet. Bei der sogenannten Frontlösungsmethode wird dieser Weg beschritten. Die Frontlösungsmethode ist ein Lösungsvefahren für das Gleichungssystem (5.29) auf der Basis des Cholesky-Verfahrens, wobei während der Konstruktion von K_{ges} die Matrix auf Dreiecksform gebracht wird.

Formal übersichtlicher läßt sich K_{ges} aufbauen, wenn wir nicht knotenweise, sondern elementweise vorgehen. Die beteiligten ES-Matrizen der Elemente werden auf K_{ges} aufaddiert, die zunächst eine Nullmatrix ist. Wir betrachten die ES-Matrix des Elements vom Knoten i zum Knoten j in (5.26). Tragen wir z.B. diese ES-Matrix zuerst in die anfänglich leere GS-Matrix K_{ges} ein, haben wir das folgende Bild:

$$\begin{bmatrix} \vec{G}_1 \\ \vdots \\ \vec{G}_i \\ \vdots \\ \vec{G}_j \\ \vdots \\ \vec{G}_n \end{bmatrix} = \begin{bmatrix} & \overset{i}{\vdots} & & \overset{j}{\vdots} & \\ \cdots & K_{ii}^{(1)} & \cdots & K_{ij}^{(1)} & \cdots \\ & \vdots & & \vdots & \\ \cdots & K_{ji}^{(1)} & \cdots & K_{jj}^{(1)} & \cdots \\ & \vdots & & \vdots & \end{bmatrix} \cdot \begin{bmatrix} \vec{d}_1 \\ \vdots \\ \vec{d}_i \\ \vdots \\ \vec{d}_j \\ \vdots \\ \vec{d}_n \end{bmatrix} \begin{matrix} \\ \\ — i \\ \\ — j \\ \\ \\ \end{matrix} \tag{5.31}$$

Wenn wir danach z.B. die ES-Matrix des Elements vom Knoten j zum Knoten k in K_{ges} eintragen, addieren wir die Untermatrizen entsprechend ihrer beteiligten Indices j und k auf K_{ges}:

$$\begin{bmatrix} \vec{G}_1 \\ \vdots \\ \vec{G}_i \\ \vdots \\ \vec{G}_j \\ \vdots \\ \vec{G}_k \\ \vdots \\ \vec{G}_n \end{bmatrix} = \begin{bmatrix} & & & & \\ \cdots & K_{ii}^{(1)} & \cdots & K_{ij}^{(1)} & \cdots & \\ \cdots & K_{ji}^{(1)} & \cdots & (K_{jj}^{(1)} + K_{jj}^{(2)}) & \cdots & K_{jk}^{(2)} & \cdots \\ & \cdots & & K_{kj}^{(2)} & \cdots & K_{kk}^{(2)} & \cdots \\ & & & & \end{bmatrix} \cdot \begin{bmatrix} \vec{d}_1 \\ \vdots \\ \vec{d}_i \\ \vdots \\ \vec{d}_j \\ \vdots \\ \vec{d}_k \\ \vdots \\ \vec{d}_n \end{bmatrix} \tag{5.32}$$

Nach Plazierung aller ES-Matrizen der FE-Struktur ist K_{ges} erstellt. Man macht sich schnell klar, daß das Ergebnis das gleiche ist wie über die Gleichungen (5.30). Man mache sich aber klar, daß die K_{ij} (2,2)-Untermatrizen sind, bei f Freiheitsgraden pro Knoten aber allgemein (f,f)-Matrizen. Mit den Abkürzungen $\vec{G}^T = [\vec{G}_1, \vec{G}_2, \ldots, \vec{G}_n]$ und $\vec{w}^T = [\vec{d}_1, \vec{d}_2, \ldots, \vec{d}_n]$ ergibt sich für die GS-Beziehung:

$$\vec{G} = K_{ges} \cdot \vec{w} \tag{5.33}$$

Die Vektoren $\vec{G}$ und $\vec{w}$ bestehen aus $n \cdot f$ Komponenten. Die Matrix K_{ges} ist symmetrisch, da erstens die ES-Matrizen symmetrisch sind und zweitens das Eintragen der ES-Matrizen in K_{ges} ein symmetrischer Vorgang ist.

Wie wir direkt aus (5.31) erkennen können, hängt die Lage einer ES-Matrix innerhalb K_{ges} nur von der Numerierung der beteiligten Knoten ab. Wir erläutern dies mit einem Beispiel.

● Beispiel 5.2 : *Ein Stab sei durch 100 Knoten in Balkenelemente zerlegt. Normalerweise wird man die Knoten von links nach rechts aufsteigend durchnumerieren:*

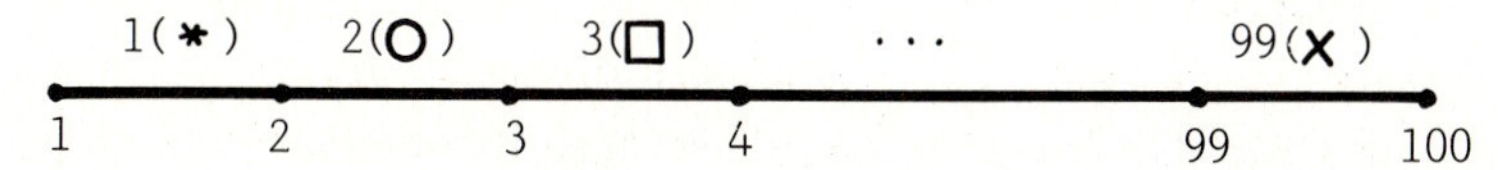

Die Plazierung der ES-Matrizen, deren Untermatrizen durch Symbole gekennzeichnet sind, ergibt Bild 5-16 *für die GS-Matrix* K_{ges}*:*

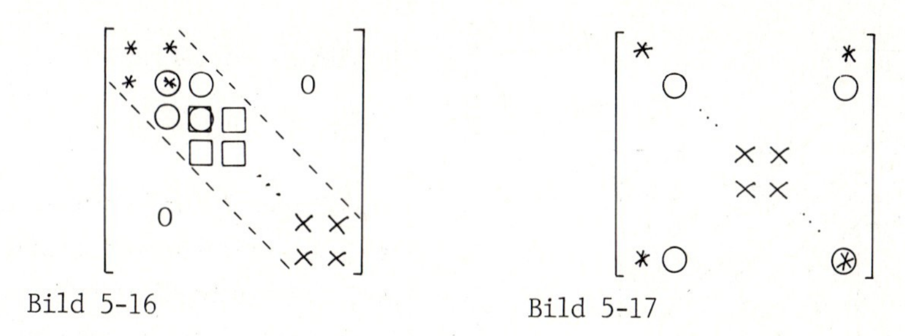

Bild 5-16 Bild 5-17

Die folgende Knotennumerierung liefert für K_{ges} *eine Matrix, die in allen Nebendiagonalen mit Untermatrizen irgendwelcher ES-Matrizen besetzt ist, wie Bild* 5-17 *zeigt:*

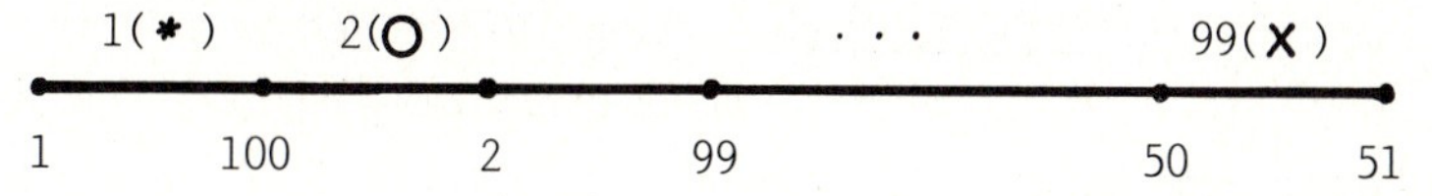

Wir erkennen folgendes: Sind die Differenzen der an einem Element beteiligten Knotennummern klein, wird die ES-Matrix in der Nähe der Hauptdiagonalen von K_{ges} *plaziert. Je größer die Knotenzahldifferenz innerhalb eines Elements ist, desto weiter rücken die Untermatrizen der ES-Matrix von der Hauptdiagonalen weg. Die beiden Numerierungsbeispiele zeigen den günstigsten und ungünstigsten Fall. Im günstigsten Fall sind, wie Bild* 5-16 *zeigt, die ES-Matrizen direkt um die Hauptdiagonale angeordnet und*

außerhalb dieses Bandes besteht K_{ges} nur aus Nullen. ●

Die Knotenzahldifferenz eines Elements ist die Differenz der größten und kleinsten Knotennummer der beteiligten Knoten. So hat z.B. das Element mit den Knotennummern 4 , 7 , 9 , 12 die Knotenzahldifferenz 8. Das Maximum der Knotenzahldifferenz aller Elemente einer FE-Struktur heißt die maximale Knotenzahldifferenz der Struktur. Sie gibt Auskunft über die Anzahl der mit Zahlen ungleich Null besetzten Diagonalen. Sei k_e die Knotenzahldifferenz eines Elements und f der Freiheitsgrad der Knoten, so erzeugt dieses Element $2\cdot(k_e + 1)\cdot f-1$ besetzte Diagonalen in K_{ges}. Sei m die maximale Knotenzahldifferenz der Struktur, hat die GS-Matrix K_{ges} genau $2\cdot(m + 1)\cdot f -1$ besetzte Diagonalen einschließlich der Hauptdiagonalen. Da K_{ges} eine symmetrische Matrix ist, interessieren wir uns nur für die Hauptdiagonale und die darüber liegenden besetzten Nebendiagonalen. Das sind insgesamt $(m + 1)\cdot f$ Diagonalen.

Für K_{ges} ergibt sich nach Eintragen der ES-Matrizen folgende Struktur:

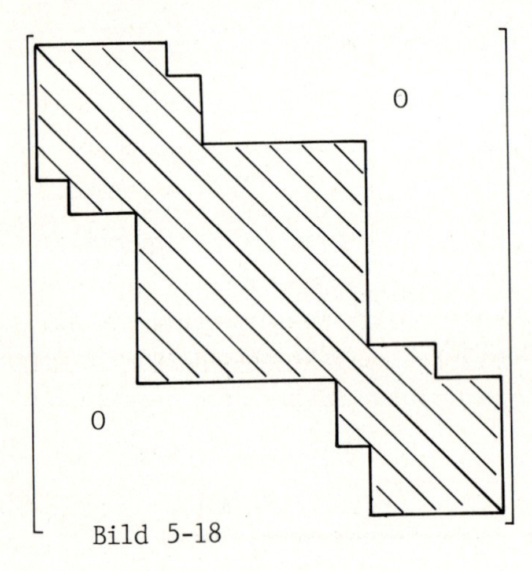

Bild 5-18

Je kleiner die Anzahl

$$m_b = (m + 1)\cdot f \quad , \tag{5.34}$$

Hauptdiagonale und darüber liegende besetzte Nebendiagonalen, ist, desto schneller ist das zugehörige Gleichungssystem (5. 33) zu lösen, da man das Cholesky-Verfahren auf die besetzten Diagonalen beschränken kann. Im übrigen braucht man in einem FEM-Programm dann nur diese Diagonalen zu speichern.

Man sollte deswegen darauf achten, daß die Numerierung der FE-Struktur des Bauteils hinsichtlich der maximalen Knotenzahldifferenz möglichst optimal gewählt wird. Dadurch läßt sich viel Speicherplatz und Rechenzeit sparen.

● Beispiel 5.3: *Eine Rechteckscheibe soll in Rechteckelemente zerlegt und optimal numeriert werden. Die Zerlegung ist gegeben. Wir geben 2 Numerierungsmöglichkeiten an.*

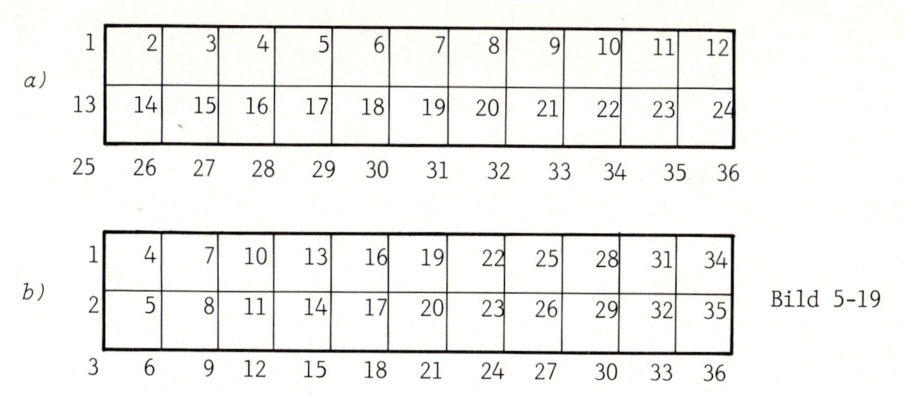

Bild 5-19

Im Fall a) beträgt die maximale Knotenzahldifferenz 13, im Fall b) 4. Der Fall b) stellt die optimale Knotennumerierung dar.
Das FE-Modell besteht aus $s = 22$ Elementen und $n = 36$ Knoten. Nehmen wir an, daß es sich um ein ebenes Problem handelt und daß Verschiebungen in x- und y-Richtung möglich sind. Der Knotenfreiheitsgrad ist also $f = 2$. Die GS-Matrix K_{ges} ist eine (72,72)-Matrix. Im Fall a) sind mit (5.34) $m_b = 28$ Diagonalen zu speichern, im Fall b) nur 10. ●

Nachdem wir die GS-Matrix K_{ges} aus den ES-Matrizen erzeugt haben, müssen wir das Gleichungssystem (5.33) vervollständigen. Wir müssen in die Vektoren $\vec{G}$ und $\vec{w}$ die bekannten Größen eintragen. Wie schon erwähnt sind die $\vec{G}_i$, $i = 1,\dots,n$ entweder der Nullvektor oder eine bekannte Knotenlast oder aber unbekannte Auflagerkräfte. Wir nehmen o.B.d.A. an, daß in (5.33) die ersten m Kraftvektoren $\vec{G}_i$, $i = 1,\dots,m$ Auflagerkräfte sind, d.h. die Knoten 1 bis m sind Auflager. Wir versehen sie mit einem Stern, also

$$\vec{G}^T = [\vec{G}_1^* , \vec{G}_2^* , \dots , \vec{G}_m^* , \vec{G}_{m+1} , \dots , \vec{G}_n] .$$

Dabei haben wir außerdem angenommen, daß in einem Knoten alle Freiheitsgrade fest sind, wenn er Auflagerknoten ist. Im allgemeinen können aber einzelne Freiheitsgrade eines Auflagerknotens frei bleiben.

Von dem Verschiebungsvektor $\vec{w}$ können wir daher für die Vektoren $\vec{d}_i$, $i = 1,\dots,m$ jeweils den Nullvektor setzen, die $\vec{d}_i$, $i = m+1,\dots,n$ sind als Unbekannte anzusetzen, also

$$\vec{w}^T = [\vec{0} , \vec{0} , \dots , \vec{0} , \vec{d}_{m+1}, \dots , \vec{d}_n] .$$

Die Gleichung (5.33) gestaltet sich daher zu

$$
\begin{array}{l}
\text{unbekannt}\left\{\begin{array}{l} \\ \\ \\ \\ \end{array}\right. \\
\text{bekannt}\left\{\begin{array}{l} \\ \\ \\ \end{array}\right.
\end{array}
\begin{bmatrix} \vec{G}_1^* \\ \vec{G}_2^* \\ \vdots \\ \vec{G}_m^* \\ \vec{G}_{m+1} \\ \vdots \\ \vec{G}_n \end{bmatrix}
=
\left[\begin{array}{c|c} K_a & K_{auf} \\ \hline K_b & K_{red} \end{array}\right]
\cdot
\begin{bmatrix} \vec{0} \\ \vec{0} \\ \vdots \\ \vec{0} \\ \vec{d}_{m+1} \\ \vdots \\ \vec{d}_n \end{bmatrix}
\begin{array}{l}
\left.\begin{array}{l} \\ \\ \\ \\ \end{array}\right\}\text{bekannt (Auflager)} \\
\left.\begin{array}{l} \\ \\ \\ \end{array}\right\}\text{unbekannt}
\end{array}
\quad . \qquad (5.35)
$$

Entsprechend der Gruppe bekannter und unbekannter Kräfte und Verschiebungen zerlegen wir die Matrix K_{ges} in die 4 Untermatrizen K_a , K_b , K_{auf} und K_{red}.

Das Gleichungssystem (5.35) enthält die unbekannten Vektoren $\vec{G}_1^*$, $\vec{G}_2^*$, ... , $\vec{G}_m^*$, $\vec{d}_{m+1}$, ... , $\vec{d}_n$, das sind $n \cdot f$ unbekannte Skalare. Durch Umordnen des Gleichungssystems, also der Matrix K_{ges} könnten wir alle Unbekannten auf die rechte Seite von (5.35) bringen und dann das System lösen. Es bietet sich aber der folgende einfache Lösungsweg an, der aufgrund der Anordung der Untermatrizen in (5.35) leicht zu erkennen und durchzuführen ist.

① Wir lösen zunächst das sogenannte *reduzierte Gleichungssystem*

$$
\begin{bmatrix} \vec{G}_{m+1} \\ \vdots \\ \vec{G}_n \end{bmatrix} = K_{red} \cdot \begin{bmatrix} \vec{d}_{m+1} \\ \vdots \\ \vec{d}_n \end{bmatrix} \quad . \qquad (5.36)
$$

Die Unbekannten sind hier die Komponenten der Verschiebungsvektoren $\vec{d}_{m+1}$, ... , $\vec{d}_n$, bei f Freiheitsgraden pro Knoten sind dies $(n-m) \cdot f$ Gleichungen mit ebenso vielen Unbekannten. Mit der Lösung dieses Gleichungssystems sind die Deformationen (Verschiebungen , Verdrehungen) des Bauteils in den Knoten des FE-Modells bekannt.

② Die unbekannten Auflagerreaktionen $\vec{G}_1^*$, ... , $\vec{G}_m^*$ finden wir sofort durch Einsetzen der gerade berechneten Verschiebungen $\vec{d}_{m+1}$, ... , $\vec{d}_n$ in die Beziehung

$$
\begin{bmatrix} \vec{G}_1^* \\ \vdots \\ \vec{G}_m^* \end{bmatrix} = K_{auf} \cdot \begin{bmatrix} \vec{d}_{m+1} \\ \vdots \\ \vec{d}_n \end{bmatrix} \quad , \qquad (5.37)
$$

die wir auch aus (5.35) ablesen können. Damit ist das Gleichungssystem (5.35) gelöst.

③ Nun können wir auch die Verzerrungen und Spannungen berechnen. Nehmen wir den allgemeinen Fall, d.h. ein dreidimensionales Bauteil an, lauten die Verschiebungen in den Knoten

$$\vec{d}_i^T = [u_i , v_i , w_i] \quad , \quad i=1,\ldots,n \ .$$

Wie in Abschnitt 6.2 entwickelt wird, gehört zu jedem Elementtyp ein Ansatz für das Verschiebungsfeld, das wir daher als bekannt voraussetzen können:

$$\vec{d} = \vec{d}(x,y,z) = \begin{bmatrix} u(x,y,z) \\ v(x,y,z) \\ w(x,y,z) \end{bmatrix} \quad (5.38)$$

Dabei gilt

$$\vec{d}_i = \begin{bmatrix} u_i \\ v_i \\ w_i \end{bmatrix} = \begin{bmatrix} u(x_i,y_i,z_i) \\ v(x_i,y_i,z_i) \\ w(x_i,y_i,z_i) \end{bmatrix} \quad , \ i=1,\ldots,n \ .$$

Über die Beziehungen (3.21) , (3.29) , (3.30) können wir für jeden Punkt des Bauteils die Verzerrungen und Spannungen berechnen:

$$\vec{\varepsilon} = B \cdot \vec{d} \quad ,$$

$$\vec{\sigma} = D \cdot B \cdot \vec{d} \quad .$$

Mit der Kenntnis des Spannungsvektors $\vec{\sigma}^T = [\sigma_{xx}, \sigma_{yy}, \ldots, \tau_{zx}]$ ist es uns mit den Entwicklungen in den Abschnitten 2.2 und 2.3 möglich, die Hauptnormalspannungen mit den Hauptspannungsebenen in den gewünschten Punkten zu bestimmen.

Nun ist es im allgemeinen Fall nicht so, daß die ersten m Knoten die m Auflager bedeuten, sondern die Auflagerknoten sind beliebig in die Numerierungsfolge von 1 bis n eingestreut. Dies macht es natürlich schwierig, die Untermatrix K_{red} zur Lösung der unbekannten Verschiebungen aus K_{ges} zu isolieren. Wir betrachten daher einen anderen Lösungsweg, die Auflagerbedingungen einzuarbeiten. Nehmen wir ein Auflager im Knoten i mit $\vec{d}_i = \vec{0}$ an, wobei der Einfachheit halber wieder f = 2 sei, also $\vec{d}_i^T = [u_i , v_i] = [0 , 0]$. Wir schreiben das Gleichungssystem (5.33) noch einmal hin, indem wir nur die am Knoten i beteiligten Untermatrizen in K_{ges} sichtbar eintragen:

$$\begin{bmatrix} \vec{G}_1 \\ \vdots \\ \vec{G}_i \\ \vdots \\ \vec{G}_n \end{bmatrix} = \begin{bmatrix} & & & K_{1i} & & \\ & & & \vdots & & \\ K_{i1} & K_{i2} & \ldots & K_{ii} & \ldots & K_{in} \\ & & & \vdots & & \\ & & & K_{ni} & & \end{bmatrix} \cdot \begin{bmatrix} \vec{d}_1 \\ \vdots \\ \vec{0} \\ \vdots \\ \vec{d}_n \end{bmatrix} \quad (5.39)$$

Bei f = 2 besteht die eingetragene Zeile und Spalte aus je 2 Zeilen bzw. 2 Spalten. Wir ändern das Gleichungssystem wie folgt:

a) Der unbekannte Vektor $\vec{G}_i$ wird als Nullvektor eingetragen.
b) Der Nullvektor $\vec{d}_i$ wird als unbekannter Vektor geführt.
c) Die zum Index gehörenden Zeilen und Spalten werden bis auf die beteiligten Diagonalelemente auf 0 gesetzt. Die Diagonalelemente bekommen den Wert 1.

Dann haben wir folgendes Bild (f=2):

$$\begin{bmatrix} \vec{G}_1 \\ \vdots \\ \vec{G}_{i-1} \\ \vec{0} \\ \vec{G}_{i+1} \\ \vdots \\ \vec{G}_n \end{bmatrix} = \begin{bmatrix} & & & 0\ 0 & & & \\ & & & \vdots & & & \\ & & & 0\ 0 & & & \\ 0\ 0 & \dots & 0 & 1\ 0 & 0 & \dots & 0 \\ 0\ 0 & \dots & 0 & 0\ 1 & 0 & \dots & 0 \\ & & & 0\ 0 & & & \\ & & & \vdots & & & \\ & & & 0\ 0 & & & \end{bmatrix} \cdot \begin{bmatrix} \vec{d}_1 \\ \vdots \\ \vec{d}_{i-1} \\ \vec{d}_i \\ \vec{d}_{i+1} \\ \vdots \\ \vec{d}_n \end{bmatrix} \quad (5.40)$$

Dies wird für alle Auflagerknoten durchgeführt. Dieses neue Gleichungssystem bringt nun für den Auflagerknoten i den Verschiebungsvektor $\vec{d}_i = \vec{0}$. Für die anderen Knoten ergeben sich dieselben Verschiebungsvektoren wie vorher. Für die Automatenrechnung ist dieses Verfahren sehr bequem und einfach zu handhaben. Der Nachteil, daß man nicht mit K_{red}, sondern mit einer Matrix der Größenordnung von K_{ges} rechnen muß, spielt bei üblicherweise großen FE-Strukturen, die vergleichsweise wenige Auflagerknoten enthalten, kaum eine Rolle.

Der Nachteil dieses Verfahrens liegt darin, daß wir nun nicht mehr die Auflagerreaktionen berechnen können, da in (5.40) genau die Teilmatrix K_{auf} aus (5.35) zerstört wird. Legt man aber Wert auf die Auflagerreaktionen, kann man vor dem Aufbau der Matrix in (5.40) die Teilmatrix K_{auf} in einer externen Datei speichern, um sie später zur Berechnung der Auflagerkräfte wieder einzulesen.

5.4 Ersatzlasten

Bei der Beschreibung des FE-Verfahrens in den Abschnitten 5.1 bis 5.3 haben wir vorausgesetzt, daß die vorgegebenen Lasten (Kräfte und Momente) nur als Einzellasten in Knoten angreifen können. Wir erläutern am Beispiel des Balkens, daß Lasten auch an anderen Punkten zugelassen werden können und z.B. auch Streckenlasten erlaubt sind.

① Senkrechte Einzellast:

Die einfachste Lösung besteht darin, den Balken, an dem die Last angreift, in 2 Balken zu zerlegen, wobei der Zwischenknoten in den Angriffspunkt der Last gelegt wird.

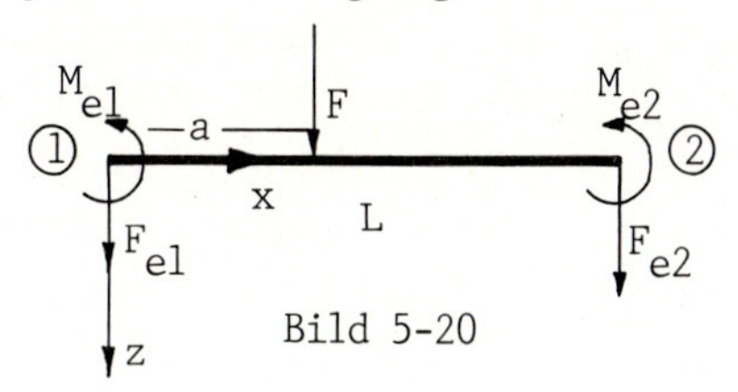

Bild 5-20

Wir wollen den Balken von Knoten 1 nach Knoten 2 bestehen lassen und nach den Ersatzkräften F_{e1} , F_{e2} und **den** Ersatzmomenten M_{e1} , M_{e2} fragen, die in den beiden Knotenpunkten dieselben Verschiebungen w_1 , w_2 und Verdrehungen ϕ_1 , ϕ_2 hervorrufen wie die Kraft F. Nach (4.50) und (4.52) in Beispiel 4.13 haben wir

$$w_1 = \frac{L^3 \cdot F_{e1}}{3E \cdot I_y} + \frac{L^2 \cdot M_{e1}}{2E \cdot I_y}$$

$$\phi_1 = \frac{L^2 \cdot F_{e1}}{2E \cdot I_y} + \frac{L \cdot M_{e1}}{E \cdot I_y}$$

Hierbei ist Knoten 2 eingespannt.

$$w_2 = \frac{L^3 \cdot F_{e2}}{3E \cdot I_y} - \frac{L^2 \cdot M_{e2}}{2E \cdot I_y}$$

$$\phi_2 = -\frac{L^2 \cdot F_{e2}}{2E \cdot I_y} + \frac{L \cdot M_{e2}}{E \cdot I_y} \qquad (5.41)$$

Hierbei ist Knoten 1 eingespannt.

Wir betrachten den Balken jetzt unter der Last F, wobei zuerst Knoten 2 eingespannt sei:

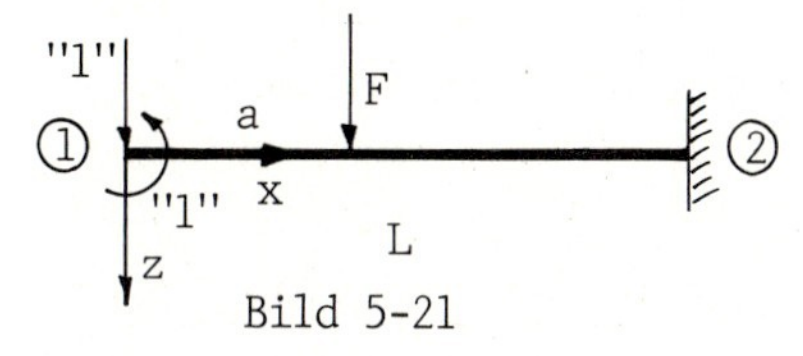

Bild 5-21

Wir berechnen die Absenkung und Verdrehung nach der Einheitslastmethode. Als erstes nehmen wir in Knoten 1 die Einheitslast "1" an:

$$\tilde{w}_1 = \frac{F}{E \cdot I_y} \cdot \int_a^L -x \cdot (a - x)\, dx = \frac{F}{E \cdot I_y} \cdot \left(\frac{1}{3} L^3 - \frac{1}{2} \cdot a \cdot L^2 + \frac{1}{6} \cdot a^3\right)$$

Zur Berechnung von $\tilde{\phi}_1$ nehmen wir in Knoten 1 das Einheitsmoment "1" an:

$$\tilde{\phi}_1 = \frac{F}{E \cdot I_y} \cdot \int_a^L -(a - x)\, dx = \frac{F}{E \cdot I_y} \cdot \left(\frac{1}{2} \cdot L^2 - a \cdot L + \frac{1}{2} \cdot a^2\right) .$$

Nun spannen wir den Balken in Knoten 1 ein:

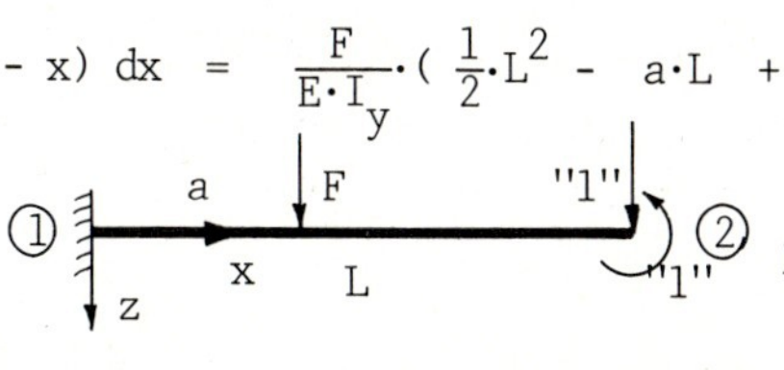

a F "1" ① ② x L "1" z

Bild 5-22

Einheitslast "1" in Knoten 2:

$$\tilde{w}_2 = \frac{F}{E \cdot I_y} \int_0^a (x-a) \cdot (x-L)\, dx = \frac{F}{E \cdot I_y} \cdot \left(\frac{a^3}{3} - \frac{a+L}{2} \cdot a^2 + a^2 \cdot L \right) \quad .$$

Einheitsmoment "1" am Knoten 2:

$$\tilde{\phi}_2 = \frac{F}{E \cdot I_y} \cdot \int_0^a (x - a)\, dx = - \frac{F \cdot a^2}{2E \cdot I_y} \quad .$$

Der Vergleich $w_1 = \tilde{w}_1$, ... , $\phi_2 = \tilde{\phi}_2$ ergibt die gesuchten Ersatzlasten:

$$F_{e1} = \frac{F}{L^3} \cdot (L - a)^2 (L + 2a)$$

$$M_{e1} = - \frac{F}{L^2} \cdot a \cdot (L - a)^2$$

$$F_{e2} = \frac{F}{L^3} \cdot a^2 \cdot (3L - 2a)$$

$$M_{e2} = \frac{F}{L^2} \cdot a^2 \cdot (L - a) \qquad (5.42)$$

② Streckenlast:

Vorgegeben ist eine konstante senkrechte über der Balkenlänge L wirkende Streckenlast $q(x) = q_0$.

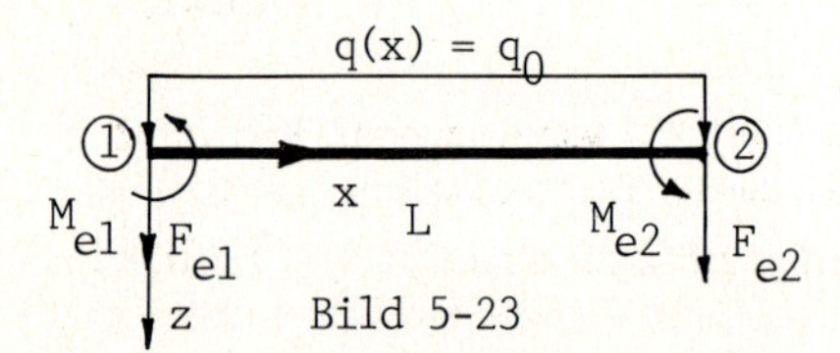

Bild 5-23

Für die Ersatzlasten benutzen wir wieder die Gleichungen (5.41) .

Wir spannen den Balken in Knoten 2 ein und setzen in Knoten 1 eine Einheitslast "1" bzw. ein Einheitsmoment "1" an. Die Einheitslastmethode bringt

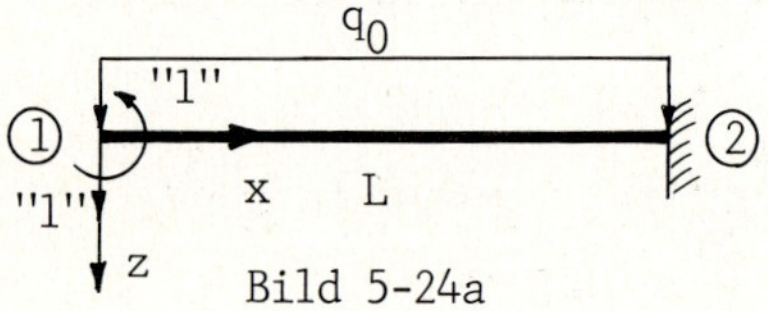

Bild 5-24a

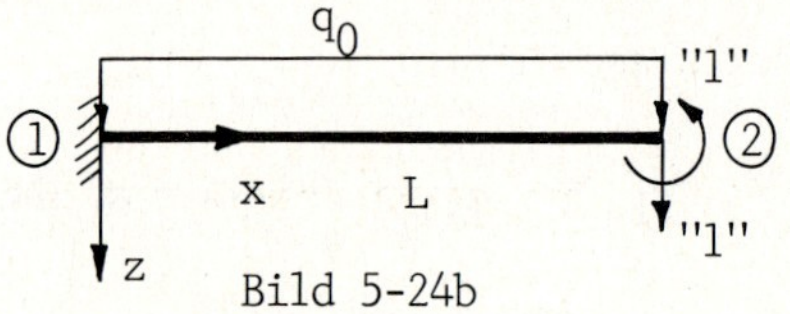

Bild 5-24b

$$\tilde{w}_1 = \frac{1}{E \cdot I_y} \cdot \int_0^L (-x)(- \tfrac{1}{2} q_0 x^2)\, dx = \frac{q_0 \cdot L^4}{8E \cdot I_y}$$

$$\tilde{\phi}_1 = \frac{1}{E \cdot I_y} \cdot \int_0^L (-1)(- \tfrac{1}{2} q_0 x^2)\, dx = \frac{q_0 \cdot L^3}{6E \cdot I_y} \quad .$$

Umgekehrt spannen wir jetzt den Balken in Knoten 1 ein und bringen eine Einheitslast bzw. ein Einheitsmoment auf Knoten 2 (Bild 5-24b):

$$\tilde{w}_2 = \frac{1}{E \cdot I_y} \cdot \int_0^L q_0 (L \cdot x - \frac{L^2}{2} - \frac{x^2}{2})(x-L)\, dx = \frac{q_0 \cdot L^4}{8E \cdot I_y}$$

$$\tilde{\phi}_2 = \frac{1}{E \cdot I_y} \cdot \int_0^L q_0 (L \cdot x - \frac{L^2}{2} - \frac{x^2}{2})\, dx = -\frac{q_0 \cdot L^3}{6E \cdot I_y} .$$

Wir vergleichen diese 4 Werte mit denen aus (5.41) und erhalten daraus die Ersatzlasten in den Knoten:

$$F_{e1} = \frac{q_0 \cdot L}{2} , \quad M_{e1} = -\frac{q_0 \cdot L^2}{12}$$

$$F_{e2} = \frac{q_0 \cdot L}{2} , \quad M_{e2} = \frac{q_0 \cdot L^2}{12} . \qquad (5.43)$$

Wir müssen noch überlegen, wie die gefundenen Ersatzgrößen in die GS-Beziehung (5.35) eingebaut werden. Anstelle der Lasten, die nicht in Knoten wirken, werden die berechneten Ersatzlasten F_{e1} , M_{e1} , F_{e2} , M_{e2} auf der linken Seite von (5.35) als bekannte Lasten in den zugehörigen Knotenzeilen eingetragen. Weitere Änderungen ergeben sich, wenn wir die ES-Beziehung des beteiligten Elements benutzen wollen, um aus den Verschiebungen die in den Knoten übertragenen Kräfte und Momente zu berechnen. In der Beziehung (5.23) , kurz $\vec{F}_e = K_e \cdot \vec{w}_e$,

bedeutet $\vec{F}_e$ die Kräfte und Momente in den beteiligten Knoten. Bringen wir in den Knoten die Ersatzlasten an, müssen wir die ES-Beziehung korrigieren:

$$\vec{G}_e = K_e \cdot \vec{w}_e - \vec{F}_{ers} , \qquad (5.44)$$

wobei $\vec{F}^T_{ers} = [F_{e1}, M_{e1}, F_{e2}, M_{e2}]$ für obige Fälle ist. Wir erläutern die Gleichung (5.44) an einem Beispiel.

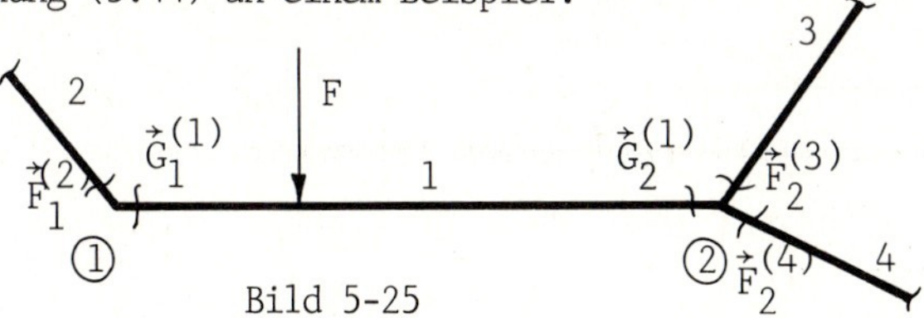

Bild 5-25

Hierbei sind $\vec{G}^T_e = [\vec{G}_1^{(1)} , \vec{G}_2^{(1)}]$ die Schnittkräfte des Elementes 1 an den Knoten 1 und 2 und $\vec{F}_1^{(2)}$, $\vec{F}_2^{(3)}$, $\vec{F}_2^{(4)}$ die Schnittkräfte der anderen Elemente an diesen Knoten. Die Gleichgewichtsbedingungen liefern :

Knoten 1 : $\vec{F}_1^{(2)} + \vec{G}_1^{(1)} = \vec{0}$

Knoten 2 : $\vec{F}_2^{(3)} + \vec{F}_2^{(4)} + \vec{G}_2^{(1)} = \vec{0}$. (5.45)

Wir wählen jetzt für die Kraft F die Ersatzlasten in den Knoten 1 und 2:

$$\vec{F}_{ers}^T = [F_{e1}, M_{e1}, F_{e2}, M_{e2}] = [\vec{F}_{ers,1} , \vec{F}_{ers,2}] \, .$$

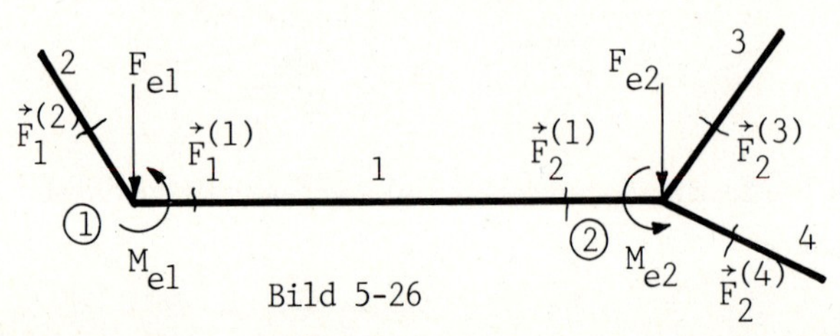

Bild 5-26

Da die Lasten $\vec{F}_{ers,1}, \vec{F}_{ers,2}$ in den Knoten angreifen, können alle Schnittkräfte über die ES-Beziehungen berechnet werden. Die Gleichgewichtsbedingungen an den Knoten sind:

Knoten 1 : $\vec{F}_1^{(2)} + \vec{F}_1^{(1)} = \vec{F}_{ers,1}$

Knoten 2 : $\vec{F}_2^{(3)} + \vec{F}_2^{(4)} + \vec{F}_2^{(1)} = \vec{F}_{ers,2}$ (5.46)

Der Vergleich von (5.45) mit (5.46) liefert die Schnittkräfte für das Element 1 im realen System mit der Last F:

$$\vec{G}_1^{(1)} = \vec{F}_1^{(1)} - \vec{F}_{ers,1}$$
$$\vec{G}_2^{(1)} = \vec{F}_2^{(1)} - \vec{F}_{ers,2}$$

oder zusammengefaßt die Beziehung (5.44)

$$\vec{G}_e = \vec{F}_e - \vec{F}_{ers}$$
$$= K_e \cdot \vec{w}_e - \vec{F}_{ers} \quad .$$

● Beispiel 5.4:

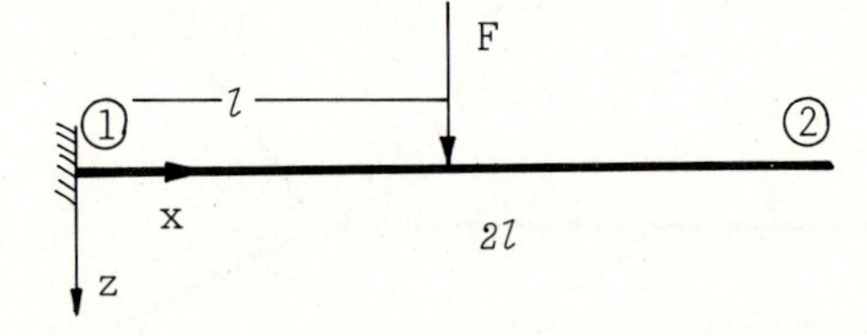

Bild 5-27

Das System besteht aus einem Balken der Länge $2l$ mit den Knoten 1 und 2 . Im Abstand l von der Einspannung im Knoten 1 greift die Kraft F an. Wir bestimmen mit (5.42) die Ersatzlasten für die Knoten 1 und 2, indem wir dort $L = 2l$ und $a = l$ setzen:

$$\vec{F}^T_{ers} = [F_{e1}, M_{e1}, F_{e2}, M_{e2}] = [F/2\ ,\ -F\cdot l/4\ ,\ F/2\ ,\ F\cdot l/4] \qquad (5.47)$$

Wir benutzen die ES-Beziehung (4.54) mit Bild 4-26, wobei wir dort l durch $2l$ ersetzen müssen. Die ES-Matrix ist identisch mit der GS-Matrix, weil nur ein Element vorhanden ist. Wir setzen in der GS-Beziehung für den Kraftvektor die äußere Last $\vec{F}_{ers}$ und die unbekannten Auflagerreaktionen F_1, M_1, für den Verschiebungsvektor die unbekannten Verschiebungen w_2 , ϕ_2 und $w_1 = \phi_1 = 0$ ein:

$$\begin{bmatrix} F_1+F/2 \\ M_1-F\cdot l/4 \\ F/2 \\ F\cdot l/4 \end{bmatrix} = \frac{E\cdot I_y}{8\cdot l^3}\cdot\begin{bmatrix} 12 & -12l & -12 & -12l \\ -12l & 16l^2 & 12l & 8l^2 \\ -12 & 12l & 12 & 12l \\ -12l & 8l^2 & 12l & 16l^2 \end{bmatrix}\cdot\begin{bmatrix} 0 \\ 0 \\ w_2 \\ \phi_2 \end{bmatrix} \quad . \qquad (5.48)$$

F_1 , M_1 sind die Auflagerreaktionen in Knoten 1. Da der Balken in Knoten 1 fest eingespannt ist, streichen wir in (5.48) die 1. und 2. Zeile bzw. Spalte. Wir erhalten das reduzierte Gleichungssystem:

$$\begin{bmatrix} F/2 \\ F\cdot l/4 \end{bmatrix} = \frac{E\cdot I_y}{8\cdot l^3}\cdot\begin{bmatrix} 12 & 12l \\ 12l & 16l^2 \end{bmatrix}\cdot\begin{bmatrix} w_2 \\ \phi_2 \end{bmatrix} \quad . \qquad (5.49)$$

Die Lösungen von (5.49) ergeben Verschiebung und Verdrehung im Knoten 2:

$$w_2 = \frac{5}{6}\cdot\frac{F\cdot l^3}{E\cdot I_y} \quad , \qquad \phi_2 = -\frac{1}{2}\cdot\frac{F\cdot l^2}{E\cdot I_y} \quad .$$

Mit der Gleichung (5.44) berechnen wir die Schnittkräfte in Knoten 1 und 2:

$$\begin{bmatrix} F_{z1} \\ M_{y1} \\ F_{z2} \\ M_{y2} \end{bmatrix} = \frac{E\cdot I_y}{8\cdot l^3}\cdot\begin{bmatrix} 12 & -12l & -12 & -12l \\ -12l & 16l^2 & 12l & 8l^2 \\ -12 & 12l & 12 & 12l \\ -12l & 8l^2 & 12l & 16l^2 \end{bmatrix}\cdot\begin{bmatrix} 0 \\ 0 \\ w_2 \\ \phi_2 \end{bmatrix} - \begin{bmatrix} F/2 \\ -F\cdot l/4 \\ F/2 \\ F\cdot l/4 \end{bmatrix}$$

$$= \begin{bmatrix} -F/2 \\ 3F\cdot l/4 \\ F/2 \\ F\cdot l/4 \end{bmatrix} - \begin{bmatrix} F/2 \\ -F\cdot l/4 \\ F/2 \\ F\cdot l/4 \end{bmatrix} = \begin{bmatrix} -F \\ F\cdot l \\ 0 \\ 0 \end{bmatrix} \quad .$$

Im Knoten 2 sind die Schnittkräfte natürlich 0. ●

6.1 VARIATIONSMETHODEN

6.1.1 Variationsprobleme für Funktionen einer Veränderlichen

Während in der Infinitesimalrechnung unter anderem eine Aufgabe darin besteht, für eine Funktion $y = f(x)$ die relativen Extrema zu bestimmen, behandelt die Variationsrechnung das Problem , ein bestimmtes Integral, das im Integranden eine unbekannte Funktion $y = g(x)$ enthält, in Abhängigkeit von dieser Funktion zu minimieren oder maximieren. Dies erläutern wir an einem Beispiel.

● Beispiel 6.1: *In der Ebene sind die Punkte A und B gegeben. Wir betrachten alle Funktionen $y = g(x)$, die stetig differenzierbar sind und durch A und B verlaufen. Wir beschränken uns auf die Menge der Funktionen, die die Randbedingungen*

$$g(a) = y_a \quad \text{und} \quad g(b) = y_b$$

erfüllen. Gesucht ist unter allen zugelassenen Kurven diejenige, welche die kürzeste Verbindung von A nach B darstellt. Die Aufgabe läßt sich formulieren, indem wir die Bogenlänge zu $y = g(x)$ von a bis b berechnen:

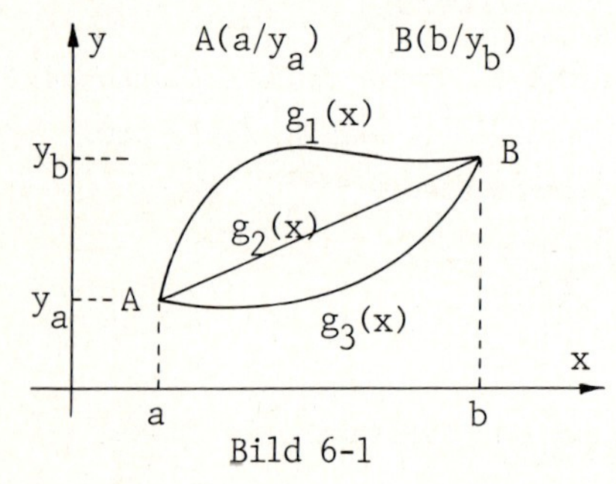

Bild 6-1

$$I(g(x)) = \int_a^b \sqrt{1 + g'^2(x)}\, dx .$$

Die Frage lautet also, für welche Funktion $y = g(x)$ das Integral $I(g(x))$ minimiert wird. Wir werden die Lösungsfunktion später berechnen, wenn wir das Integral in eine äquivalente Differentialgleichung umwandeln können. Anschaulich sieht man, daß die Gerade durch A und B die gesuchte Lösung ist. ●

Wir untersuchen das Variationsproblem für Funktionen einer Veränderlichen $y = g(x)$, wobei Ableitungen bis zur 2. Ordnung vorkommen können. Die zugelassenen Funktionen sind zweimal stetig differenzierbar. Die Variationsaufgabe lautet:

Welche Funktion $y = g(x)$ mit den Randbedingungen

$$y_a = g(a) \quad \text{und} \quad y_b = g(b)$$
$$y'_a = g'(a) \qquad\qquad y'_b = g'(b) \tag{6.1}$$

minimiert das Funktional

$$I(y) = \int_a^b F(x,g(x),g'(x),g''(x))\, dx = \int_a^b F(x,y,y',y'')\, dx \ ?$$

Wir entwickeln ein notwendiges Kriterium für das Vorliegen eines Minimums. Sei $y = \bar{g}(x)$ die Funktion, für die das Funktional aus (6.1) minimiert wird. Zur Vereinfachung des Problems lassen wir nicht alle Funktionen mit den eingangs erwähnten Eigenschaften zu, sondern nur diejenigen Funktionen $y = g(x)$, die sich über eine Differenzfunktion $y = d(x)$ durch $y = \bar{g}(x)$ ausdrücken lassen:

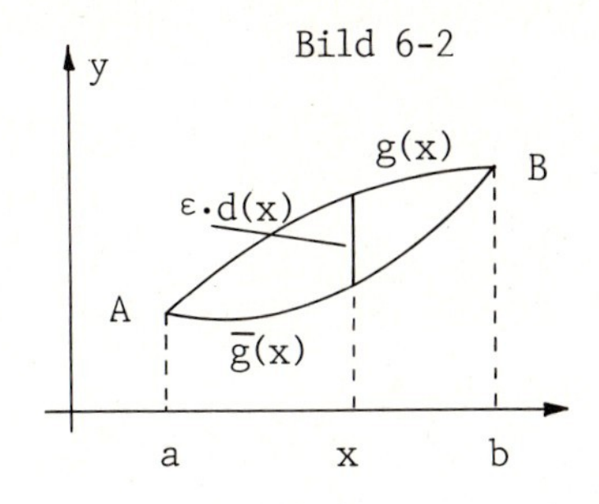

Bild 6-2

$$g(x) = \bar{g}(x) + \varepsilon \cdot d(x) \qquad (6.2)$$

Indem wir ε verändern, konstruieren wir beliebig viele "Nachbarfunktionen" von $y = \bar{g}(x)$. Die zugelassene Funktionenschar ist durch die Variation des Parameters ε erfaßt.

Definition 6.1: *$\varepsilon \cdot d(x)$ heißt die Variation der minimierenden Funktion $y = \bar{g}(x)$. Abkürzend schreiben wir für die Variation*

$$\delta y = \varepsilon \cdot d(x) \qquad (6.3)$$

Jede Variation δy führt also aus dem minimierenden Zustand in einen "Nachbarzustand". Da die in (6.1) geforderte Randbedingung für alle zugelassenen Funktionen gilt, ist

$$\bar{g}(a) = g(a) \quad , \quad \bar{g}'(a) = g'(a)$$

$$\bar{g}(b) = g(b) \quad , \quad \bar{g}'(b) = g'(b) \; .$$

Wir folgern

$$d(a) = d(b) = 0 \text{ und } d'(a) = d'(b) = 0 \; .$$

Wir bilden das Funktional aus (6.1) für eine beliebige zugelassene Funktion $y = g(x)$, wobei das Funktional I nicht mehr von y, sondern von ε abhängt:

$$I(\varepsilon) = \int_a^b F(x,y,y',y'')\,dx$$

$$= \int_a^b F(x,\bar{y}+\varepsilon\cdot d,\bar{y}'+\varepsilon\cdot d',\bar{y}''+\varepsilon\cdot d'')\,dx \qquad (6.4)$$

Für das Vorliegen eines Minimums für $I(y)$ ist daher notwendig

$$\frac{dI(\varepsilon)}{d\varepsilon}\Big/_{\varepsilon=0} = 0 \quad . \qquad (6.5)$$

Definition 6.2:

$$\delta I = \varepsilon\cdot\left(\frac{dI(\varepsilon)}{d\varepsilon}\Big/_{\varepsilon=0}\right) \textit{ heißt die 1. Variation von } I(y) \; .$$

Mit Hilfe der Definition formulieren wir (6.5) um: Notwendig für das Vorliegen eines Minimums von $I(y)$ ist $\delta I = 0$.

Für die Variation δy der minimierenden Funktion $y = \overline{g}(x)$ und die 1. Variation δI von $I(y)$ leiten wir 2 Eigenschaften her.

1) Durch Ersetzen von y durch y' in der Gleichung

$$\delta y = \varepsilon \cdot d(x) = \varepsilon \cdot \left(g(x) - \overline{g}(x)\right)$$

bekommen wir

$$\delta y' = \varepsilon \cdot d'(x) = \varepsilon \cdot \left(g'(x) - \overline{g}'(x)\right)$$

$$= \left(\varepsilon \cdot (g(x) - \overline{g}(x))\right)' = \frac{d}{dx}(\delta y) \quad .$$

Die Regel lautet

$$\delta \left(\frac{dy}{dx}\right) = \frac{d}{dx}(\delta y) \tag{6.6}$$

Das Bilden der Variation einer Funktion ist vertauschbar mit ihrer Differentiation.

2)
$$\delta I(y) = \delta \int_a^b F(x,y,y',y'')\,dx$$

$$= \varepsilon \cdot \frac{d \int_a^b F(x,\overline{y}+\varepsilon \cdot d,\overline{y}'+\varepsilon \cdot d',\overline{y}''+\varepsilon \cdot d'')\,dx}{d\varepsilon} \Bigg/_{\varepsilon=0}$$

$$= \int_a^b \varepsilon \cdot \frac{dF(x,\overline{y}+\varepsilon \cdot d,\overline{y}'+\varepsilon \cdot d,\overline{y}''+\varepsilon \cdot d'')}{d\varepsilon} \Bigg/_{\varepsilon=0} dx$$

$$= \int_a^b \delta F(x,y,y',y'')\,dx \ .$$

Die 1. Variation von $I(y)$ kann unter dem Integral gebildet werden:

$$\delta \int_a^b F(x,y,y',y'')\,dx = \int_a^b \delta F(x,y,y',y'')\,dx \tag{6.7}$$

Wir berechnen die Variation $\delta F(x,y,y',y'')$ aus (6.7), indem wir die folgende Differentiationsregel zu Hilfe nehmen:

Die Ableitung der Funktion $u = F(x(t),y(t),z(t))$ nach t ist

$$\frac{dF}{dt} = \frac{\partial F}{\partial x}\cdot\frac{dx}{dt} + \frac{\partial F}{\partial y}\cdot\frac{dy}{dt} + \frac{\partial F}{\partial z}\cdot\frac{dz}{dt} \tag{6.8}$$

Demnach ist
$$\frac{d}{d\varepsilon}\left(F(x,\overline{y}+\varepsilon \cdot d,\overline{y}'+\varepsilon \cdot d',\overline{y}''+\varepsilon \cdot d'')\right)$$

$$= \frac{\partial F(x,\overline{y}+\varepsilon \cdot d,\overline{y}'+\varepsilon \cdot d',\overline{y}''+\varepsilon \cdot d'')}{\partial y}\cdot d(x)$$

$$+ \quad \frac{\partial F(x,\overline{y}+\varepsilon\cdot d,\overline{y}'+\varepsilon\cdot d',\overline{y}''+\varepsilon\cdot d'')}{\partial y'}\cdot d'(x)$$

$$+ \quad \frac{\partial F(x,\overline{y}+\varepsilon\cdot d,\overline{y}'+\varepsilon\cdot d',\overline{y}''+\varepsilon\cdot d'')}{\partial y''}\cdot d''(x) \qquad (6.9)$$

Wir benutzen hierbei $y = \overline{y} + \varepsilon\cdot d$ usw., also $\frac{dy}{d\varepsilon} = d$. Durch Einsetzen von $\varepsilon = 0$ und Multiplizieren mit ε wird aus Gleichung (6.9)

$$\delta F(x,y,y',y'') = \frac{\partial F}{\partial y}\cdot\delta y + \frac{\partial F}{\partial y'}\cdot\delta y' + \frac{\partial F}{\partial y''}\cdot\delta y'' \qquad (6.10)$$

Mit der Regel (6.7) erhalten wir aus (6.10) die 1. Variation δI :

$$\delta I = \delta\int_a^b F(x,y,y',y'')dx = \int_a^b \left(\frac{\partial F}{\partial y}\cdot\delta y + \frac{\partial F}{\partial y'}\cdot\delta y' + \frac{\partial F}{\partial y''}\cdot\delta y''\right) dx \qquad (6.11)$$

Auf (6.11) wenden wir die partielle Integration an und formen die beiden letzten Integranden um:

a) $$\int_a^b \frac{\partial F}{\partial y'}\cdot\delta y'\, dx = \frac{\partial F}{\partial y'}\cdot\delta y \Big/_a^b - \int_a^b \frac{d}{dx}\left(\frac{\partial F}{\partial y'}\right)\cdot\delta y\, dx \qquad (6.12)$$

b) $$\int_a^b \frac{\partial F}{\partial y''}\cdot\delta y''\, dx = \frac{\partial F}{\partial y''}\cdot\delta y' \Big/_a^b - \int_a^b \frac{d}{dx}\left(\frac{\partial F}{\partial y''}\right)\cdot\delta y'\, dx$$

$$= \frac{\partial F}{\partial y''}\cdot\delta y' \Big/_a^b - \frac{d}{dx}\left(\frac{\partial F}{\partial y''}\right)\cdot\delta y \Big/_a^b + \int_a^b \frac{d^2}{dx^2}\left(\frac{\partial F}{\partial y''}\right)\cdot\delta y\, dx \qquad (6.13)$$

Dies setzen wir in (6.11) ein und erhalten mit der Forderung $\delta I = 0$:

$$\int_a^b \left(\frac{\partial F}{\partial y} - \frac{d}{dx}\left(\frac{\partial F}{\partial y'}\right) + \frac{d^2}{dx^2}\left(\frac{\partial F}{\partial y''}\right)\right)\cdot\delta y\, dx$$

$$+ \left[\left(\frac{\partial F}{\partial y'} - \frac{d}{dx}\left(\frac{\partial F}{\partial y''}\right)\right)\cdot\delta y + \frac{\partial F}{\partial y''}\cdot\delta y'\right]_a^b = 0 \qquad (6.14)$$

Den zweiten Summanden von (6.14) können wir unter 2 verschiedenen Bedingungen verschwinden lassen:

a) Nehmen wir die in (6.1) gegebenen Randbedingungen an, folgt sofort $d(a) = d(b) = d'(a) = d'(b) = 0$ und daher wegen (6.3) $\delta y = \delta y' = 0$ auf dem Rand, d.h. für $x = a$ und $x = b$. Das bedeutet aber, daß der zweite Term in (6.14) verschwindet.

b) Dieser Term wird aber auch 0, wenn wir anstelle der obigen Randbedingungen die sogenannten natürlichen Randbedingungen für $x = a$ und $x = b$ fordern:

$$\frac{\partial F}{\partial y'} - \frac{d}{dx}\left(\frac{\partial F}{\partial y''}\right) = 0 \quad \text{und} \quad \frac{\partial F}{\partial y''} = 0 \qquad (6.15)$$

Wir können jetzt schließen, daß in (6.14) auch der erste Summand, das bestimmte Integral, Null sein muß. Man kann zeigen, daß der erste Faktor des Integranden Null ist:

$$\frac{\partial F}{\partial y} - \frac{d}{dx}\left(\frac{\partial F}{\partial y'}\right) + \frac{d^2}{dx^2}\left(\frac{\partial F}{\partial y''}\right) = 0 \quad . \qquad (6.16)$$

Dies ist die zum Variationsproblem $I(y) \rightarrow$ Minimum gehörende *Euler'sche Differentialgleichung*. Da in (6.10) und damit in den folgenden Gleichungen $\varepsilon = 0$ gesetzt wurde, ist (6.16) eine DGL in den Veränderlichen $x, \overline{y}, \overline{y}', \overline{y}''$, so ist z.B.

$$\frac{\partial F}{\partial y} = \frac{\partial F(x,y,y',y'')}{\partial y} \Big/_{y=\overline{y},\, y'=\overline{y}',\, y''=\overline{y}''} \quad . \qquad (6.17)$$

Anstatt das Variationsproblem direkt zu lösen, können wir auch die Differentialgleichung (6.16) unter den vorgelegten Randbedingungen lösen.

Mit der folgenden Definition können wir ein hinreichendes Kriterium für das Vorliegen eines Minimums von $I(y)$ geben.

Definition 6.3:

$$\delta^2 I = \varepsilon^2 \cdot \left(\frac{d^2 I(\varepsilon)}{d\varepsilon^2} \Big/_{\varepsilon=0}\right) \qquad (6.18)$$

heißt die 2. Variation des Funktionals I(y) .

Ein hinreichendes Kriterium für ein Minimum von $I(y)$, wobei das Funktional mit (6.2) von ε abhängt, ist

$$\frac{d^2 I(\varepsilon)}{d\varepsilon^2} \Big/_{\varepsilon=0} > 0 \ ,$$

oder mit (6.18) ausgedrückt:

$$\delta^2 I > 0 \quad .$$

● Beispiel 6.2: *Wir knüpfen an das Beispiel 6.1 an und lösen das Problem, indem wir das Funktional*

$$I(y) = \int_a^b \sqrt{1 + y'^2}\, dx$$

in die zugehörige Euler'sche Differentialgleichung (6.16) umwandeln. Wir beachten dabei, daß y und y'' fehlen. Mit

$$\frac{\partial F}{\partial y'} = \frac{y'}{\sqrt{1 + y'^2}}$$

wird (6.16)

$$-\frac{d}{dx}\left(\frac{\partial F}{\partial y'}\right) = -\frac{d}{dx}\frac{y'}{\sqrt{1 + y'^2}} = 0 \quad .$$

Hieraus folgt sofort

$$\frac{y'}{\sqrt{1+y'^2}} = c$$ und nach Auflösen nach y', daß auch y' konstant ist,

$$y' = C_1$$

bzw.

$$y = \overline{g}(x) = C_1 \cdot x + C_2 \quad .$$

C_1 und C_2 werden durch die Randbedingungen festgelegt. Die kürzeste Verbindung zweier Punkte ist die Gerade. ●

● Beispiel 6.3: *Wir leiten die Differentialgleichung der Verschiebungsfunktion $u(x)$ des Zug-Druck-Stabes her.*

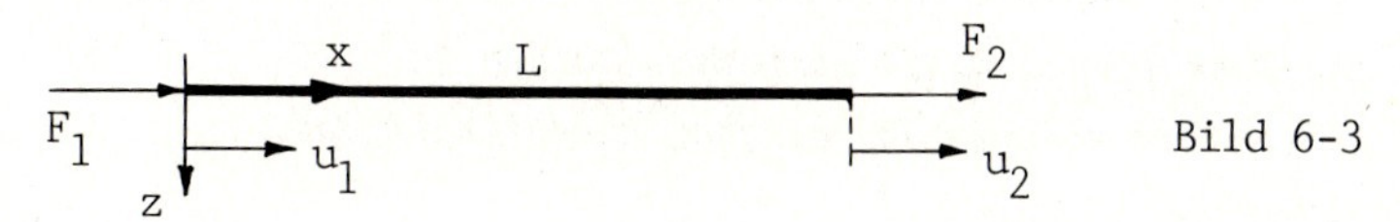

Bild 6-3

a) Es handelt sich um den eindimensionalen Spannungszustand. Aus den Beziehungen

$$\varepsilon_{xx} = \frac{\partial u}{\partial x} \quad , \quad \sigma_{xx} = E \cdot \varepsilon_{xx} \quad , \quad \frac{\partial \sigma_{xx}}{\partial x} = 0$$

folgt durch Verknüpfen die DGL

$$\frac{\partial^2 u}{\partial x^2} = 0 \quad . \tag{6.19}$$

b) Wir können die DGL (6.19) auch auf einem anderen Weg herleiten. Dazu bilden wir die sogenannte totale potentielle Energie

$$\Pi = U + W \quad .$$

U bedeutet die innere Energie des belasteten Körpers,

$$U = \frac{1}{2} \cdot \int_V \sigma_{xx} \cdot \varepsilon_{xx} \, dV = \frac{1}{2} \cdot \int_0^L A \cdot E \cdot \left(\frac{\partial u}{\partial x}\right)^2 dx \quad .$$

W ist das Potential der äußeren Kräfte,

$$W = -F_1 \cdot u(0) - F_2 \cdot u(L) = -\int_0^L F_1 \cdot \frac{\partial u}{\partial x} \, dx \quad ,$$

wobei $F_2 = -F_1$. Für Π können wir schreiben

$$\Pi = \int_0^L \left(\frac{1}{2} \cdot A \cdot E \cdot \left(\frac{\partial u}{\partial x}\right)^2 - F_1 \cdot \frac{\partial u}{\partial x} \right) dx \quad . \tag{6.20}$$

Wir fassen Π als Funktional der Funktion $u(x)$ auf und fragen bei den Randbedingungen $u(0) = u_1$ und $u(L) = u_2$ nach derjenigen Funktion $u(x)$, die $\Pi(u)$ minimiert. Es handelt sich also um ein Variationsproblem der Form

$$\Pi(u) = \int_0^L F(x,u,u') \, dx \rightarrow \text{Minimum.}$$

Die notwendige Bedingung $\delta\Pi = 0$ *für ein Minimum führt auf die DGL (6.16). Da aber u und u'' im Funktional (6.20) fehlen, wird aus (6.16)*

$$\frac{d}{dx}\left(\frac{\partial F}{\partial u'}\right) = 0 \quad .$$

Auf den Integranden von (6.20) angewendet, erhalten wir

$$\frac{d}{dx}\left(\frac{\partial F}{\partial u'}\right) = \frac{d}{dx}\left(A\cdot E\cdot\frac{\partial u}{\partial x} - F_1\right) = A\cdot E\cdot\frac{\partial^2 u}{\partial x^2} = 0.$$

Dies ist aber die DGL (6.19).

Das zeigt, daß zur Bestimmung der Verschiebungsfunktion u(x) anstelle der DGL (6.19) auch das Funktional (6.20) minimiert werden kann. Die FEM stellt ein Näherungsverfahren zur Minimierung solcher Funktionale dar. ●

● Beispiel 6.4: *Wir entwickeln die Euler'sche DGL für den Biegebalken aus dem Funktional der totalen potentiellen Energie.*

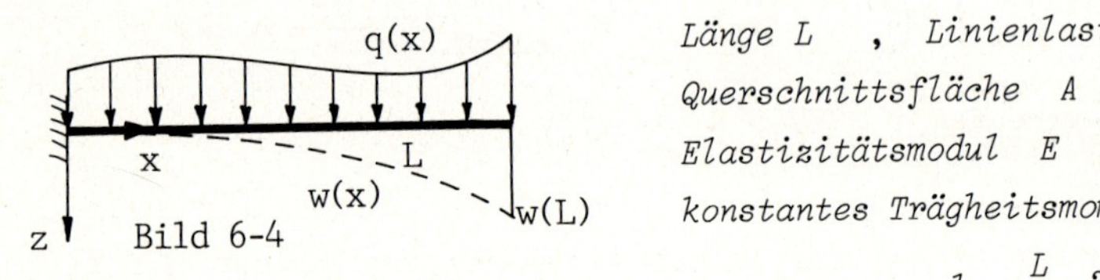

Bild 6-4

Länge L , Linienlast q(x) , Querschnittsfläche A , Elastizitätsmodul E , konstantes Trägheitsmoment I_y .

Die Formänderungsenergie ist nach (4.29) $U = \frac{1}{2E\cdot I_y}\cdot\int_0^L M_y^2(x)\,dx.$

In der Festigkeitslehre wird der Zusammenhang

$$M_y(x) = E\cdot I_y\cdot w''(x)$$

nachgewiesen und wir haben $U = \frac{1}{2}\cdot E\cdot I_y\cdot\int_0^L w''^2(x)\,dx$.

Das Potential der äußeren Kräfte ist

$$W = -\int_0^L q(x)\cdot w(x)\,dx \quad .$$

Die totale potentielle Energie ist

$$\Pi = U + W = \int_0^L\left(\frac{1}{2}\cdot E\cdot I_y\cdot w''^2(x) - q(x)\cdot w(x)\right)dx \quad .$$

Nach (6.16) lautet die zugehörige Euler'sche DGL

$$\frac{\partial F}{\partial w} - \frac{d}{dx}\left(\frac{\partial F}{\partial w'}\right) + \frac{d^2}{x^2}\left(\frac{\partial F}{\partial w''}\right)$$

$$= -q(x) + \frac{d^2}{dx^2}\left(E\cdot I_y\cdot w''(x)\right) = E\cdot I_y\cdot w^{(4)}(x) - q(x) = 0 \qquad (6.21)$$

Dies ist aber die bekannte DGL für die Biegelinie des Balkens.

Die Minimierung des Funktionals Π *über* $\delta\Pi = 0$ *kann durch die Lösung der DGL (6.21) ersetzt werden.* ●

6.1.2 Variationsprobleme für Funktionen zweier Veränderlicher

Seien u(x,y) und v(x,y) alle auf dem Gebiet G mit dem Rand C nach x und y stetig differenzierbare Funktionen. Gesucht sind hieraus die beiden Funktionen $\overline{u}(x,y)$ und $\overline{v}(x,y)$, die das Funktional

$$I(u,v) = \int_G F(x,y,u,v,u_x,u_y,v_x,v_y)\, dydx \qquad (6.22)$$

minimieren. Wir definieren 2 Differenzfunktionen a(x,y) und b(x,y), mit deren Hilfe wir eine Klasse von "Nachbarfunktionen" für u und v bei Variation von ε erhalten:

$$\begin{aligned} u(x,y) &= \overline{u}(x,y) + \varepsilon\cdot a(x,y) = \overline{u}(x,y) + \delta u \\ v(x,y) &= \overline{v}(x,y) + \varepsilon\cdot b(x,y) = \overline{v}(x,y) + \delta v \quad . \end{aligned} \qquad (6.23)$$

Es folgt sofort $u_x(x,y) = \overline{u}_x(x,y) + \delta u_x$ usw. Die Randbedingungen sind z.B. dadurch gegeben, daß alle zugelassenen Funktionen auf dem Rand C die gleichen vorgeschriebenen Werte annehmen. Aus (6.23) folgt daher

$$a(x,y) = b(x,y) = 0 \quad \text{bzw.} \quad \delta u = \delta v = 0 \quad \text{auf } C \quad . \qquad (6.24)$$

Wir drücken das Funktional (6.22) mit Hilfe von (6.23) in Abhängigkeit von ε aus:

$$I(\varepsilon) = \int_G F(x,y,\overline{u}+\varepsilon\cdot a,\overline{v}+\varepsilon\cdot b,\overline{u}_x+\varepsilon\cdot a_x,\ldots,\overline{v}_y+\varepsilon\cdot b_y)\, dydx \qquad (6.25)$$

Notwendig für ein Minimum von (6.22) ist $\delta I = 0$, d.h. $\varepsilon\cdot\frac{dI(\varepsilon)}{d\varepsilon}\Big/_{\varepsilon=0} = 0$.
Wir berechnen δI :

$$\delta I = \varepsilon\cdot\int_G \frac{d}{d\varepsilon}F(x,y,\overline{u}+\varepsilon\cdot a,\ldots,\overline{v}_y+\varepsilon . b_y)\Big/_{\varepsilon=0}\, dydx \quad .$$

Die Ableitung unter dem Integral führen wir wieder nach (6.8) aus, wobei wir mit (6.23)

$$\frac{du}{d\varepsilon} = a(x,y) \quad , \quad \frac{dv}{d\varepsilon} = b(x,y) \quad , \quad \frac{du_x}{d\varepsilon} = a_x(x,y) \text{ usw.}$$

benutzen:

$$\delta I = \int_G \left(\frac{\partial F}{\partial u}\cdot\delta u + \frac{\partial F}{\partial v}\cdot\delta v + \frac{\partial F}{\partial u_x}\cdot\delta u_x + \frac{\partial F}{\partial u_y}\cdot\delta u_y + \frac{\partial F}{\partial v_x}\cdot\delta v_x + \frac{\partial F}{\partial v_y}\cdot\delta v_x \right) dydx \quad . \qquad (6.26)$$

Die letzten 4 Integrale in (6.26) formen wir mit Hilfe des Green'schen Satzes 4.1 in Abschnitt 4.1.2 um.
Wählen wir z.B. $R = \frac{\partial F}{\partial u_x}\cdot\delta u$ und $Q = \frac{\partial F}{\partial u_y}\cdot\delta u$, ergibt sich nach 4.1

$$\begin{aligned} &\int_G \left(\frac{\partial F}{\partial u_x}\cdot\delta u_x + \frac{d}{dx}\left(\frac{\partial F}{\partial u_x}\right)\cdot\delta u + \frac{\partial F}{\partial u_y}\cdot\delta u_y + \frac{d}{dy}\left(\frac{\partial F}{\partial u_y}\right)\cdot\delta u \right) dydx \\ &= \int_C \left(\frac{\partial F}{\partial u_x}\cdot\delta u\, dy - \frac{\partial F}{\partial u_y}\cdot\delta u\, dx \right) \qquad \text{bzw.} \end{aligned}$$

$$\int_G \left(\frac{\partial F}{\partial u_x} \cdot \delta u_x + \frac{\partial F}{\partial u_y} \cdot \delta u_y \right) dydx = - \int_G \left(\frac{d}{dx}\left(\frac{\partial F}{\partial u_x}\right) + \frac{d}{dy}\left(\frac{\partial F}{\partial u_y}\right)\right) \cdot \delta u \; dydx$$

$$+ \int_C \left(\frac{\partial F}{\partial u_x} \cdot \delta u \; dy - \frac{\partial F}{\partial u_y} \cdot \delta u \; dx \right) \quad (6.27)$$

Eine entsprechende Gleichung erhalten wir, wenn wir u mit v und δu mit δv vertauschen. Wir setzen in (6.26) ein:

$$\delta I = \int_G \left(\frac{\partial F}{\partial u} - \frac{d}{dx}\left(\frac{\partial F}{\partial u_x}\right) - \frac{d}{dy}\left(\frac{\partial F}{\partial u_y}\right)\right) \cdot \delta u \; dydx$$

$$+ \int_G \left(\frac{\partial F}{\partial v} - \frac{d}{dx}\left(\frac{\partial F}{\partial v_x}\right) - \frac{d}{dy}\left(\frac{\partial F}{\partial v_y}\right)\right) \cdot \delta v \; dydx$$

$$+ \int_C \left(\frac{\partial F}{\partial u_x} \cdot \delta u \; dy - \frac{\partial F}{\partial u_y} \cdot \delta u \; dx \right) + \int_C \left(\frac{\partial F}{\partial v_x} \cdot \delta v - \frac{\partial F}{\partial v_y} \cdot \delta v \; dx \right)$$

(6.28)

Nach (6.5) bzw. Definition 6.2 ist $\delta I = 0$ notwendige Vorausssetzung für ein Minimum des Funktionals $I(u,v)$ in (6.22). Zunächst betrachten wir die vorgelegten Randbedingungen (6.24): $\delta u = \delta v = 0$ auf C. Aus diesem Grund verschwinden die beiden Linienintegrale in (6.28). Auch die sogenannten natürlichen Randbedingungen lassen die beiden Linienintegrale zu Null werden. Wir besprechen dies im folgenden Absatz genauer, wo eine Anwendung auf den ebenen Spannungszustand behandelt wird. Aus der Forderung $\delta I = 0$ folgt nun, daß auch die beiden Gebietsintegrale in (6.28) Null sein müssen. Es läßt sich zeigen, daß gefolgert werden kann, daß die beiden Integranden 0 sein müssen. Wir bekommen die *Euler'schen Differentialgleichungen* zum Variationsproblem $I(u,v) = \int_G F(x,y,u,v,u_x,u_y,v_x,v_y)\,dydx$ $\to$ Minimum:

$$\left| \begin{array}{l} \frac{\partial F}{\partial u} - \frac{d}{dx}\left(\frac{\partial F}{\partial u_x}\right) - \frac{d}{dy}\left(\frac{\partial F}{\partial u_y}\right) = 0 \\ \frac{\partial F}{\partial v} - \frac{d}{dx}\left(\frac{\partial F}{\partial v_x}\right) - \frac{d}{dy}\left(\frac{\partial F}{\partial v_y}\right) = 0 \end{array} \right. \quad (6.29)$$

Wir wenden die gefundenen Ergebnisse auf den ebenen Spannungszustand an. Dort sind 8 Gleichungen mit 8 Unbekannten zu lösen. Sie sind in (3.38) angegeben. Wie dort gezeigt wurde, läßt sich (3.38) über (3.39) umformen in das partielle DGL-System (3.40). Wir leiten die Gleichungen (3.40) hier noch einmal über ein Variationsproblem her.

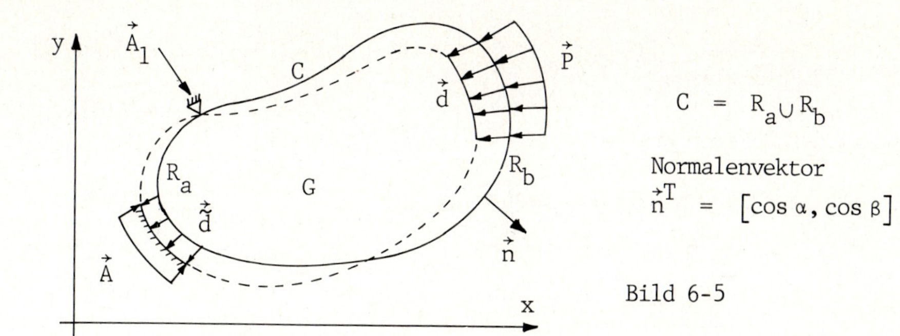

$C = R_a \cup R_b$

Normalenvektor

$\vec{n}^T = [\cos\alpha, \cos\beta]$

Bild 6-5

Der Rand C des Gebietes G wird in die Teilmengen R_a und R_b zerlegt. Auf R_a sind Randbedingungen in Form von Auflagern bzw. Sollverschiebungen gegeben:

Auflagerkräfte $\vec{A}^T = [A_x, A_y]$ mit den
Randbedingungen $\tilde{\vec{d}}^T = [\tilde{u}, \tilde{v}]$.

Auf R_b wirken die äußeren Lasten in Form von Einzelkräften, Streckenlasten usw.:

Äußere Kräfte $\vec{P}^T = [P_x, P_y]$, die die
Verschiebungen $\vec{d}^T = [u, v]$ hervorrufen.

Wir behandeln das Variationsproblem $\Pi(u,v) \rightarrow$ Minimum, wobei

$$\Pi = U + W \tag{6.30}$$

die totale potentielle Energie bedeutet, die sich aus der inneren Energie U und dem Potential der äußeren Kräfte W ergibt. Wir berechnen zunächst diese Größen.

Innere Energie: Mit den Beziehungen (3.39) wird

$$U = \frac{1}{2} \cdot \int_G \vec{\sigma}^T \cdot \vec{\varepsilon} \; dy\,dx$$

$$= \frac{1}{2} \cdot \int_G \frac{E}{1-\nu^2} \begin{bmatrix} \varepsilon_{xx} + \nu \cdot \varepsilon_{yy} \\ \nu \cdot \varepsilon_{xx} + \varepsilon_{yy} \\ \frac{1-\nu}{2} \cdot \gamma_{xy} \end{bmatrix}^T \cdot \begin{bmatrix} \varepsilon_{xx} \\ \varepsilon_{yy} \\ \gamma_{xy} \end{bmatrix} dy\,dx$$

$$= \frac{E}{2 \cdot (1-\nu^2)} \int_G (\varepsilon_{xx}^2 + 2 \cdot \nu \cdot \varepsilon_{xx} \cdot \varepsilon_{yy} + \varepsilon_{yy}^2 + \frac{1-\nu}{2} \cdot \gamma_{xy}^2) \; dy\,dx$$

$$= \frac{E}{2 \cdot (1-\nu^2)} \int_G (u_x^2 + 2 \cdot \nu \cdot u_x \cdot v_y + v_y^2 + \frac{1-\nu}{2} \cdot (u_y + v_x)^2) \; dy\,dx$$

$$= \frac{E}{2\cdot(1-\nu^2)} \int_G \left((1-\nu)(u_x^2 + v_y^2) + \nu\cdot(u_x + v_y)^2 + \frac{1-\nu}{2}(u_y + v_x)^2 \right) dy\,dx \tag{6.31}$$

Potential der äußeren Kräfte:

$$W = -\int_{R_a} \vec{A}^T \cdot \vec{\tilde{d}}\, ds \quad - \int_{R_b} \vec{P}^T \cdot \vec{d}\, ds$$

$$= -\int_{R_a} \left(A_x \cdot \tilde{u} + A_y \cdot \tilde{v} \right) ds \;-\; \int_{R_b} \left(P_x \cdot u + P_y \cdot v \right) ds \tag{6.32}$$

Notwendig für ein Minimum von Π ist $\delta\Pi = \delta U + \delta W = 0$. Wir bilden die Variationen δW und δU .

$$\delta W = -\int_{R_a} \left(\frac{\partial(A_x \cdot \tilde{u})}{\partial u} \cdot \delta u + \frac{\partial(A_y \cdot \tilde{v})}{\partial v} \cdot \delta v \right) ds$$

$$- \int_{R_b} \left(\frac{\partial(P_x \cdot u)}{\partial u} \cdot \delta u + \frac{\partial(P_y \cdot v)}{\partial v} \cdot \delta v \right) ds \tag{6.33}$$

Das erste Linienintegral verschwindet, da wegen (6.24) $\delta u = \delta v = 0$ auf R_a ist. Für das zweite Integral führen wir die partiellen Ableitungen im Integranden aus und erhalten endgültig für δW:

$$\delta W = -\int_{R_b} \left(P_x \cdot \delta u + P_y \cdot \delta v \right) ds \tag{6.34}$$

δU bilden wir über (6.28):

$$\delta U = \quad E \cdot \int_G -\left[\frac{1}{1-\nu^2}\left(u_{xx} + \frac{1-\nu}{2}\cdot u_{yy}\right) + \frac{1}{2(1-\nu)}\cdot v_{xy} \right] \cdot \delta u \;\; dy\,dx$$

$$+ \; E \cdot \int_G -\left[\frac{1}{1-\nu^2}\cdot\left(\frac{1-\nu}{2}\cdot v_{xx} + v_{yy}\right) + \frac{1}{2(1-\nu)}\cdot u_{xy} \right] \cdot \delta v \;\; dy\,dx$$

$$+ \frac{E}{2\cdot(1-\nu^2)} \cdot \int_{R_b} 2(u_x + \nu\cdot v_y)\cdot \delta u\, dy - (1-\nu)(u_y + v_x)\cdot \delta u\, dx$$

$$+ \frac{E}{2\cdot(1-\nu^2)} \cdot \int_{R_b} (1-\nu)(u_y + v_x)\cdot \delta v\, dy - 2(v_y + \nu\cdot u_x)\cdot \delta v\, dx \tag{6.35}$$

Die Linienintegrale brauchen auch hier nur über R_b gebildet werden, da die Variationen δu und δv auf R_a 0 sind. Indem wir den konstanten Faktor vor den beiden Linienintegralen an die Integranden multiplizieren, erkennen wir, daß wir die Integranden mit (3.39) durch die Spannungen ausdrücken können, so daß die beiden letzten Integrale folgendes Aussehen haben:

$$\int_{R_b} (\sigma_{xx} \cdot \delta u \; dy \; - \; \tau_{xy} \cdot \delta u \; dx)$$

$$+ \int_{R_b} (\tau_{xy} \cdot \delta v \; dy \; - \; \sigma_{yy} \cdot \delta v \; dx) \quad .$$

Dies sind Kurvenintegrale 2. Art nach (4.8), die wir mit (4.11) auf die Bogenlänge umschreiben können:

$$\int_{R_b} (\sigma_{xx} \cdot \cos\psi \; - \; \tau_{xy} \cdot \cos\phi) \cdot \delta u \; ds$$

$$+ \int_{R_b} (\tau_{xy} \cdot \cos\psi \; - \; \sigma_{yy} \cdot \cos\phi) \cdot \delta v \; ds \quad .$$

Dies wiederum formen wir um, indem wir den Tangentenvektor durch den Normalenvektor der Randkurve ersetzen (siehe Bild 4-14):

$$\int_{R_b} (\sigma_{xx} \cdot \cos\alpha \; + \; \tau_{xy} \cdot \cos\beta) \cdot \delta u \; ds$$

$$+ \int_{R_b} (\tau_{xy} \cdot \cos\alpha \; + \; \sigma_{yy} \cdot \cos\beta) \cdot \delta v \; ds \qquad (6.36)$$

Nun bilden wir von (6.30) die 1. Variation $\delta\Pi$, indem wir wir (6.34) und (6.35) benutzen und (6.36) beachten:

$$\begin{aligned} \delta\Pi \; &= \; \delta U \; + \; \delta W \\ &= -E \cdot \int_G \left[\frac{1}{1-\nu^2} \cdot \left(u_{xx} + \frac{1-\nu}{2} \cdot u_{yy}\right) + \frac{1}{2(1-\nu)} \cdot v_{xy} \right] \cdot \delta u \; dydx \\ &\quad -E \cdot \int_G \left[\frac{1}{1-\nu^2} \cdot \left(\frac{1-\nu}{2} \cdot v_{xx} + v_{yy}\right) + \frac{1}{2(1-\nu)} \cdot u_{xy} \right] \cdot \delta v \; dydx \\ &\quad + \int_{R_b} (\sigma_{xx} \cdot \cos\alpha + \tau_{xy} \cdot \cos\beta - P_x) \cdot \delta u \; ds \\ &\quad + \int_{R_b} (\tau_{xy} \cdot \cos\alpha + \sigma_{yy} \cdot \cos\beta - P_y) \cdot \delta v \; ds \; = \; 0 \end{aligned} \qquad (6.37)$$

Die beiden Linienintegrale verschwinden, wenn wir die sogenannten natürlichen Randbedingungen auf dem Teil R_b des Randes C fordern:

$$\begin{aligned} P_x \; &= \; \sigma_{xx} \cdot \cos\alpha \; + \; \tau_{xy} \cdot \cos\beta \\ P_y \; &= \; \tau_{xy} \cdot \cos\alpha \; + \; \sigma_{yy} \cdot \cos\beta \end{aligned} \qquad (6.38)$$

Das bedeutet, daß die äußeren Lasten den Oberflächenspannungen in ihren

Angriffspunkten entsprechen. Da die Linienintegrale verschwinden, können wir weiter schließen, daß die beiden Gebietsintegrale in (6.37) Null werden, d.h. die beiden Integranden 0 sind. Das sind aber genau die Differentialgleichungen in (3.40). Damit haben wir gezeigt: Anstatt die Gleichungen (3.38) zu lösen, aus denen ja (3.40) hervorging, können wir das Variationsproblem $\Pi \rightarrow$ Minimum behandeln. Wie schon erwähnt, läßt sich das Variationsproblem mit Näherungsverfahren wie z.B. der FEM erfolgreich lösen.

6.1.3 Variationsmethoden in der linearen Elastizitätstheorie

In diesem Abschnitt werden wir für den dreiachsigen Spannungszustand die Zusammenhänge zwischen a) den Grundgleichungen, b) dem Prinzip vom Minimum der totalen potentiellen Energie und c) dem Prinzip der virtuellen Verschiebungen herstellen, um danach im nächsten Abschnitt die Finite-Element-Methode formulieren zu können.

Wir gehen von den folgenden Voraussetzungen aus.

1) Wir betrachten einen mit äußeren Kräften und Momenten belasteten Körper in der Gleichgewichtslage. Es gelten also die Gleichgewichtsbedingungen (3.33) bzw. (3.35), wobei wir Volumenlasten zulassen wollen. In der Gleichgewichtslage wird sich ein Verschiebungszustand

$$\vec{d}(x,y,z) = \begin{bmatrix} u(x,y,z) \\ v(x,y,z) \\ w(x,y,z) \end{bmatrix}$$

für alle Punkte P(x/y/z) des Körpers einstellen, den wir gedanklich durch Variationen δu , δv , δw verändern. Es muß sich natürlich um geometrisch verträgliche Bewegungen handeln:

Bild 6-6

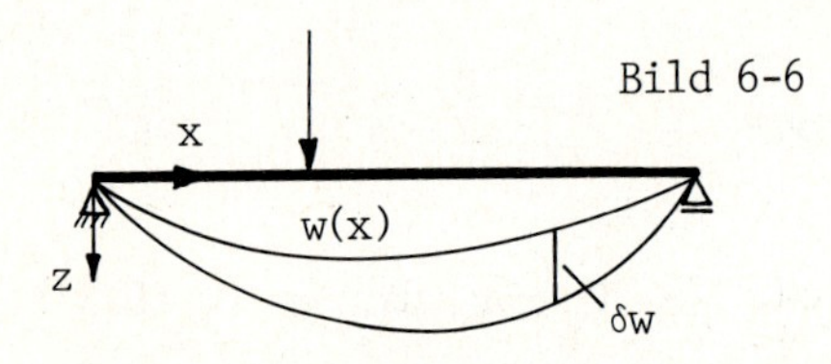

erlaubte virtuelle Verschiebung

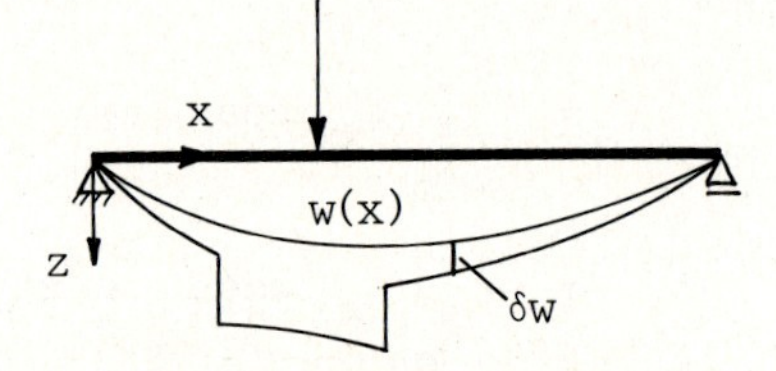

nicht erlaubte unstetige virtuelle Verschiebung

Die Variationen δu , δv , δw der Verschiebungen u , v , w nennt man in der Elastizitätstheorie *virtuelle Verschiebungen*. Sie sind also gedachte Größenänderungen des real eintretenden Verschiebungszustandes.

2) Es gelten die Verzerrungs-Verschiebungsbeziehungen (3.21).

3) Auf der Oberfläche O des belasteten Körpers gelten zweierlei Randbedingungen. Die Oberfläche O wird in die beiden Teilmengen R_a und R_b zerlegt.
Auf der Teilmenge R_a gelten die *geometrischen Randbedingungen* (Auflagerbedingungen): Bezeichnen wir die vorgeschriebenen Verschiebungen mit $\tilde{u}$, $\tilde{v}$, $\tilde{w}$, gilt

$$\begin{aligned} \tilde{u} &= u(x,y,z) \\ \tilde{v} &= v(x,y,z) \\ \tilde{w} &= w(x,y,z) \end{aligned} \qquad (6.39)$$

für alle (x,y,z) aus R_a. In der Regel lauten die Randbedingungen $\tilde{u} = \tilde{v} = \tilde{w} = 0$. Es kann sich aber auch um sogenannte Sollverschiebungen $\neq 0$ handeln. Für die vorzunehmenden Variationen (virtuelle Verschiebungen) gilt natürlich auf R_a:

$$\delta u = \delta v = \delta w = 0 \qquad (6.40)$$

Auf der Teilmenge R_b wirken die äußeren Lasten $\vec{P}^T = \left[P_x, P_y, P_z\right]$, die den Oberflächenspannungen in ihren Angriffspunkten gleich sind. Wir nennen dies die *natürlichen Randbedingungen:*

$$\begin{aligned} P_x &= \sigma_{xx}\cdot\cos\alpha + \tau_{xy}\cdot\cos\beta + \tau_{zx}\cdot\cos\gamma \\ P_y &= \tau_{xy}\cdot\cos\alpha + \sigma_{yy}\cdot\cos\beta + \tau_{yz}\cdot\cos\gamma \\ P_z &= \tau_{zx}\cdot\cos\alpha + \tau_{yz}\cdot\cos\beta + \sigma_{zz}\cdot\cos\gamma \end{aligned} \quad , \qquad (6.41)$$

wobei $\vec{n}^T = \left[\cos\alpha, \cos\beta, \cos\gamma\right]$ den aus dem Volumengebiet herauszeigenden Normalenvektor der Oberfläche im Angriffspunkt der Kraft darstellt.

4) Wir setzen einen linear elastischen Körper, d.h. die Beziehung (3.29) voraus.

Setzen wir zunächst die Gleichgewichtsbeziehungen (3.35) aus 1) und die natürlichen Randbedingungen (6.41) aus 3) voraus. Wir multiplizieren die einzelnen Ausdrücke mit ihren zugehörigen Variationen δu , δv , δw , bilden die entsprechenden Integrale über den Teilausdrücken und summieren sie auf. Da alle Teilausdrücke unter den Integralen 0 sind, wird auch der gesamte Ausdruck 0:

$$- \int_V \Big[\Big(\frac{\partial\sigma_{xx}}{\partial x} + \frac{\partial\tau_{xy}}{\partial y} + \frac{\partial\tau_{zx}}{\partial z} + \overline{X} \Big)\cdot\delta u + \Big(\frac{\partial\tau_{xy}}{\partial x} + \frac{\partial\sigma_{yy}}{\partial y} + \frac{\partial\tau_{yz}}{\partial z} + \overline{Y} \Big)\cdot\delta v$$

$$+ \Big(\frac{\partial\tau_{zx}}{\partial x} + \frac{\partial\tau_{yz}}{\partial y} + \frac{\partial\sigma_{zz}}{\partial z} + \overline{Z} \Big)\cdot\delta w \Big] \, dV$$

$$+ \int_{R_b} \Big[\left(\sigma_{xx} \cdot \cos\alpha + \tau_{xy} \cdot \cos\beta + \tau_{zx} \cdot \cos\gamma - P_x \right) \cdot \delta u$$

$$+ \left(\tau_{xy} \cdot \cos\alpha + \sigma_{yy} \cdot \cos\beta + \tau_{yz} \cdot \cos\gamma - P_y \right) \cdot \delta v$$

$$+ \left(\tau_{zx} \cdot \cos\alpha + \tau_{yz} \cdot \cos\beta + \sigma_{zz} \cdot \cos\gamma - P_z \right) \cdot \delta w \Big] dO = 0 \tag{6.42}$$

Auf das Volumenintegral wenden wir den Gauß'schen Integralsatz (Satz 4.3) an, indem wir dort z.B. $B(x,y,z) = C(x,y,z) = 0$ und $A(x,y,z) = \sigma_{xx} \cdot \delta u$ wählen. Dann gilt für den ersten Summanden im Integranden:

$$\int_V \frac{\partial \sigma_{xx}}{\partial x} \cdot \delta u \, dV = \int_O \sigma_{xx} \cdot \cos\alpha \cdot \delta u \, dO - \int_V \sigma_{xx} \cdot \frac{\partial}{\partial x}(\delta u) \, dV \; .$$

Da $O = R_a \cup R_b$ und $\delta u = \delta v = \delta w = 0$ auf R_a gilt, folgt für das beteiligte Oberflächenintegral

$$\int_O \sigma_{xx} \cdot \cos\alpha \cdot \delta u \, dO = \int_{R_b} \sigma_{xx} \cdot \cos\alpha \cdot \delta u \, dO \; .$$

Diese Umformung über den Gauß'schen Integralsatz wenden wir analog auf alle Summanden unter dem Volumenintegral in (6.42) an. Wir erkennen, daß die Cosinus-Anteile unter dem Oberflächenintegral in (6.42) wegfallen:

$$\int_V \Big[\sigma_{xx} \cdot \frac{\partial}{\partial x}(\delta u) + \sigma_{yy} \cdot \frac{\partial}{\partial y}(\delta v) + \sigma_{zz} \cdot \frac{\partial}{\partial z}(\delta w) + \tau_{xy} \left(\frac{\partial}{\partial y}(\delta u) + \frac{\partial}{\partial x}(\delta v) \right)$$

$$+ \tau_{yz} \cdot \left(\frac{\partial}{\partial z}(\delta v) + \frac{\partial}{\partial y}(\delta w) \right) + \tau_{zx} \cdot \left(\frac{\partial}{\partial z}(\delta u) + \frac{\partial}{\partial x}(\delta w) \right) \Big] dV$$

$$- \int_V \left(\overline{X} \cdot \delta u + \overline{Y} \cdot \delta v + \overline{Z} \cdot \delta w \right) dV$$

$$- \int_{R_b} \left(P_x \cdot \delta u + P_y \cdot \delta v + P_z \cdot \delta w \right) dO = 0 \tag{6.43}$$

Mit der Regel (6.6) und den Verzerrungs-Verschiebungs-Beziehungen (3.21), die wir jetzt hinzuziehen, gilt z.B.

$$\frac{\partial}{\partial x}(\delta u) = \delta\left(\frac{\partial u}{\partial x}\right) = \delta \varepsilon_{xx} \; .$$

Damit ergibt sich für (6.43)

$$\int_V \left(\sigma_{xx} \cdot \delta\varepsilon_{xx} + \sigma_{yy} \cdot \delta\varepsilon_{yy} + \sigma_{zz} \cdot \delta\varepsilon_{zz} + \tau_{xy} \cdot \delta\gamma_{xy} + \tau_{yz} \cdot \delta\gamma_{yz} + \tau_{zx} \cdot \delta\gamma_{zx} \right) dV$$

$$- \int_V \left(\overline{X} \cdot \delta u + \overline{Y} \cdot \delta v + \overline{Z} \cdot \delta w \right) dV - \int_{R_b} \left(P_x \cdot \delta u + P_y \cdot \delta v + P_z \cdot \delta w \right) dO = 0 \tag{6.44}$$

Wir können (6.44) übersichtlicher darstellen, wenn wir die Integranden als Skalarprodukte von Vektoren schreiben:

$$\vec{\sigma}^T = [\sigma_{xx}, \dots, \tau_{zx}] \quad , \quad \vec{\delta\varepsilon}^T = [\delta\varepsilon_{xx}, \dots, \delta\gamma_{zx}] \quad ,$$

$$\vec{F}^T = [\bar{X}, \bar{Y}, \bar{Z}] \quad , \quad \vec{P}^T = [P_x, P_y, P_z] \quad , \quad \vec{\delta d} = [\delta u, \delta v, \delta w] \quad ,$$

$$\int_V \vec{\sigma}^T \cdot \vec{\delta\varepsilon}\, dV = \int_V \vec{F}^T \cdot \vec{\delta d}\, dV + \int_{R_b} \vec{P}^T \cdot \vec{\delta d}\, dO \qquad (6.45)$$

(6.45) ist die allgemeine Formulierung des Prinzips der virtuellen Verschiebungen, die wir aus den Gleichgewichtsbedingungen (3.35) hergeleitet haben. Umgekehrt können wir aus (6.45) wieder die Gleichgewichtsbedingungen entwickeln. In der Gleichung bedeuten $\vec{F}$, $\vec{P}$ und $\vec{\sigma}$ die realen Kräfte und Spannungen im Gleichgewichtszustand, während $\vec{\delta d}$ und $\vec{\delta\varepsilon}$ die virtuellen Verschiebungen (Variationen) der Gleichgewichtslage bzw. die daraus entstehenden virtuellen Verzerrungen bedeuten.

Wir wollen (6.45) umformulieren, indem wir zusätzlich einen linear elastischen Körper, d.h. (3.29) voraussetzen. Damit können wir die innere Energie darstellen nach (4.25) als

$$U = \frac{1}{2} \cdot \int_V \vec{\sigma}^T . \vec{\varepsilon}\, dV = \frac{1}{2} \cdot \int_V \vec{\varepsilon}^T . D . \vec{\varepsilon}\, dV \quad .$$

Hiervon bilden wir die 1. Variation δU über den Verzerrungen:

$$\delta U = \delta \left(\frac{1}{2} \cdot \int_V \vec{\varepsilon}^T \cdot D \cdot \vec{\varepsilon}\, dV \right) \quad .$$

Nach (6.7) ist dies aber
$$\delta U = \frac{1}{2} \cdot \int_V \delta (\vec{\varepsilon}^T \cdot D \cdot \vec{\varepsilon})\, dV \quad .$$

Analog zu (6.10) bekommen wir
$$\delta U = \frac{1}{2} \cdot \int_V \left(\frac{\partial (\vec{\varepsilon}^T \cdot D \cdot \vec{\varepsilon})}{\partial \vec{\varepsilon}} \right)^T \cdot \vec{\delta\varepsilon}\, dV$$

Mit (1.6) haben wir endgültig

$$\delta U = \int_V (D \cdot \vec{\varepsilon})^T \cdot \vec{\delta\varepsilon}\, dV = \int_V \vec{\sigma}^T \cdot \vec{\delta\varepsilon}\, dV \qquad (6.46)$$

Ähnlich verfahren wir mit den äußeren Lasten. Wir betrachten das sogenannte Potential der äußeren Kräfte:

$$W = - \int_V (\bar{X} \cdot u + \bar{Y} \cdot v + \bar{Z} \cdot w)\, dV - \int_{R_b} (P_x \cdot u + P_y \cdot v + P_z \cdot w)\, dO \qquad (6.47)$$

Wir bilden die 1. Variation δW über den Verschiebungen und beachten dabei, daß die Kräfte konstante Größen sind:

$$\delta W = -\int_V (\bar{X}\cdot\delta u + \bar{Y}\cdot\delta v + \bar{Z}\cdot\delta w)\,dV - \int_{R_b}(P_x\cdot\delta u + P_y\cdot\delta v + P_z\cdot\delta w)\,dO$$

$$= -\int_V \vec{F}^T\cdot\delta\vec{d}\,dV - \int_{R_b} \vec{P}^T\cdot\delta\vec{d}\,dO \qquad (6.48)$$

Das Prinzip der virtuellen Verschiebungen läßt sich mit (6.46) und (6.48) äquivalent ausdrücken durch

$$\delta U + \delta W = \delta(U + W) = 0 \qquad (6.49)$$

(6.49) ist wie (6.45) aus der Gleichgewichtslage des belasteten Körpers zu deuten.

(6.49) läßt sich auch anders formulieren, wenn man den Begriff der totalen potentiellen Energie einführt.

Definition 6.4: *Unter der totalen potentiellen Energie eines linear elastischen Körpers verstehen wir den Ausdruck*

$$\Pi = U + W$$

$$= \frac{1}{2}\int_V \vec{\sigma}^T\cdot\vec{\varepsilon}\,dV - \int_V \vec{F}^T\cdot\vec{d}\,dV - \int_{R_b} \vec{P}^T\cdot\vec{d}\,dO \qquad (6.50)$$

Die Formulierung des Prinzips der virtuellen Verschiebungen lautet nun kurz

$$\delta\Pi = 0 \qquad (6.51)$$

Wir wollen die totale potentielle Energie (6.50) als Funktional auffassen, wobei wir die Kräfte und Spannungen als konstant ansehen. Da die Verzerrungen über (3.21) von den Verschiebungen abhängen, betrachten wir Π als Funktionen von den Verschiebungen u , v , w , d.h. des Verschiebungsvektors $\vec{d}$. (6.51) bedeutet daher:

Ein linear elastischer belasteter Körper befinde sich im Gleichgewicht. Dann verschwindet die 1. Variation von Π, d.h. $\delta\Pi = 0$, über den Verschiebungen. (6.52)

Für linear elastische Körper können wir diesen Sachverhalt schärfer fassen.

Prinzip vom Minimum der totalen potentiellen Energie:

Ein linear elastischer Körper ist im Gleichgewicht, wenn die totale potentielle Energie Π minimal wird. (6.53)

Beweis: Das notwendige Kriterium $\delta\Pi = 0$ ist durch (6.52) ausgedrückt. Ein hinreichendes Kriterium für ein Minimum ist $\delta^2\Pi > 0$. Die 1. Variation von (6.50) ist

$$\delta\Pi = \int_V \vec{\sigma}^T \cdot \delta\vec{\varepsilon}\, dV - \int_V \vec{F}^T \cdot \delta\vec{d}\, dV - \int_{R_b} \vec{P}^T \cdot \delta\vec{d}\, dO$$

$$= \int_V (D \cdot \vec{\varepsilon})^T \cdot \delta\vec{\varepsilon}\, dV - \int_V \vec{F}^T \cdot \delta\vec{d}\, dV - \int_{R_b} \vec{P}^T \cdot \delta\vec{d}\, dO \quad .$$

Mit Hilfe von (6.18) bildet man entsprechend die 2. Variation:

$$\delta^2\Pi = \int_V \delta\vec{\varepsilon}^T \cdot D \cdot \delta\vec{\varepsilon}\, dV \tag{6.54}$$

Der Integrand entspricht aber $\vec{\varepsilon}^T \cdot D \cdot \vec{\varepsilon}$, wenn wir den Verzerrungsvektor $\vec{\varepsilon}$ durch $\delta\vec{\varepsilon}$ ersetzen. Betrachten wir (4.26) und die Identität

$$(\varepsilon_{xx} + \varepsilon_{yy} + \varepsilon_{zz})^2 = \varepsilon_{xx}^2 + \varepsilon_{yy}^2 + \varepsilon_{zz}^2 + 2 \cdot (\varepsilon_{xx} \cdot \varepsilon_{yy} + \varepsilon_{yy} \cdot \varepsilon_{zz} + \varepsilon_{zz} \cdot \varepsilon_{xx}) \; ,$$

dann können wir (4.26) umschreiben in

$$U = \frac{E}{2(1+\nu)(1-2\nu)} \cdot \int_V \Big[(1-2\nu)(\varepsilon_{xx}^2 + \varepsilon_{yy}^2 + \varepsilon_{zz}^2) + \nu \cdot (\varepsilon_{xx} + \varepsilon_{yy} + \varepsilon_{zz})^2 + \frac{1-2\nu}{2} \cdot (\varepsilon_{xy}^2 + \varepsilon_{yz}^2 + \varepsilon_{zx}^2) \Big] dV \quad .$$

Wählen wir für die Querkontraktion $0 < \nu < 0{,}5$, erkennen wir, daß der Integrand und damit natürlich die innere Energie positiv ist. Daher ist natürlich auch der Ausdruck $\delta\vec{\varepsilon}^T \cdot D \cdot \delta\vec{\varepsilon}$ positiv. Damit ist $\delta^2\Pi > 0$ gezeigt. ●

Anders ausgedrückt lautet das Prinzip vom Minimum der totalen potentiellen Energie:

> Von allen möglichen Verschiebungszuständen eines belasteten linear elastischen Körpers wird diejenige Lage eingenommen, die die totale potentielle Energie zum Minimum macht.

(6.55)

Wir fassen die Ergebnisse dieses Abschnitts zusammen:

Unter der Annahme, daß die Verzerrungs-Verschiebungsbeziehungen (3.21), das Hooke'sche Gesetz (3.29), die geometrischen Randbedingungen (6.39) und die natürlichen Randbedingungen (6.41) gelten, sind die folgenden 3 Aussagen äquivalent:

I) Erfüllung der statischen Gleichgewichtsbedingungen (3.35) ,

II) Prinzip der virtuellen Verschiebungen (6.45) ,

III) Prinzip vom Minimum der totalen potentiellen Energie (6.55) .

Direkte Lösungsansätze für die Spannungen und Verschiebungen wurden in Abschnitt 3.4.2 gemacht. Dort wurde versucht, direkt die Gleichgewichtsbedingungen (3.35) zu erfüllen. Man kommt zu Lösungen wie in der Festigkeitslehre, wenn man einfache Probleme wie die Balkenbiegung hat und außerdem vereinfachende Annahmen wie z.B. die Bernoulli - Hypothese macht. Für speziellere ebene Probleme kommt man z.B. mit der Airy'schen Spannungsfunktion zum Ziel. Für beliebige komplizierte Bauteile mit umfangreichen Lastvorgaben sind die herkömmlichen Lösungsverfahren aber nicht mehr brauchbar.

Die Prinzipe II) und III) der linearen Elastizitätstheorie eignen sich hingegen dazu, Näherungsverfahren zur Lösung der Differentialgleichungen für die Spannungen und Verschiebungen zu entwickeln, ohne daß man diese Differentialgleichungen braucht. Es spielt dabei prinzipiell keine Rolle, wie kompliziert die Geometrie des Bauteils, die Vorgabe der Lasten oder die Auflagerbedingungen sind. Eines dieser Näherungsverfahren ist die Finite-Element-Methode. Dabei muß erwähnt werden, daß die FEM auf verschiedenen Variationsprinzipien gegründet werden kann, deren Behandlung den Rahmen dieses Buches sprengen würde.

Im nächsten Abschnitt wird die Finite-Element-Methode auf der Basis des Variationsprinzips der Elastizitätstheorie entwickelt, das gerade behandelt wurde, dem Prinzip vom Minimum der totalen potentiellen Energie. Sie wird auch Verschiebungsmethode genannt, weil die totale potentielle Energie in Abhängigkeit von den Verschiebungen minimiert wird.

6.2 DIE FORMULIERUNG DER FEM ÜBER DAS PRINZIP VOM MINIMUM DER TOTALEN POTENTIELLEN ENERGIE

6.2.1 Die Konstruktion am Beispiel des ebenen Stabelements

Bei der Entwicklung der Elementsteifigkeitsmatrizen (ES-Matrizen) für den Stab und Balken haben wir direkt auf die Gleichungen der linearen Elastizitätstheorie zurückgreifen können, um die Beziehungen zwischen den Kräften und Verschiebungen in den Knoten herzustellen.

Wir beschreiten jetzt einen anderen Weg. Für den Bereich eines Elements wird als erstes eine Klasse von Verschiebungsfunktionen *gewählt* und dann diejenige Verschiebungsfunktion aus der Klasse bestimmt, die die totale potentielle Energie minimiert. Wir demonstrieren dies am Beispiel des Zug-Druck-Stabes in seinem lokalen Koordinatensystem und beziehen uns auf Bild 5-3. Dabei lassen wir der Übersichtlichkeit halber die Kennzeichnung ^ bei den lokalen Koordinaten und Verschiebungen vorläufig weg. Wir *definieren* als zugelassene Klasse von Verschiebungsfunktionen für das eindimensionale Problem die linearen Funktionen

$$u(x) = a_0 + a_1 \cdot x \quad . \tag{6.56}$$

a_0, a_1 durchlaufen dabei die reellen Zahlen. Unser Ziel ist es, a_0 und a_1 so zu bestimmen, daß die totale potentielle Energie minimal wird. Wir ändern die Aufgabenstellung dahingehend ab, daß wir das Minimum nicht hinsichtlich der Koeffizienten a_0, a_1, sondern in Bezug auf die Verschiebungen u_1, u_2 in den Knoten 1 und 2 aufsuchen. Es gilt $u(0) = u_1$ und $u(L) = u_2$.

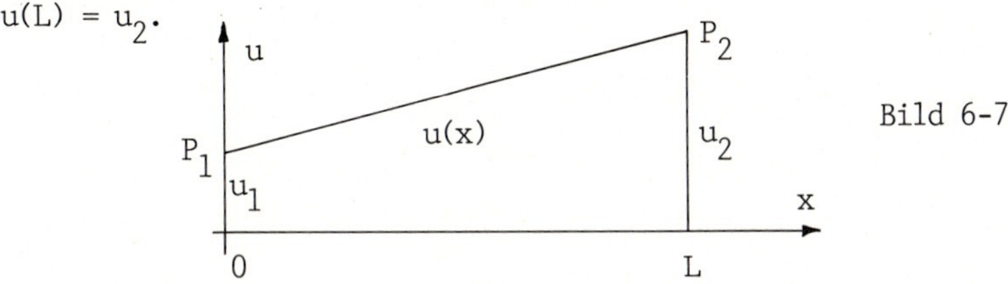

Bild 6-7

Die lineare Funktion u(x) in Bild 6-7 ist durch die beiden Punkte $P_1(0/u_1)$ und $P_2(L/u_2)$ eindeutig festgelegt, so daß wir die Koeffizienten berechnen können. Durch Einsetzen der Koordinaten in (6.56) bekommen wir

$$u_1 = a_0 \quad \text{und} \quad u_2 = a_0 + a_1 \cdot L \quad ,$$

woraus wir a_0 und a_1 erhalten und in (6.56) einsetzen:

$$u(x) = \left(1 - \frac{x}{L}\right) \cdot u_1 + \frac{x}{L} \cdot u_2 \tag{6.57}$$

Führen wir den Vektor $\vec{N}^T = \left[N_1(x) \; , \; N_2(x) \right]$ mit den beiden *Formfunktionen*

$$N_1(x) = 1 - \frac{x}{L} \quad , \quad N_2(x) = \frac{x}{L}$$

ein, wird aus (6.57)

$$u(x) = \left[N_1 \; , \; N_2 \right] \cdot \begin{bmatrix} u_1 \\ u_2 \end{bmatrix} \qquad (6.58)$$

Zum Vergleich beschreiben wir den in der FEM üblichen Weg, die Formfunktionen zu bestimmen. Mit

$$\vec{R} = \begin{bmatrix} 1 \\ x \end{bmatrix} \quad , \quad \vec{\alpha} = \begin{bmatrix} a_0 \\ a_1 \end{bmatrix}$$

können wir (6.56) als Skalarprodukt schreiben:

$$u(x) = \left[1 \; , \; x \right] \cdot \begin{bmatrix} a_0 \\ a_1 \end{bmatrix} = \vec{R}^T \cdot \vec{\alpha} \qquad (6.59)$$

Setzen wir in (6.59) die Koordinaten der Punkte P_1 und P_2 ein, ergibt sich zusammengefaßt eine Matrizenbeziehung

$$\begin{bmatrix} u_1 \\ u_2 \end{bmatrix} = \begin{bmatrix} \vec{R}^T(0) \\ \vec{R}^T(L) \end{bmatrix} \cdot \begin{bmatrix} a_0 \\ a_1 \end{bmatrix} = A \cdot \vec{\alpha} \quad \text{, wobei}$$

$$A = \begin{bmatrix} 1 & 0 \\ 1 & L \end{bmatrix} \quad .$$

Die Matrix A ist regulär, so daß wir nach $\vec{\alpha}$ auflösen können:

$$\vec{\alpha} = A^{-1} \cdot \begin{bmatrix} u_1 \\ u_2 \end{bmatrix} = \frac{1}{L} \cdot \begin{bmatrix} L & 0 \\ -1 & 1 \end{bmatrix} \cdot \begin{bmatrix} u_1 \\ u_2 \end{bmatrix} \quad .$$

Wir setzen $\vec{\alpha}$ in (6.59) ein:

$$u(x) = \vec{R}^T \cdot A^{-1} \cdot \begin{bmatrix} u_1 \\ u_2 \end{bmatrix} = \vec{N}^T \cdot \begin{bmatrix} u_1 \\ u_2 \end{bmatrix} \quad , \qquad (6.60)$$

wobei

$$\vec{N}^T = \vec{R}^T \cdot A^{-1} = \frac{1}{L} \cdot \left[1 \; , \; x \right] \cdot \begin{bmatrix} L & 0 \\ -1 & 1 \end{bmatrix} = \left[1 - \frac{x}{L} \; , \; \frac{x}{L} \right]$$

wieder die Formfunktionen aus (6.58) darstellt. Der Verschiebungsansatz (6.56), der von den unbekannten Koeffizienten a_0 , a_1 abhängt, wird durch die Form (6.57) bzw. (6.60) ersetzt, die von den unbekannten Verschiebungen u_1 , u_2 abhängt.

Wir bringen nun die Verschiebungsfunktion (6.60) in die totale potentielle Energie Π_{Stab} für den Zug-Druck-Stab ein. Im Beispiel 6.3 wurde die totale potentielle Energie entwickelt:

$$\Pi_{Stab} = \frac{1}{2}\cdot \int_V \sigma_{xx}\cdot\varepsilon_{xx}\, dV - F_{x1}\cdot u_1 - F_{x2}\cdot u_2 \qquad (6.61)$$

Mit $\sigma_{xx} = E\cdot\varepsilon_{xx}$ und $\frac{du}{dx} = \varepsilon_{xx}$ formen wir (6.61) um:

$$\Pi_{Stab} = \frac{1}{2}\cdot E\cdot \int_V \left(\frac{du}{dx}\right)^2 dV - F_{x1}\cdot u_1 - F_{x2}\cdot u_2 \quad . \qquad (6.62)$$

Wir müssen also $\frac{du}{dx}$ in (6.62) einsetzen und bilden dazu die Ableitung von u(x) nach x in (6.60):

$$\frac{du}{dx} = \left[\frac{dN_1(x)}{dx} \ , \ \frac{dN_2(x)}{dx}\right]\cdot\begin{bmatrix}u_1\\u_2\end{bmatrix} = \left[-\frac{1}{L} \ , \ \frac{1}{L}\right]\cdot\begin{bmatrix}u_1\\u_2\end{bmatrix} \quad .$$

Für die totale potentielle Energie ergibt sich, wenn wir noch

$$\left(\frac{du}{dx}\right)^2 = \left[-\frac{1}{L} \ , \ \frac{1}{L}\right]\cdot\begin{bmatrix}u_1\\u_2\end{bmatrix}\cdot\left[-\frac{1}{L} \ , \ \frac{1}{L}\right]\cdot\begin{bmatrix}u_1\\u_2\end{bmatrix} = \left[u_1 \ , \ u_2\right]\begin{bmatrix}-1/L\\1/L\end{bmatrix}\cdot\left[-\frac{1}{L} \ , \ \frac{1}{L}\right]\cdot\begin{bmatrix}u_1\\u_2\end{bmatrix}$$

$$= \left[u_1 \ , \ u_2\right] C^T\cdot C\begin{bmatrix}u_1\\u_2\end{bmatrix}$$ beachten und $C = \left[-\frac{1}{L} \ , \ \frac{1}{L}\right]$ setzen:

$$\Pi_{Stab} = \frac{1}{2}\cdot E\cdot \int_V \left[u_1 \ , \ u_2\right] C^T\cdot C\begin{bmatrix}u_1\\u_2\end{bmatrix} dV - F_{x1}\cdot u_1 - F_{x2}\cdot u_2 \qquad (6.63)$$

Π_{Stab} ist mit dem Verschiebungsansatz (6.60) ein Funktional von den Veränderlichen u_1 , u_2 geworden. Das Minimum von Π_{Stab} bekommen wir, indem wir die partiellen Ableitungen nach u_1 und u_2 bilden, Null setzen und die Gleichungen lösen:

$$\frac{\partial\Pi_{Stab}}{\partial u_1} = 0 \quad , \quad \frac{\partial\Pi_{Stab}}{\partial u_2} = 0 \qquad (6.64)$$

Mit der Abkürzung $\vec{w}_e = \begin{bmatrix}u_1\\u_2\end{bmatrix}$ schreiben wir mit Definition 1.8 anstelle von (6.64)

$$\frac{\partial\Pi_{Stab}}{\partial\vec{w}_e} = \vec{0} \qquad (6.65)$$

Der Integrand in (6.63) ist nach Def. 1.7 eine quadratische Form, da $C^T \cdot C$ wegen $(C^T \cdot C)^T = C^T \cdot C$ symmetrisch ist. Wir bilden daher (6.65) über (1.6) mit der Regel (1.9):

$$\frac{\partial \Pi Stab}{\partial \vec{w}_e} = \frac{\partial}{\partial \vec{w}_e} \left[\frac{1}{2} \cdot E \cdot \int_V \vec{w}_e^T \cdot C^T \cdot C \cdot \vec{w}_e \, dV - \left[F_{x1} , F_{x2} \right] \cdot \vec{w}_e \right]$$

$$= \frac{1}{2} \cdot E \cdot \int_V \frac{\partial}{\partial \vec{w}_e} (\vec{w}_e^T \cdot C^T \cdot C \cdot \vec{w}_e) \, dV - \frac{\partial}{\partial \vec{w}_e} (\left[F_{x1} , F_{x2} \right] \cdot \vec{w}_e)$$

$$= E \cdot \int_V C^T \cdot C \cdot \vec{w}_e \, dV - \begin{bmatrix} F_{x1} \\ F_{x2} \end{bmatrix} = \vec{0} \quad . \tag{6.66}$$

Das Integral in (6.66) berechnen wir nach Definition 1.9 und beachten, daß der Integrand hinsichtlich der Integrationsvariablen x konstant ist:

$$A \cdot E \cdot L \cdot C^T \cdot C \cdot \vec{w}_e - \begin{bmatrix} F_{x1} \\ F_{x2} \end{bmatrix} = \vec{0}$$

oder wegen $C^T \cdot C = \frac{1}{L^2} \cdot \begin{bmatrix} 1 & -1 \\ -1 & 1 \end{bmatrix}$

$$\begin{bmatrix} F_{x1} \\ F_{x2} \end{bmatrix} = \frac{A \cdot E}{L} \cdot \begin{bmatrix} 1 & -1 \\ -1 & 1 \end{bmatrix} \cdot \begin{bmatrix} u_1 \\ u_2 \end{bmatrix} \quad . \tag{6.67}$$

Dies ist aber die in Abschnitt 5.1 hergeleitete ES-Beziehung (5.6). Die Minimierung von Π_{Stab} führt also ebenso zur ES-Matrix wie die direkte Methode.

Wenn wir in (6.66) die Integration über V nicht ausführen, aber den Vektor $\vec{w}_e^T = [\hat{u}_1 , \hat{u}_2]$ aus dem Integral herausziehen, ergibt sich

$$\begin{bmatrix} \hat{F}_{x1} \\ \hat{F}_{x2} \end{bmatrix} = \hat{K}_e \cdot \begin{bmatrix} \hat{u}_1 \\ \hat{u}_2 \end{bmatrix} \quad \text{mit} \quad \hat{K}_e = E \cdot \int_V C^T \cdot C \, dV \quad . \tag{6.68}$$

Wir haben hier wieder die ^-Kennzeichnung eingeführt, da die Beziehung ja im lokalen Koordinatensystem des Stabes gilt.

Den soeben beschriebenen Minimierungsprozeß betrachten wir nun für ein Fachwerk aus s Stäben. Wir machen über dem gesamten Bereich des Fachwerks elementweise, d.h. für jedes Element den Verschiebungsansatz (6.60).

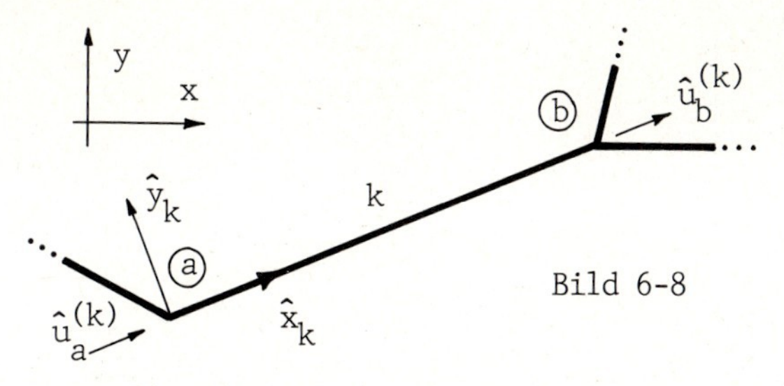

Bild 6-8

Das Stabelement k hat die

Länge L_k ,
Querschnittsfläche A_k ,
Elastizitätsmodul E .

Wir wollen die totale potentielle Energie Π_{ges} im globalen xy-System aufstellen. Zu diesem Zweck greifen wir aus dem Fachwerk das Element k heraus, das mit einem lokalen Koordinatensystem $\hat{x}_k\hat{y}_k$ versehen wird. Zunächst berechnen wir U_k für den Stab k im lokalen System und transformieren diesen Ausdruck dann in das globale System. Die Summe über alle U_k , $k=1,\dots,s$ ergibt dann die gesamte innere Energie U_{ges}, mit der wir dann Π_{ges} bilden.

Das Volumen des Stabes k sei V_k. Die innere Energie ist mit dem ersten Summanden von (6.63)

$$U_k = \frac{1}{2}\cdot \int_{V_k} \sigma_{xx}\cdot\varepsilon_{xx}\, dV = \frac{1}{2}\cdot E\cdot \int_{V_k} \left[\hat{u}_a^{(k)}, \hat{u}_b^{(k)}\right] C_k^T\cdot C_k\cdot \begin{bmatrix}\hat{u}_a^{(k)}\\ \hat{u}_b^{(k)}\end{bmatrix} dV$$

$$= \frac{1}{2}\cdot E\cdot \int_{V_k} \hat{\vec{w}}_e^{(k)\,T}\cdot C_k^T\cdot C_k\cdot \hat{\vec{w}}_e^{(k)}\, dV \qquad (6.69)$$

mit $C_k = \left[-\frac{1}{L_k}, \frac{1}{L_k}\right]$ und $\hat{\vec{w}}_e^{(k)\,T} = \left[\hat{u}_a^{(k)}, \hat{u}_b^{(k)}\right]$. Wir erweitern C_k^T zu $\tilde{C}_k = \left[-\frac{1}{L_k}, 0, \frac{1}{L_k}, 0\right]$ und $\hat{\vec{w}}_e^{(k)}$ zu $\begin{bmatrix}\hat{\vec{d}}_a\\ \hat{\vec{d}}_b\end{bmatrix}$, wobei

$$\left[\hat{\vec{d}}_a , \hat{\vec{d}}_b\right] = \left[\hat{u}_a^{(k)}, \hat{v}_a^{(k)}, \hat{u}_b^{(k)}, \hat{v}_b^{(k)}\right] .$$

Diese Erweiterung entspricht der Erweiterung der Beziehung (5.6) nach (5.8). Es gilt, wie man sofort nachrechnet

$$C_k\cdot\hat{\vec{w}}_e^{(k)} = \tilde{C}_k\cdot\begin{bmatrix}\hat{\vec{d}}_a\\ \hat{\vec{d}}_b\end{bmatrix} .$$

Damit wird die innere Energie des Stabes k

$$U_k = \frac{1}{2}\cdot E\cdot \int_{V_k} \left[\hat{\vec{d}}_a , \hat{\vec{d}}_b\right]\cdot\tilde{C}_k^T\cdot\tilde{C}_k\cdot\begin{bmatrix}\hat{\vec{d}}_a\\ \hat{\vec{d}}_b\end{bmatrix} dV . \qquad (6.70)$$

Als letztes transformieren wir (6.70) in das globale Koordinatensystem. Dazu benutzen wir die Beziehung (5.9) und achten darauf, daß z.B. $\hat{\vec{w}}$ den Vektor $\left[\hat{\vec{d}}_a , \hat{\vec{d}}_b\right]$ bedeutet:

$$\begin{bmatrix} \hat{\vec{d}}_a \\ \hat{\vec{d}}_b \end{bmatrix} = T_e^{(k)} \begin{bmatrix} \vec{d}_a \\ \vec{d}_b \end{bmatrix} .$$

Dies setzen wir in (6.70) ein:

$$U_k = \frac{1}{2} \cdot E \cdot \int_{V_k} \left[\vec{d}_a \, , \, \vec{d}_b \right] \cdot T_e^{(k)^T} \cdot \tilde{C}_k^T \cdot \tilde{C}_k \cdot T_e^{(k)} \cdot \begin{bmatrix} \vec{d}_a \\ \vec{d}_b \end{bmatrix} dV . \tag{6.71}$$

Dieser Vorgang steht analog zu der Beziehung (5.11) . Die Matrix

$$k_k = T_e^{(k)^T} \cdot \tilde{C}_k^T \cdot \tilde{C}_k \cdot T_e^{(k)} \tag{6.72}$$

ist eine (4,4)-Matrix. Unser Fachwerk bestehe aus n Knoten, so daß der Vektor aller Knotenverschiebungen durch

$$\vec{w}^T = \left[\vec{d}_1, \, \vec{d}_2, \, \ldots \, , \vec{d}_n \right]$$

beschrieben ist. Das sind insgesamt 2n Komponenten. Wir erweitern den Integranden in (6.71) formal, indem wir erstens den Vektor $\left[\vec{d}_a \, , \, \vec{d}_b \right]$ in den Vektor

$$\vec{w}^T = \left[\vec{d}_1, \, \ldots \, , \, \vec{d}_a, \, \ldots \, , \, \vec{d}_b, \, \ldots \, , \vec{d}_n \right]$$

einbetten. Das bedeutet, daß wir zweitens die Matrix k_k zu der (2n,2n)-Matrix K_k erweitern müssen, die folgendes Aussehen hat:

$$K_k = \begin{bmatrix} \mathcal{O} & \mathcal{O} & \mathcal{O} & \mathcal{O} & \mathcal{O} \\ \mathcal{O} & * \; * & \mathcal{O} & * \; * & \mathcal{O} \\ \mathcal{O} & \mathcal{O} & \mathcal{O} & \mathcal{O} & \mathcal{O} \\ \mathcal{O} & * \; * & \mathcal{O} & * \; * & \mathcal{O} \\ \mathcal{O} & \mathcal{O} & \mathcal{O} & \mathcal{O} & \mathcal{O} \end{bmatrix} \begin{matrix} \vec{d}_1 \\ \vdots \; \vec{d}_a \\ \vdots \\ \vec{d}_b \\ \vdots \; \vec{d}_n \end{matrix}$$

$$\vec{d}_1 \ldots \vec{d}_a \ldots \vec{d}_b \ldots \vec{d}_n \tag{6.73}$$

Diese Matrix besteht aus lauter Nullen bis auf die 4 (2,2)-Untermatrizen von k_k, die durch * gekennzeichnet sind und durch die Lage von $\vec{d}_a$ und $\vec{d}_b$ in $\vec{w}$ an die entsprechenden Stellen gelangen. Diesem Vorgang entspricht das Einbetten der ES-Matrizen in die GS-Matrix analog (5.31). Damit haben wir für die innere Energie U_k des Stabelementes k:

$$U_k = \frac{1}{2} \cdot E \cdot \int_{V_k} \vec{w}^T \cdot K_k \cdot \vec{w} \; dV \tag{6.74}$$

Nun können wir darangehen, die totale potentielle Energie für das Fachwerk aus s Stäben und n Knoten aufzustellen. Dazu benutzen wir (6.50). Wir nehmen an, daß an gewissen Knoten Einzelkräfte wirken. Volumenkräfte werden nicht berücksichtigt und Streckenlasten sind hier nicht zugelassen. Der Ausdruck

$$- \int_{R_b} \vec{P}^T \cdot \vec{d}\, dO \qquad \text{aus (6.50)}$$

beschränkt sich hier also auf das Potential der äußeren Einzellasten an den Knoten. Indem wir wie in Abschnitt 5.3 die äußeren Kräfte an den Knoten i , i=1,...,n mit $\vec{G}_i$ bezeichnen, für die Knotenverschiebungen den schon eingeführten Vektor $\vec{w}^T = \left[\vec{d}_1, \vec{d}_2, \ldots, \vec{d}_n\right]$ benutzen, ergibt sich für das Potential der äußeren Kräfte

$$W = - \sum_{i=1}^{n} \vec{G}_i^T \cdot \vec{d}_i = - \vec{G}^T \cdot \vec{w} \tag{6.75}$$

Die innere Energie des Fachwerks ist die Summe der inneren Energien der einzelnen Stäbe. Die innere Energie eines einzelnen Stabes ist in (6.74) ausgedrückt. Die gesamte innere Energie ist demnach

$$U = \sum_{k=1}^{s} U_k = \frac{1}{2} E \cdot \sum_{k=1}^{s} \left(\int_{V_k} \vec{w}^T \cdot K_k \cdot \vec{w}\, dV \right) , \tag{6.76}$$

so daß sich die totale potentielle Energie Π in (6.50) reduziert auf

$$\Pi = \frac{1}{2} \cdot E \cdot \sum_{k=1}^{s} \left(\int_{V_k} \vec{w}^T \cdot K_k \cdot \vec{w}\, dV \right) - \vec{G}^T \cdot \vec{w} \tag{6.77}$$

Wir minimieren Π hinsichtlich der Knotenverschiebungen, zusammengefaßt im Vektor $\vec{w}$, indem wir (1.9) mit (1.6) benutzen:

$$\begin{aligned}
\frac{\partial \Pi}{\partial \vec{w}} &= \frac{\partial}{\partial \vec{w}} \left(\frac{1}{2} \cdot E \cdot \sum_{k=1}^{s} \int_{V_k} \vec{w}^T \cdot K_k \cdot \vec{w}\, dV \right) - \vec{G}^T \cdot \vec{w} \Big) \\
&= \frac{1}{2} \cdot E \cdot \sum_{k=1}^{s} \frac{\partial}{\partial \vec{w}} \left(\int_{V_k} \vec{w}^T \cdot K_k \cdot \vec{w}\, dV \right) - \frac{\partial}{\partial \vec{w}} (\vec{G}^T \cdot \vec{w}) \\
&= \frac{1}{2} \cdot E \sum_{k=1}^{s} \int_{V_k} \frac{\partial}{\partial \vec{w}} (\vec{w}^T \cdot K_k \cdot \vec{w})\, dV - \frac{\partial}{\partial \vec{w}} (\vec{G}^T \cdot \vec{w}) \\
&= \sum_{k=1}^{s} \left(E \cdot \int_{V_k} K_k\, dV \right) \cdot \vec{w} - \vec{G} = \vec{0}
\end{aligned} \tag{6.78}$$

Die Summanden in (6.78) sind die ES-Matrizen der Stäbe,

$$K_e^{(k)} = E \cdot \int_{V_k} K_k \, dV \quad , \tag{6.79}$$

so daß (6.78) lautet

$$\left(\sum_{k=1}^{s} K_e^{(k)} \right) \cdot \vec{w} = \vec{G} \quad . \tag{6.80}$$

Mit $K_{ges} = \sum_{k=1}^{s} K_e^{(k)}$ ergibt sich wieder die Beziehung (5.33)

$$K_{ges} \cdot \vec{w} = \vec{G} \quad .$$

Dabei werden die ES-Matrizen auf dieselbe Weise in die GS-Matrix K_{ges} eingebracht wie schon in Abschnitt 5.3 erläutert wurde, d.h. der Vorgang in (5.31) entspricht dem in (6.73). In die obige GS-Beziehung müssen noch die geometrischen Randbedingungen (Auflagerbedingungen) eingearbeitet werden. Dies wurde in Abschnitt 5.3 ausführlich beschrieben.

Wir berechnen abschließend noch die ES-Matrix aus (6.79) und nehmen hierzu die Beziehung (6.72). Da K_k bzw. k_k eine konstante Matrix ist, folgt

$$K_e^{(k)} = E \cdot K_k \cdot \int_{V_k} dV = A_k \cdot L_k \cdot E \cdot K_k = A_k \cdot L_k \cdot E \cdot T_e^{(k)T} \cdot \tilde{C}_k^T \cdot \tilde{C}_k \cdot T_e^{(k)} \quad .$$

Dabei ist

$$\tilde{C}_k^T \cdot \tilde{C}_k = \frac{1}{L_k^2} \cdot \begin{bmatrix} 1 & 0 & -1 & 0 \\ 0 & 0 & 0 & 0 \\ -1 & 0 & 1 & 0 \\ 0 & 0 & 0 & 0 \end{bmatrix} \quad ,$$

also

$$K_e^{(k)} = \frac{A_k \cdot E}{L_k} \cdot T_e^{(k)T} \cdot \begin{bmatrix} 1 & 0 & -1 & 0 \\ 0 & 0 & 0 & 0 \\ -1 & 0 & 1 & 0 \\ 0 & 0 & 0 & 0 \end{bmatrix} \cdot T_e^{(k)} \quad . \tag{6.81}$$

Dies ist aber genau die ES-Matrix aus (5.12), wenn wir $A = A_k$ und $L = L_k$ setzen.

● Beispiel 6.5: *Wir entwickeln für den Stab eine andere ES-Matrix, indem wir für die Verschiebungsfunktion $u(x)$ einen quadratischen Ansatz wählen.*

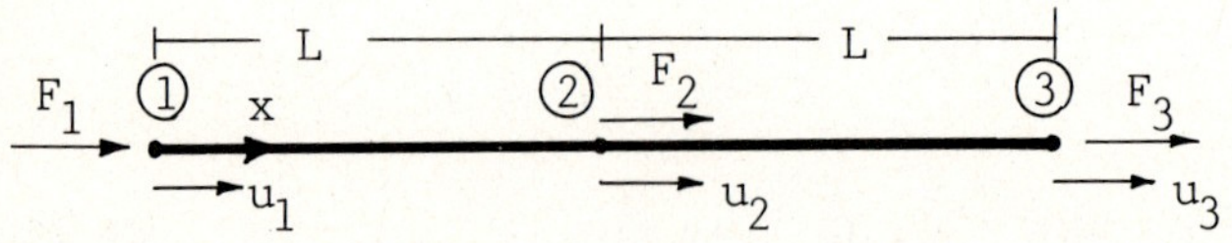

Bild 6-9

Der Verschiebungsansatz

$$u(x) = a_0 + a_1 x + a_2 x^2 \qquad (6.82)$$

enthält 3 unbekannte Parameter. Wir benötigen daher 3 Verschiebungen pro Element, um mit ihnen die Parameter zu ersetzen. Es wird ein Zwischenknoten eingeführt, so daß der Stab aus 3 Knoten mit den Verschiebungen

$$u(0) = u_1 \quad , \quad u(L) = u_2 \quad , \quad u(2L) = u_3$$

besteht. Wir schreiben

$$u(x) = [1 \; , \; x \; , \; x^2] \cdot \begin{bmatrix} a_0 \\ a_1 \\ a_2 \end{bmatrix} = \vec{R}^T(x) \cdot \vec{\alpha} \quad .$$

Es folgt

$$\vec{R}^T(0) = [1 \; , \; 0 \; , \; 0]$$
$$\vec{R}^T(L) = [1 \; , \; L \; , \; L^2]$$
$$\vec{R}^T(2L) = [1 \; , \; 2L \; , \; 4L^2] \quad ,$$

$$\begin{bmatrix} u_1 \\ u_2 \\ u_3 \end{bmatrix} = \begin{bmatrix} 1 & 0 & 0 \\ 1 & L & L^2 \\ 1 & 2L & 4L^2 \end{bmatrix} \cdot \begin{bmatrix} a_0 \\ a_1 \\ a_2 \end{bmatrix} = A \cdot \vec{\alpha} \quad .$$

Wir berechnen zu A die inverse Matrix A^{-1} nach Abschnitt 1.2.2:

$$\begin{bmatrix} a_0 \\ a_1 \\ a_2 \end{bmatrix} = \frac{1}{L^2} \begin{bmatrix} L^2 & 0 & 0 \\ -3L/2 & 2L & -L/2 \\ 1/2 & -1 & 1/2 \end{bmatrix} \cdot \begin{bmatrix} u_1 \\ u_2 \\ u_3 \end{bmatrix} \quad .$$

Damit wird (6.82)

$$u(x) = [1 \; , \; x \; , \; x^2] \cdot A^{-1} \cdot \begin{bmatrix} u_1 \\ u_2 \\ u_3 \end{bmatrix}$$
$$= [N_1(x) \; , \; N_2(x) \; , \; N_3(x)] \cdot \begin{bmatrix} u_1 \\ u_2 \\ u_3 \end{bmatrix}$$

mit

$$N_1(x) = \frac{1}{L^2}(L^2 - \frac{3}{2}L\,x + \frac{1}{2}x^2)$$

$$N_2(x) = \frac{1}{L^2}(2L\,x - x^2)$$

$$N_3(x) = \frac{1}{L^2}(-\frac{1}{2}L\,x + \frac{1}{2}x^2) \quad .$$

Für die innere Energie des Stabes brauchen wir $\frac{du}{dx}$:

$$\frac{du}{dx} = \left[\frac{dN_1(x)}{dx} \; , \; \frac{dN_2(x)}{dx} \; , \; \frac{dN_3(x)}{dx} \right] \cdot [u_1 \; , \; u_2 \; , \; u_3]^T$$

$$= \left[-\frac{3}{2L} + \frac{x}{L^2} \; , \; \frac{2}{L} - \frac{2}{L^2} \cdot x \; , \; -\frac{1}{2L} + \frac{x}{L^2} \right] \cdot [u_1 \; , \; u_2 \; , \; u_3]^T$$

$= \quad C \cdot \vec{w}_e$. *Die totale potentielle Energie für den Stab ist*

$$\Pi_{Stab} = \frac{1}{2} E \cdot \int_{V_e} \left(\frac{du}{dx}\right)^2 dV - F_1 \cdot u_1 - F_2 \cdot u_2 - F_3 \cdot u_3$$

$$= \frac{1}{2} E \cdot \int_{V_e} \vec{w}_e^T \cdot C^T \cdot C \cdot \vec{w}_e \, dV - \left[F_1 , F_2 , F_3\right] \cdot \vec{w}_e \quad .$$

Die notwendige Bedingung für ein Minimum von Π_{Stab} *lautet*

$$\vec{0} = \frac{\partial \Pi_{Stab}}{\partial \vec{w}_e} = E \cdot \left(\int_{V_e} C^T \cdot C \, dV \right) \cdot \vec{w}_e - \left[F_1 , F_2 , F_3\right]^T .$$

Mit der ES-Matrix $K_e = E \cdot \int_{V_e} C^T \cdot C \, dV$ *und* $\vec{F}_e = \begin{bmatrix} F_1 \\ F_2 \\ F_3 \end{bmatrix}$

ergibt sich die ES-Beziehung

$$\vec{F}_e = K_e \cdot \vec{w}_e \quad .$$

Wir müssen noch K_e *berechnen:*

$$K_e = E \cdot \int_{V_e} C^T \cdot C \, dV = A \cdot E \cdot \int_0^{2L} \begin{bmatrix} a_{11} & a_{12} & a_{13} \\ & a_{22} & a_{23} \\ \text{symm.} & & a_{33} \end{bmatrix} dx$$

mit $a_{11} = \left(-\frac{3}{2L} + \frac{x}{L^2}\right)^2 , \quad a_{12} = \left(-\frac{3}{2L} + \frac{x}{L^2}\right)\left(\frac{2}{L} - \frac{2x}{L^2}\right) ,$

$$a_{13} = \left(-\frac{3}{2L} + \frac{x}{L^2}\right)\left(-\frac{1}{2L} + \frac{x}{L^2}\right) , \quad a_{22} = \left(\frac{2}{L} - \frac{2}{L^2}x\right)^2 ,$$

$$a_{23} = \left(\frac{2}{L} - \frac{2}{L^2}x\right)\left(-\frac{1}{2L} + \frac{x}{L^2}\right) , \quad a_{33} = \left(-\frac{1}{2L} + \frac{x}{L^2}\right)^2 .$$

Wegen der Symmetrie von $C^T \cdot C$ *sind nur 6 bestimmte Integrale auszuführen, wir geben 2 davon an:*

$$a_{11} = \int_0^{2L} \left(-\frac{3}{2L} + \frac{x}{L^2}\right) dx = \frac{L^2}{3} \cdot \left(-\frac{3}{2L} + \frac{x}{L^2}\right) \Big/_0^{2L}$$

$$= \frac{7}{6L} , \quad a_{23} = \int_0^{2L} \left(\frac{2}{L} - \frac{2x}{L^2}\right)\left(-\frac{1}{2L} + \frac{x}{L^2}\right) dx = -\frac{4}{3L} .$$

Die ES-Matrix lautet nach Integration über alle Elemente

$$K_e = \frac{A \cdot E}{6L} \begin{bmatrix} 7 & -8 & 1 \\ -8 & 16 & -8 \\ 1 & -8 & 7 \end{bmatrix} . \qquad (6.83)$$

Der Ansatz (6.82) mit der ES-Matrix (6.83) ist für das Stabelement natürlich weniger sinnvoll als der lineare Ansatz (6.56), der genau der exakten Lösung hinsichtlich der linearen Elastizitätstheorie entspricht.

● Beispiel 6.6: *Das Beispiel 4.13 wird hier noch einmal über das Prinzip vom Minimum der totalen elastischen Energie nachvollzogen. Wir beziehen uns auf Bild 4-26. Da die Biegelinie des Balkens ein Polynom 3. Grades ist, machen wir für die Entwicklung der ES-Matrix einen entsprechenden Ansatz, um auf die ES-Beziehung (4.54) zu kommen:*

$$w(x) = a_0 + a_1 x + a_2 x^2 + a_3 x^3 \qquad (6.84)$$

Wir berechnen wie bisher die Abhängigkeit von $w(x)$ von den "Verschiebungen" w_1, ϕ_1, w_2, ϕ_2 über die Formfunktionen:

$$w(x) = \vec{R}^T(x)\cdot\vec{\alpha} \quad \text{mit} \quad \vec{R}^T(x) = [1, x, x^2, x^3],$$
$$\vec{\alpha}^T = [a_0, a_1, a_2, a_3],$$

$$\vec{R}^T(0) = [1, 0, 0, 0],$$
$$\vec{R}^T(L) = [1, L, L^2, L^3].$$

Für die Verdrehungen ϕ_1, ϕ_2 gilt bei kleinen Winkeln

$$\phi = \frac{dw}{dx} = a_1 + 2a_2 x + 3a_3 x^2 = \vec{S}^T(x)\cdot\vec{\alpha}$$

mit $\vec{S}^T(x) = [0, 1, 2x, 3x^2]$. Somit gilt

$$\begin{bmatrix} w_1 \\ \phi_1 \\ w_2 \\ \phi_2 \end{bmatrix} = \begin{bmatrix} \vec{R}^T(0) \\ \vec{S}^T(0) \\ \vec{R}^T(L) \\ \vec{S}^T(L) \end{bmatrix} \cdot \vec{\alpha} = \begin{bmatrix} 1 & 0 & 0 & 0 \\ 0 & 1 & 0 & 0 \\ 1 & L & L^2 & L^3 \\ 0 & 1 & 2L & 3L^2 \end{bmatrix} \cdot \vec{\alpha} = A\cdot\vec{\alpha}.$$

Mit der zu A inversen Matrix A^{-1} haben wir die gesuchte Beziehung und setzen in (6.84) ein:

$$w(x) = \vec{R}^T(x)\cdot A^{-1}\cdot\vec{w}_e = [1, x, x^2, x^3]\cdot\begin{bmatrix} 1 & 0 & 0 & 0 \\ 0 & 1 & 0 & 0 \\ -3/L^2 & -2/L & 3/L^2 & -1/L \\ 2/L^3 & 1/L^2 & -2/L^3 & 1/L^2 \end{bmatrix}\cdot\begin{bmatrix} w_1 \\ \phi_1 \\ w_2 \\ \phi_2 \end{bmatrix}$$

$$= [N_1(x), N_2(x), N_3(x), N_4(x)]\cdot[w_1, \phi_1, w_2, \phi_2]^T,$$

wobei

$$N_1(x) = 1 - \frac{3x^2}{L^2} + \frac{2x^3}{L^3} \quad , \quad N_2(x) = x - \frac{2x^2}{L} + \frac{x^3}{L^2}$$

$$N_3(x) = \frac{3x^2}{L^2} - \frac{2x^3}{L^3} \quad , \quad N_4(x) = -\frac{x^2}{L} + \frac{x^3}{L^2} \quad .$$

Mit den bekannten Beziehungen

$$\varepsilon_{xx} = \frac{M_y(x)}{E \cdot I_y} \cdot z \quad , \quad \sigma_{xx} = E \cdot \varepsilon_{xx} = \frac{M_y(x)}{I_y} \cdot z \quad ,$$

$$w'' = \frac{M_y(x)}{E \cdot I_y}$$ können wir die totale potentielle Energie in

Abhängigkeit von $w(x)$ ausdrücken:

$$\Pi = \frac{1}{2} \cdot \int_V \sigma_{xx} \cdot \varepsilon_{xx} \, dV - F_1 \cdot w_1 - M_1 \cdot \phi_1 - F_2 \cdot w_2 - M_2 \cdot \phi_2$$

$$= \frac{E}{2} \cdot \int_V \frac{M_y^2(x)}{(E \cdot I_y)^2} \cdot z^2 \, dV - \left[F_1 \, , \, M_1 \, , \, F_2 \, , \, M_2 \right] \cdot \vec{w}_e$$

$$= \frac{E \cdot I_y}{2} \cdot \int_0^L (w'')^2 \, dx - \left[F_1 \, , \, M_1 \, , \, F_2 \, , \, M_2 \right] \cdot \vec{w}_e \quad .$$

Wir berechnen w'':

$$w''(x) = \left[\frac{d^2 N_1(x)}{dx^2} \, , \, \frac{d^2 N_2(x)}{dx^2} \, , \, \frac{d^2 N_3(x)}{dx^2} \, , \, \frac{d^2 N_4(x)}{dx^2} \right] \cdot \vec{w}_e$$

$$= \left[-\frac{6}{L^2} + \frac{12x}{L^3} \, , \, -\frac{4}{L} + \frac{6x}{L^2} \, , \, \frac{6}{L^2} - \frac{12x}{L^3} \, , \, -\frac{2}{L} + \frac{6x}{L^2} \right] \cdot \vec{w}_e = C \cdot \vec{w}_e \quad .$$

Dies setzen wir in den Ausdruck für Π ein:

$$\Pi = \frac{E \cdot I_y}{2} \cdot \int_0^L \vec{w}_e^T \cdot C^T \cdot C \cdot \vec{w}_e \, dx - \left[F_1 \, , \, M_1 \, , \, F_2 \, , \, M_2 \right] \cdot \vec{w}_e \quad .$$

Das Aufsuchen des Minimums über $\frac{\partial \Pi}{\partial \vec{w}_e} = \vec{0}$ liefert die ES-Beziehung

$$\vec{F}_e = K_e \cdot \vec{w}_e \quad ,$$

wobei

$$K_e = E \cdot I_y \cdot \int_0^L C^T \cdot C \, dx \quad \text{und} \quad \vec{F}_e^T = \left[F_1, M_1, F_2, M_2 \right] \, .$$

Dabei ist

$$C^T \cdot C = \begin{bmatrix} a_{11}(x) & a_{12}(x) & a_{13}(x) & a_{14}(x) \\ & a_{22}(x) & a_{23}(x) & a_{24}(x) \\ & \text{symm.} & a_{33}(x) & a_{34}(x) \\ & & & a_{44}(x) \end{bmatrix} \quad .$$

Dabei ergibt die Multiplikation $C^T \cdot C$ *z.B.*

$$a_{11}(x) = \frac{36}{L^4} - \frac{144x}{L^5} + \frac{144x^2}{L^6} \quad .$$

Die Integration über x von 0 bis L und Multiplikation mit $E \cdot I_y$ *liefert das Element* k_{11} *der ES-Matrix:*

$$k_{11} = E \cdot I_y \cdot \int_0^L \left(\frac{36}{L^4} - \frac{144x}{L^5} + \frac{144x^2}{L^6}\right) dx = \frac{36x}{L^4} - \frac{72x^2}{L^5} + \frac{48x^3}{L^6} \Big/_0^L$$

$$= E \cdot I_y \cdot \frac{12}{L^3}$$

. Dies ist das entsprechende Element aus der ES-Matrix in (4.54). Die Integration über alle Elemente von $C^T \cdot C$ *liefert exakt die Beziehung (4.54).*

Die Spannungen $\sigma_{xx}(x,z)$ *ergeben sich zu*

$$\sigma_{xx}(x,z) = \frac{M_y(x)}{I_y} \cdot z = E \cdot w''(x) \cdot z$$

$$= E \cdot z \cdot C \cdot \vec{w}_e \quad .$$

6.2.2 Ein Verschiebungsansatz für das ebene Scheibendreieck

Hier soll ein einfacher Elementtyp zur Behandlung zweidimensionaler Spannungsprobleme aufgestellt werden. Wir nehmen ebene Bauteile mit Belastungen in der Bauteilebene an und gehen vom ebenen Spannungszustand aus. Das Bauteil wird in Dreiecke zerlegt. Ein solches Dreieck besteht aus 3 Knotenpunkten mit je 2 Freiheitsgraden (Verschiebung in x- und y-Richtung).

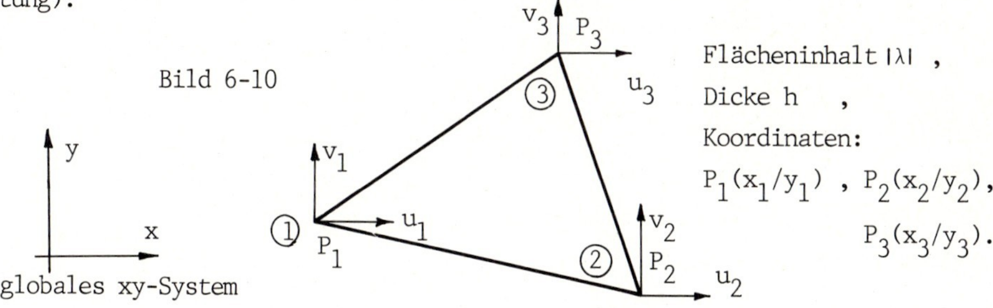

Bild 6-10

Es sind daher 6 Verschiebungen pro Element vorhanden, was bedeutet, daß im Verschiebungsansatz 6 unbekannte Parameter angesetzt werden müssen. Wir wählen einen linearen Verschiebungsansatz:

$$u(x,y) = a_0 + a_1 x + a_2 y$$

$$v(x,y) = b_0 + b_1 x + b_2 y \quad . \qquad (6.85)$$

Mit den Abkürzungen $\vec{d}(x,y) = \begin{bmatrix} u(x,y) \\ v(x,y) \end{bmatrix}$,

$$\vec{R}^T(x,y) = [1\ ,\ x\ ,\ y] \ , \quad \vec{\alpha}^T = [a_0, a_1, a_2, b_0, b_1, b_2]$$

haben wir

$$\vec{d}(x,y) = \begin{bmatrix} 1 & x & y & 0 & 0 & 0 \\ 0 & 0 & 0 & 1 & x & y \end{bmatrix} \cdot \begin{bmatrix} a_0 \\ a_1 \\ a_2 \\ b_0 \\ b_1 \\ b_2 \end{bmatrix}$$

$$= \begin{bmatrix} \vec{R}^T(x,y) & \vec{0} \\ \vec{0} & \vec{R}^T(x,y) \end{bmatrix} \cdot \vec{\alpha} = M \cdot \vec{\alpha} \ . \qquad (6.86)$$

Wir drücken den Knotenverschiebungsvektor $\vec{w}_e$ durch $\vec{\alpha}$ aus:

$$\vec{w}_e = \begin{bmatrix} \vec{d}_1 \\ \vec{d}_2 \\ \vec{d}_3 \end{bmatrix} = \begin{bmatrix} u_1 \\ v_1 \\ u_2 \\ v_2 \\ u_3 \\ v_3 \end{bmatrix} = \begin{bmatrix} 1 & x_1 & y_1 & 0 & 0 & 0 \\ 0 & 0 & 0 & 1 & x_1 & y_1 \\ 1 & x_2 & y_2 & 0 & 0 & 0 \\ 0 & 0 & 0 & 1 & x_2 & y_2 \\ 1 & x_3 & y_3 & 0 & 0 & 0 \\ 0 & 0 & 0 & 1 & x_3 & y_3 \end{bmatrix} \cdot \vec{\alpha} = A \cdot \vec{\alpha} \qquad (6.87)$$

Die zu A inverse Matrix A^{-1} lautet

$$A^{-1} = \frac{1}{2\cdot\lambda} \begin{bmatrix} x_2y_3-x_3y_2 & 0 & x_3y_1-x_1y_3 & 0 & x_1y_2-x_2y_1 & 0 \\ y_2-y_3 & 0 & y_3-y_1 & 0 & y_1-y_2 & 0 \\ x_3-x_2 & 0 & x_1-x_3 & 0 & x_2-x_1 & 0 \\ 0 & x_2y_3-x_3y_2 & 0 & x_3y_1-x_1y_3 & 0 & x_1y_2-x_2y_1 \\ 0 & y_2-y_3 & 0 & y_3-y_1 & 0 & y_1-y_2 \\ 0 & x_3-x_2 & 0 & x_1-x_3 & 0 & x_2-x_1 \end{bmatrix} ,$$

wobei

$$\lambda = \frac{1}{2} \cdot \left[(x_2y_3-x_3y_2) - (x_1y_3-x_3y_1) + (x_1y_2-x_2y_1) \right]$$

den Flächeninhalt des Dreiecks bedeutet. Die Beziehung $\vec{\alpha} = A^{-1} \cdot \vec{w}_e$ setzen wir in (6.86) ein:

$$\vec{d}(x,y) = \begin{bmatrix} u(x,y) \\ v(x,y) \end{bmatrix} = M \cdot A^{-1} \cdot \vec{w}_e = N \cdot \vec{w}_e \qquad (6.88)$$

Die Matrix $N = M \cdot A^{-1}$ ist die Matrix der Formfunktionen für unseren linearen Verschiebungsansatz,

$$N = \begin{bmatrix} N_1(x,y) & 0 & N_2(x,y) & 0 & N_3(x,y) & 0 \\ 0 & N_1(x,y) & 0 & N_2(x,y) & 0 & N_3(x,y) \end{bmatrix} \qquad (6.89)$$

mit
$$N_1(x,y) = \frac{1}{2\lambda}\cdot\left(x_2y_3-x_3y_2 + x\cdot(y_2-y_3) + y\cdot(x_3-x_2)\right)$$
$$N_2(x,y) = \frac{1}{2\lambda}\cdot\left(x_3y_1-x_1y_3 + x\cdot(y_3-y_1) + y\cdot(x_1-x_3)\right)$$
$$N_3(x,y) = \frac{1}{2\lambda}\cdot\left(x_1y_2-x_2y_1 + x\cdot(y_1-y_2) + y\cdot(x_2-x_1)\right) \quad .$$

Wir wollen die Funktionen N_1 , N_2 , N_3 geometrisch veranschaulichen. Dazu betrachten wir die 1. Vektorzeile aus (6.88) in Verbindung mit (6.89):

$$u = u(x,y) = N_1(x,y)\cdot u_1 + N_2(x,y)\cdot u_2 + N_3(x,y)\cdot u_3 \quad .$$

Dies ist eine Funktion im xyu - System. Betrachten wir zunächst $u = N_1(x,y)$. Es gilt

$$N_1(x_1,y_1) = 1 \quad ,$$
$$N_2(x_2,y_2) = N_1(x_3,y_3) = 0 \quad .$$

Da $N_1(x,y)$ eine lineare Funktion in x und y ist (Ebene), ergibt sich folgendes Bild 6-11a:

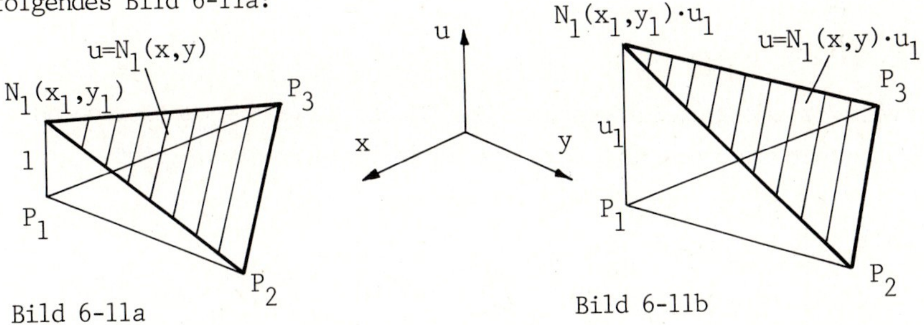

Bild 6-11a

Bild 6-11b

Auf die gleiche Weise erhalten wir die Ebenen zu $u = N_2(x,y)\cdot u_2$ und $u = N_3(x,y)\cdot u_3$:

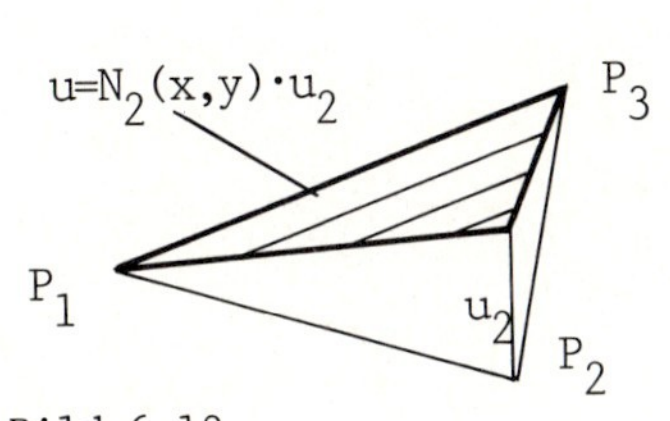

Bild 6-12

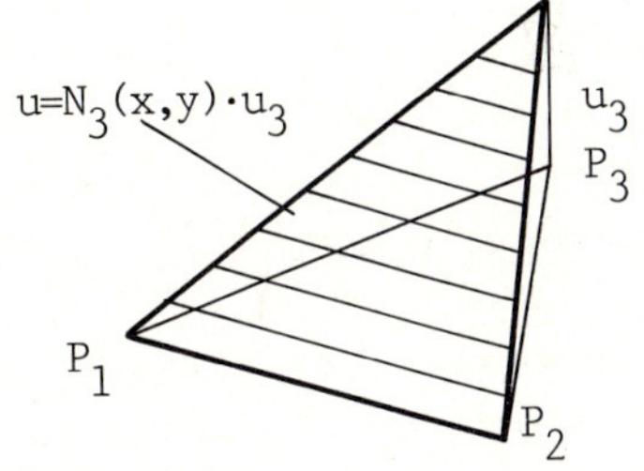

Bild 6-13

Die **additive** Überlagerung der 3 Funktionen liefert uns die gesuchte Funktion $u = u(x,y)$ in Bild 6-14, die Bezeichnung Formfunktion für N_1 , N_2 , N_3 in (6.89) ist damit klar.

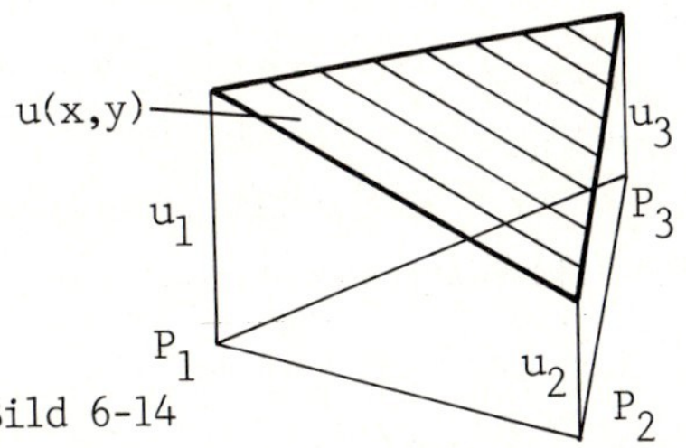

Bild 6-14

Wir benutzen jetzt die Beziehungen (3.21) und (3.30), um die Verzerrungen und Spannungen über die Beziehung (6.88) durch den Vektor $\vec{w}_e$ der Knotenverschiebungen und die Formfunktionen auszudrücken. Allerdings müssen wir hier den ebenen Spannungszustand berücksichtigen, für den folgende Gleichungen gelten:

$$\vec{\sigma} = \begin{bmatrix} \sigma_{xx} \\ \sigma_{yy} \\ \tau_{xy} \end{bmatrix} = \frac{E}{1-\nu^2} \cdot \begin{bmatrix} 1 & \nu & 0 \\ \nu & 1 & 0 \\ 0 & 0 & \frac{1-\nu}{2} \end{bmatrix} \cdot \begin{bmatrix} \varepsilon_{xx} \\ \varepsilon_{yy} \\ \gamma_{xy} \end{bmatrix} = D_\Delta \cdot \vec{\varepsilon} \qquad (6.90)$$

und

$$\vec{\varepsilon} = \begin{bmatrix} \varepsilon_{xx} \\ \varepsilon_{yy} \\ \gamma_{xy} \end{bmatrix} = \begin{bmatrix} \frac{\partial}{\partial x} & 0 \\ 0 & \frac{\partial}{\partial y} \\ \frac{\partial}{\partial y} & \frac{\partial}{\partial x} \end{bmatrix} \cdot \begin{bmatrix} u(x,y) \\ v(x,y) \end{bmatrix} = B_\Delta \cdot \vec{d}(x,y) \quad . \qquad (6.91)$$

Wir setzen (6.88) zunächst in (6.91) ein:

$$\vec{\varepsilon} = B_\Delta(N \cdot \vec{w}_e) \quad .$$

B_Δ ist eine Differentialoperatormatrix. Wir müssen daher $N \cdot \vec{w}_e$ entsprechend den Differentialoperatoren in B partiell differenzieren. Das ergibt

$$\vec{\varepsilon} = \begin{bmatrix} \frac{\partial N_1}{\partial x} & 0 & \frac{\partial N_2}{\partial x} & 0 & \frac{\partial N_3}{\partial x} & 0 \\ 0 & \frac{\partial N_1}{\partial y} & 0 & \frac{\partial N_2}{\partial y} & 0 & \frac{\partial N_3}{\partial y} \\ \frac{\partial N_1}{\partial y} & \frac{\partial N_1}{\partial x} & \frac{\partial N_2}{\partial y} & \frac{\partial N_2}{\partial x} & \frac{\partial N_3}{\partial y} & \frac{\partial N_3}{\partial x} \end{bmatrix} \cdot \vec{w}_e$$

$$= \frac{1}{2\lambda} \cdot \begin{bmatrix} y_2-y_3 & 0 & y_3-y_1 & 0 & y_1-y_2 & 0 \\ 0 & x_3-x_2 & 0 & x_1-x_3 & 0 & x_2-x_1 \\ x_3-x_2 & y_2-y_3 & x_1-x_3 & y_3-y_1 & x_2-x_1 & y_1-y_2 \end{bmatrix} \cdot \vec{w}_e = C \cdot \vec{w}_e \qquad (6.92)$$

Für den Spannungsvektor $\vec{\sigma}$ haben wir mit (6.90) sofort

$$\vec{\sigma} = D_\Delta \cdot C \cdot \vec{w}_e \qquad (6.93)$$

Jetzt lösen wir die eigentliche Aufgabe, die totale potentielle Energie in Abhängigkeit von den Knotenverschiebungen $\vec{w}_e$ darzustellen und dann in Bezug auf $\vec{w}_e$ zu minimieren. Dazu geben wir erstens die innere Energie mit Hilfe von (6.92) und (6.93) an:

$$U = \frac{1}{2} \cdot \int_{V_\Delta} \vec{\sigma}^T \cdot \vec{\varepsilon} \, dV = \frac{1}{2} \cdot \int_{V_\Delta} \vec{w}_e^T \cdot C^T \cdot D_\Delta \cdot C \cdot \vec{w}_e \, dV \quad . \qquad (6.94)$$

Man beachte, daß D_Δ symmetrisch ist, d.h. $D_\Delta^T = D_\Delta$.
Die Knotenpunktkräfte $\vec{F}_i^T = [F_{xi}, F_{yi}]$, $i=1,2,3$, fassen wir in dem Vektor $\vec{F}_e^T = [\vec{F}_1, \vec{F}_2, \vec{F}_3]$ zusammen. Das Potential dieser Kräfte ist

$$W = - \sum_{i=1}^{3} \vec{F}_i^T \cdot \vec{d}_i = - \vec{F}_e^T \cdot \vec{w}_e \quad . \qquad (6.95)$$

Die totale potentielle Energie Π_Δ für das Scheibendreieck hat das Aussehen

$$\Pi_\Delta = \frac{1}{2} \cdot \int_{V_\Delta} \vec{w}_e^T \cdot C^T \cdot D_\Delta \cdot C \cdot \vec{w}_e \, dV - \vec{F}_e^T \cdot \vec{w}_e \quad . \qquad (6.96)$$

Die Forderung $\quad \dfrac{\partial \Pi_\Delta}{\partial \vec{w}_e} = \vec{0}$

führt auf die ES-Beziehung $\quad \left(\int_{V_\Delta} C^T \cdot D_\Delta \cdot C^T \, dV \right) \cdot \vec{w}_e - \vec{F}_e = \vec{0}$,

die wir mit der Abkürzung

$$K_e = \int_{V_\Delta} C^T \cdot D_\Delta \cdot C \, dV$$

darstellen als

$$K_e \cdot \vec{w}_e = \vec{F}_e \quad . \qquad (6.97)$$

Da das Dreieck eine konstante Dicke h besitzt, vereinfachen wir das Volumenintegral in ein Flächenintegral,

$$K_e = \int_{V_\Delta} C^T \cdot D_\Delta \cdot C \, dV = h \cdot \int_{A_\Delta} C^T \cdot D_\Delta \cdot C \, dA \quad .$$

Wie wir aus (6.90) und (6.92) erkennen, bestehen die Matrizen C und D_Δ aus konstanten Elementen, wir können daher den Ausdruck $C^T \cdot D_\Delta \cdot C$ vor das Integral ziehen. Das restliche Doppelintegral stellt den Flächeninhalt $|\lambda|$ des Dreiecks dar:

$$K_e = h \cdot \int_{A_\Delta} C^T \cdot D_\Delta \cdot C \, dA = h \cdot C^T \cdot D_\Delta \cdot C \cdot \int_{A_\Delta} 1 \, dA$$

$$= h \cdot |\lambda| \cdot C^T \cdot D_\Delta \cdot C \quad .$$

Es bleibt das Matrizenprodukt $C^T \cdot D_\Delta \cdot C$ auszurechnen, zunächst $D_\Delta \cdot C$:

$$D_\Delta \cdot C = \frac{E}{2\lambda(1-\nu^2)} \cdot \begin{bmatrix} 1 & \nu & 0 \\ \nu & 1 & 0 \\ 0 & 0 & \frac{1-\nu}{2} \end{bmatrix} \cdot \begin{bmatrix} y_2-y_3 & 0 & y_3-y_1 & 0 & y_1-y_2 & 0 \\ 0 & x_3-x_2 & 0 & x_1-x_3 & 0 & x_2-x_1 \\ x_3-x_2 & y_2-y_3 & x_1-x_3 & y_3-y_1 & x_2-x_1 & y_1-y_2 \end{bmatrix}$$

$$= \frac{E}{2\lambda(1-\nu^2)} \begin{bmatrix} y_2-y_3 & \nu(x_3-x_2) & y_3-y_1 & \nu(x_1-x_3) & y_1-y_2 & \nu(x_2-x_1) \\ \nu(y_2-y_3) & x_3-x_2 & \nu(y_3-y_1) & x_1-x_3 & \nu(y_1-y_2) & x_2-x_1 \\ a(x_3-x_2) & a(y_2-y_3) & a(x_1-x_3) & a(y_3-y_1) & a(x_2-x_1) & a(y_1-y_2) \end{bmatrix} \quad (6.98)$$

mit $a = \frac{1-\nu}{2}$. (6.98) ist noch mit $h \cdot \lambda \cdot C^T$ von links zu multiplizieren:

$$K_e = \frac{E \cdot h}{4|\lambda|(1-\nu^2)} \cdot \begin{bmatrix} a_{11} & a_{12} & a_{13} & a_{14} & a_{15} & a_{16} \\ & a_{22} & a_{23} & a_{24} & a_{25} & a_{26} \\ & & a_{33} & a_{34} & a_{35} & a_{36} \\ & \text{symmetrisch} & & a_{44} & a_{45} & a_{46} \\ & & & & a_{55} & a_{56} \\ & & & & & a_{66} \end{bmatrix} \quad (6.99)$$

mit den Koeffizienten

$a_{11} = (y_3-y_2)^2 + a\cdot(x_3-x_2)^2$

$a_{12} = (a+\nu)(y_2-y_3)(x_3-x_2)$

$a_{13} = (y_3-y_2)(y_1-y_3) + a\cdot(x_3-x_2)(x_1-x_3)$

$a_{14} = \nu\cdot(y_3-y_2)(x_3-x_1) + a\cdot(y_3-y_1)(x_3-x_2)$

$a_{15} = (y_3-y_2)(y_2-y_1) + a\cdot(x_3-x_2)(x_2-x_1)$

$a_{16} = \nu\cdot(y_2-y_3)(x_2-x_1) + a\cdot(y_1-y_2)(x_3-x_2)$

$a_{22} = (x_3-x_2)^2 + a\cdot(y_3-y_2)^2$

$a_{23} = \nu\cdot(y_3-y_1)(x_3-x_2) + a\cdot(y_3-y_2)(x_3-x_1)$

$a_{24} = (x_3-x_2)(x_1-x_3) + a.(y_3-y_2)(y_1-y_3)$

$a_{25} = \nu\cdot(y_1-y_2)(x_3-x_2) + a\cdot(y_2-y_3)(x_2-x_1)$

$a_{26} = (x_3-x_2)(x_2-x_1) + a\cdot(y_3-y_2)(y_2-y_1)$

$a_{33} = (y_3-y_1)^2 + a.(x_3-x_1)^2$

$a_{34} = (a+\nu)(y_1-y_3)(x_3-x_1)$

$a_{35} = (y_2-y_1)(y_1-y_3) + a\cdot(x_2-x_1)(x_1-x_3)$

$a_{36} = \nu\cdot(y_3-y_1)(x_2-x_1) + a\cdot(y_1-y_2)(x_1-x_3)$

$a_{44} = (x_3-x_1)^2 + a\cdot(y_3-y_1)^2$

$a_{45} = \nu\cdot(y_2-y_1)(x_3-x_1) + a\cdot(y_3-y_1)(x_2-x_1)$

$a_{46} = (x_2-x_1)(x_1-x_3) + a\cdot(y_2-y_1)(y_1-y_3)$

$$a_{55} = (y_2-y_1)^2 + a\cdot(x_2-x_1)^2$$
$$a_{56} = (a+\nu)(y_1-y_2)(x_2-x_1)$$
$$a_{66} = (x_2-x_1)^2 + a\cdot(y_2-y_1)^2 \quad .$$

Da der Ansatz (6.85) für die Verschiebungen linear ist, werden die Verzerrungen und Spannungen innerhalb der Dreiecksfläche wegen (6.90) und (6.91) konstant sein. Ein Bauteil wird bei grober Zerlegung in Dreieckselemente auch nur grobe Näherungen liefern können. Mit einem quadratischen Ansatz für u(x,y) und v(x,y) verhält sich das Element schmiegsamer, man erhält auch bei grober Zerlegung schon brauchbare Ergebnisse. Dieser Vorteil wird aber zum Teil wieder zunichte gemacht durch die bei einem solchen Ansatz umfangreicheren ES-Matrizen, die daurch entstehen, daß mehr unbekannte Parameter im Verschiebungsansatz mehr Freiheitsgrade für die ES-Matrix bedeuten. Dies wiederum erzeugt größere GS-Matrizen.

- Beispiel 6.7:

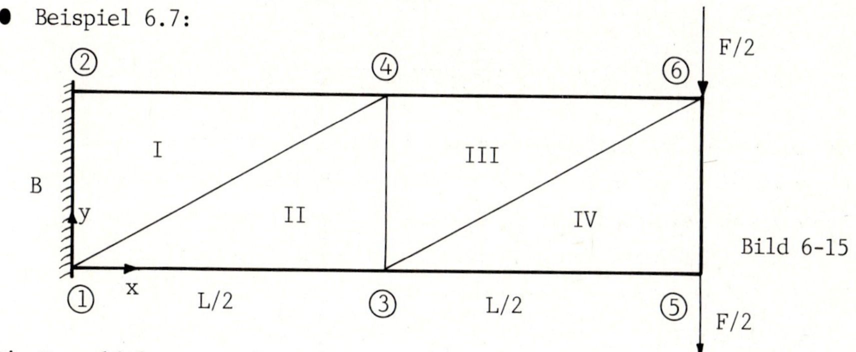

Bild 6-15

Die Verschiebungen und Spannungen des in Bild 6-15 belasteten Balkens werden mittels FEM mit dem Elementtyp "Ebenes Scheibendreieck" berechnet.

Breite $B = 200$ *mm*	*Elastizitätsmodul* $E = 210000\ N/mm^2$
Länge $L = 2000$ *mm*	*Querkontraktion* $\nu = 0{,}3$
Dicke $h = 5$ *mm*	*Last* $F = 1000\ N$.

1. Schritt: Wir zerlegen die Rechteckfläche in 4 Dreiecke, wie in Bild 6-15 dargestellt. Die Zeichnung ist nicht maßstabsgerecht, die Dreiecke sind in Wirklichkeit sehr langgezogen. Lange Dreiecke mit spitzen Winkeln wirken sich auf die Ergebnisse sehr ungünstig aus. Dieser 1. Schritt soll nur das Prinzip erläutern. Bei der Aufstellung der ES-Matrizen ist eine Transformation vom lokalen in das globale Koordinatensystem nicht erforderlich, da die ES-Matrix (6.99) in allgemeiner Lage aufgestellt wurde.

Knotenkoordinaten		
Knoten	x	y [mm]
1	0	0
2	0	200
3	1000	0
4	1000	200
5	2000	0
6	2000	200

Element-Knoten-Zuordnungen			
Elementnr.	Knoten 1	Knoten 2	Knoten 3
I	1	2	4
II	1	3	4
III	3	4	6
IV	3	5	6

Auflagerbedingungen [mm]		
Knoten	x-Versch.	y-Versch.
1	0	0
2	0	0

Belastungen [N]		
Knoten	x-Kompon.	y-Kompon.
5	0	-500
6	0	-500

Da die Last nicht auf der Balkenachse wirken kann, weil dort kein Knoten vorhanden ist, wird sie je zur Hälfte auf die Knoten 5 und 6 gelegt. Bezugnehmend auf die ES-Matrix in (6.99) berechnen wir zunächst den konstanten Faktor, der für alle Dreiecke gleich ist, da sie dieselbe Fläche haben:

$$|\lambda| = \frac{B \cdot L}{4} = 100000 \text{ mm}^2 \quad ,$$

$$\alpha = \frac{E \cdot h}{4\,|\lambda|(1-\nu^2)} = \frac{210000 \cdot 5}{4 \cdot 100000 \cdot (1-0{,}3^2)} \frac{N}{mm^3} = 2{,}88 \frac{N}{mm^2} \; .$$

Bei der Zuordnung der Knotennummern zu den Elementen spielt die Reihenfolge (Umlaufsinn) keine Rolle, da ein Vertauschen zweier Knotennummern ein Vertauschen entsprechender Zeilen und Spalten in der ES-Matrix bedeutet. Beim Aufaddieren der ES-Matrix werden ihre Untermatrizen in Abhängigkeit der beteiligten Knotennummern wieder an den gleichen Platz in der GS-Matrix gesetzt. Im übrigen geht der Faktor λ betragsmäßig, d.h. der Flächeninhalt positiv in die ES-Beziehung. Beim Ausrechnen von A^{-1} hinter (6.87) entsteht der Faktor λ, der sein Vorzeichen in Abhängigkeit von der Reihenfolge der Knotennummern erhält. Auch in C ist der Faktor λ enthalten, so daß in K_e insgesamt der Faktor $\frac{|\lambda|}{\lambda^2} = \frac{1}{|\lambda|}$ entsteht.
Wir bilden die ES-Matrizen durch Einsetzen der Koordinaten in die Beziehung (6.99):

$$K_{eI} = K_{eIII} = \alpha \cdot \begin{bmatrix} 350000 & 0 & -350000 & 70000 & 0 & -70000 \\ & 1000000 & 60000 & -1000000 & -60000 & 0 \\ & & 390000 & -130000 & -40000 & 70000 \\ & & & 1014000 & 60000 & -14000 \\ & \text{symmetrisch} & & & 40000 & 0 \\ & & & & & 14000 \end{bmatrix} \qquad (6.100)$$

$$
K_{eII} = K_{eIV} = \alpha \cdot \begin{bmatrix} 40000 & 0 & -40000 & 60000 & 0 & -60000 \\ & 14000 & 70000 & -14000 & -70000 & 0 \\ & & 390000 & -130000 & -350000 & 60000 \\ & & & 1014000 & 70000 & -1000000 \\ & \text{symmetrisch} & & & 350000 & 0 \\ & & & & & 1000000 \end{bmatrix} \qquad (6.101)
$$

Wir plazieren die 4 ES-Matrizen entsprechend der beteiligten Knotennummern in der GS-Matrix K_{ges} und klammern den Faktor $10^3 \cdot \alpha$ aus:

$$
\begin{bmatrix} G_{x1} \\ G_{y1} \\ G_{x2} \\ G_{y2} \\ 0 \\ 0 \\ 0 \\ 0 \\ 0 \\ -500 \\ 0 \\ -500 \end{bmatrix} = 10^3 \alpha \cdot \begin{bmatrix} 390 & 0 & -350 & 70 & 40 & 60 & 0 & -130 & 0 & 0 & 0 & 0 \\ & 1014 & 60 & -1000 & 70 & -14 & -130 & 0 & 0 & 0 & 0 & 0 \\ & & 390 & -130 & 0 & 0 & -40 & 70 & 0 & 0 & 0 & 0 \\ & & & 1014 & 0 & 0 & 60 & -14 & 0 & 0 & 0 & 0 \\ & & & & 780 & -130 & -700 & 130 & -40 & 60 & -130 & -130 \\ & & & & & 2028 & 130 & -2000 & 70 & -14 & -40 & 0 \\ & & & & & & 780 & -130 & 0 & 0 & 60 & 70 \\ & & & & & & & 2028 & 0 & 0 & -350 & -140 \\ & & \text{symmetrisch} & & & & & & 390 & -130 & & 60 \\ & & & & & & & & & 1014 & 70 & -1000 \\ & & & & & K_{red} & & & & & 390 & 0 \\ & & & & & & & & & & & 1014 \end{bmatrix} \cdot \begin{bmatrix} 0 \\ 0 \\ 0 \\ 0 \\ u_3 \\ v_3 \\ u_4 \\ v_4 \\ u_5 \\ v_5 \\ u_6 \\ v_6 \end{bmatrix}
$$

(6.102)

Wegen der Auflagerbedingungen in den Knoten 1 und 2 streichen wir die ersten 4 Zeilen und Spalten und erhalten das reduzierte Gleichungssystem mit K_{red}. Mit der Lösung dieses Gleichungssystems und den Auflagerbedingungen ergibt sich der Vektor der Knotenpunktverschiebungen zu

$$
\vec{w}^T = \left[u_1, v_1, \ldots, u_6, v_6 \right]
$$

$$
= \left[0 \quad 0 \quad 0 \quad 0 \quad -0{,}00695 \quad -0{,}0461 \quad 0{,}00648 \quad -0{,}0458 \quad -0{,}00965 \quad -0{,}137 \quad 0{,}00824 \quad -0{,}137 \right] \; [mm] \; .
$$

Die in den Dreiecksflächen konstanten Spannungen berechnen wir über die Gleichung (6.93), wobei die Matrix $D_\Delta \cdot C$ in (6.98) steht. Für das Element I ergibt sich $D_\Delta \cdot C$ mit $\frac{E}{2\lambda(1-\nu^2)} = -1{,}154$ zu

$$
D_\Delta \cdot C = -1{,}154 \cdot \begin{bmatrix} 0 & 300 & 200 & -300 & -200 & 0 \\ 0 & 1000 & 60 & -1000 & -60 & 0 \\ 350 & 0 & -350 & 70 & 0 & -70 \end{bmatrix} .
$$

Wir setzen in (6.93) ein:

$$\vec{\sigma}_I = \begin{bmatrix} \sigma_{xx} \\ \sigma_{yy} \\ \tau_{xy} \end{bmatrix} = D_\Delta \cdot C \cdot \begin{bmatrix} u_1 \\ v_1 \\ u_2 \\ v_2 \\ u_4 \\ v_4 \end{bmatrix} = D_\Delta \cdot C \cdot \begin{bmatrix} 0 \\ 0 \\ 0 \\ 0 \\ 0{,}00648 \\ -0{,}0458 \end{bmatrix} = \begin{bmatrix} 1{,}50 \\ 0{,}45 \\ -3{,}70 \end{bmatrix} \frac{N}{mm^2} \quad .$$

Für die anderen Elemente erhalten wir analog

Element II: *Element III:* *Element IV:*

$$\vec{\sigma}_{II} = \begin{bmatrix} -1{,}50 \\ -0{,}12 \\ 1{,}70 \end{bmatrix} \frac{N}{mm^2} \qquad \vec{\sigma}_{III} = \begin{bmatrix} 0{,}51 \\ 0{,}48 \\ -1{,}90 \end{bmatrix} \frac{N}{mm^2} \qquad \vec{\sigma}_{IV} = \begin{bmatrix} -0{,}51 \\ 0{,}18 \\ -0{,}10 \end{bmatrix} \frac{N}{mm^2} \quad .$$

Die Ergebnisse für die Verschiebungen und Spannungen vergleichen wir mit denen der Balkentheorie. Nach Beispiel 4.10 ist die Absenkung am Balkenende

$$w(L) = \frac{F \cdot L^3}{3E \cdot I_y} = \frac{4F \cdot L^3}{E \cdot h \cdot B^3} = 3{,}81 \ mm \quad .$$

Nach Beispiel 3.6 bekommen wir die Absenkung genauer, weil dort die Schubabsenkung berücksichtigt wurde:

$$w(L) = \frac{4F \cdot L^3}{E \cdot h \cdot B^3} + 3 \cdot \frac{F \cdot L}{E \cdot h \cdot B}(1+\nu) = 3{,}84 \ mm \quad .$$

Das gleiche Beispiel liefert uns die Spannungen über das dort eingeführte Koordinatensystem:

a) in der Einspannung am oberen Rand (x=0 , z=100):

$$\sigma_{xx} = -\frac{12F}{h \cdot B^3} \cdot z \cdot (L-x) \Big/_{\substack{x=0 \\ z=100}} = 60 \ \frac{N}{mm^2} \quad .$$

b) im Abstand 1000 mm von der Einspannung am unteren Rand (x=1000 , z=-100):

$$\sigma_{xx} = -\frac{12F}{h \cdot B^3} \cdot z \cdot (L-x) \Big/_{\substack{x=1000 \\ z=-100}} = -30 \ \frac{N}{mm^2} \quad .$$

Der Vergleich zeigt, wie ungenau die Ergebnisse der FEM-Rechnung bei der doch sehr groben Einteilung in 4 Dreiecke sind.

2. Schritt: *Wir nehmen eine neue Zerlegung des Balkens in Dreiecke vor, so daß die Katheten der Dreiecke die gleiche Länge 100 mm aufweisen. Über die Breite B sind daher 3 und über die Länge L 21 Knoten zu nehmen wie das folgende Bild 6-16 zeigt. Die Kraft kann nun auf der Balkenachse und*

und zwar in Knoten 62 angreifen. Die Knoten 1 , 2 und 3 werden in x- und y-Richtung festgehalten (Einspannung).

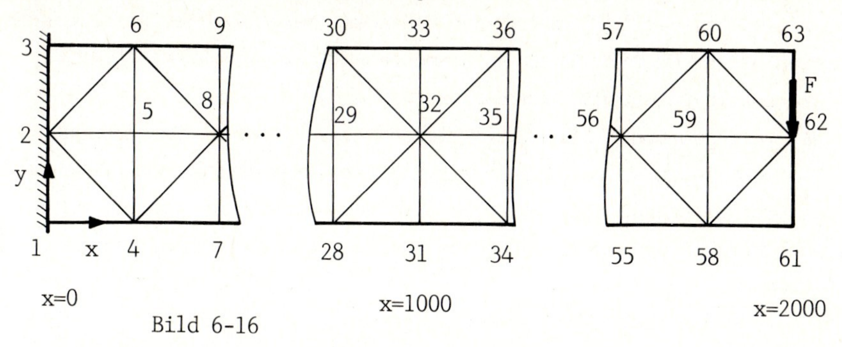

Bild 6-16

Die Struktur besteht aus 63 Knoten und 80 Dreieckselementen. Die FEM-Rechnung ist mit einem Programm durchgeführt worden.
Die Absenkung des Punktes P(2000/0), d.h. des Knoten 62 ist

$$w(2000,0) \quad = \quad -\,2{,}34 \text{ mm} \quad .$$

Die Spannung σ_{xx} *in der Einspannung am oberen Rand, d.h. im Knoten 3 entnehmen wir den Spannungswerten für das Element 4 (Knoten 2 , 3 , 6):*

$$\sigma_{xx}(0,200) \quad = \quad 33{,}83 \text{ N/mm}^2 \quad .$$

Die Spannung σ_{xx} *im Abstand 1000 mm von der Einspannung am unteren Rand, d.h. im Knoten 31 berechnen wir durch Mittelwertbildung der Spannungen aus den Elementen 37 (Knoten 28 ,32 , 31) und 41 (Knoten 31 , 32 , 34):*

$$\sigma_{xx}(1000,0) = \quad -\,18{,}14 \text{ N/mm}^2 \quad .$$

Auch diese Ergebnisse sind noch nicht brauchbar.

3. Schritt: Wir verfeinern die Struktur nochmals, indem wir in y-Richtung 7 Knoten und in x-Richtung 61 Knoten wählen, so daß die Dreiecke jetzt Kathetenlängen von 33,33 mm haben. Die Struktur besteht aus 427 Knoten und 720 Elementen. Die FEM-Rechnung bringt jetzt hinreichend genaue Ergebnisse:

$$w(2000,0) \quad = \quad -\,3{,}58 \text{ mm} \quad ,$$

$$\sigma_{xx}(0,200) \quad = \quad 57{,}21 \text{ N/mm}^2 \quad , \quad \sigma_{xx}(1000,0) \quad = \quad -\,28{,}03 \text{ N/mm}^2 \quad .$$

Da Kriterien über die Geschwindigkeit der Konvergenz nicht zur Verfügung stehen, muß sich der FEM-Benutzer große Erfahrung aneignen, um im jeweiligen Anwendungsfall entscheiden zu können, welche Struktur ihm hinreichend genaue Ergebnisse liefert. Auch spielt die Anordnung der Elemente hinsichtlich der Genauigkeit eine Rolle. ●

6.2.3 Die Konstruktion der ES-Matrix und Aufbau der GS-Matrix für den allgemeinen Fall

Nachdem wir 2 spezielle Elementtypen behandelt haben, wollen wir die Konstruktion der ES-Matrix und deren Einbettung in die GS-Matrix allgemein über die totale potentielle Energie entwickeln.

Wir zerlegen unser Bauteil in gleichartige Elemente. Das Element hat k Knoten, für jeden Knoten lassen wir f Freiheitsgrade zu. Man denke daran, daß als Freiheitsgrade nicht nur bis 3 Verschiebungen pro Knoten, sondern z.B. auch Verdrehungen usw. auftreten können. Das gesamte Bauteil besteht aus s Elementen und n Knoten.

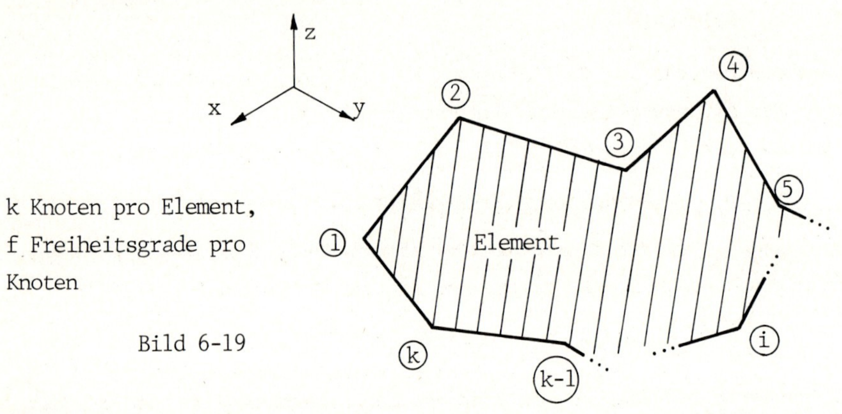

Bild 6-19

Wir betrachten das Element in Bild 6-19. Die Verschiebungsfunktion setzt sich aus f Verschiebungskomponenten zusammen:

$$\vec{d}^T(x,y,z) = \left[u_1(x,y,z) \ , \ u_2(x,y,z) \ , \ \dots \ , \ u_f(x,y,z) \right] \qquad (6.103)$$

Im Knoten i mit den Koordinaten $P_i(x_i/y_i/z_i)$ ergibt sich der Verschiebungsvektor

$$\vec{d}_i^T = \vec{d}^T(x_i,y_i,z_i) = \left[u_1(x_i,y_i,z_i), \ \dots \ , \ u_f(x_i,y_i,z_i) \right] ,$$

dessen Komponenten wir abkürzen:

$$\vec{d}_i^T = \left[u_{1i} \ , \ u_{2i} \ , \ \dots \ , \ u_{fi} \right] \quad . \qquad (6.104)$$

Der erste Index gibt den Freiheitsgrad, der zweite die Knotennummer an. Zum Beispiel ist $u_{3i} = u_3(x_i,y_i,z_i)$.

Sämtliche Verschiebungen in den k Knoten des Elements fassen wir in $\vec{w}_e$ zusammen:

$$\vec{w}_e^T = \left[\vec{d}_1^T \ , \ \vec{d}_2^T \ , \ \dots \ , \ \vec{d}_k^T \right]$$

$$= \left[u_{11},u_{21},\dots,u_{f1} \ , \ \dots \ , \ u_{1k},u_{2k},\dots,u_{fk} \right] . \qquad (6.105)$$

Es treten also f·k Verschiebungswerte am Element auf. In (6.105) sind die Komponenten knotenweise geordnet. Für spätere Zwecke ordnen wir die Komponenten nach den Freiheitsgraden:

$$\left[\underbrace{u_{11},u_{12},\dots,u_{1k}}_{\text{1.Freiheitsgrad}},\ \dots\ ,\ \underbrace{u_{j1},u_{j2},\dots,u_{jk}}_{\text{j.Freiheitsgrad}},\ \dots\ ,\ \underbrace{u_{f1},u_{f2},\dots,u_{fk}}_{\text{f.Freiheitsgrad}}\right] \tag{6.106}$$

Die Konstruktion der ES-Matrix beginnt mit der Wahl der f Verschiebungsfunktionen. Wir setzen die Verschiebungsfunktionen $u_1(x,y,z)$,..., $u_f(x,y,z)$ als *gleichartige* Polynome mit nur jeweils verschiedenen Koeffizienten an.

● Beispiel 6.8: *Die Knoten eines Elementtyps haben die 3 Freiheitsgrade u , v und w. Ein möglicher Verschiebungsansatz ist*

$$\begin{aligned} u(x,y,z) &= p_1(x,y,z) &= a_0 + a_1x + a_2y + a_3x^2y^2z \\ v(x,y,z) &= p_2(x,y,z) &= b_0 + b_1x + b_2y + b_3x^2y^2z \\ w(x,y,z) &= p_3(x,y,z) &= c_0 + c_1x + c_2y + c_3x^2y^2z \quad . \end{aligned}$$

Mit den Abkürzungen $\vec{\alpha}_1^T = [a_0 , a_1 , a_2 , a_3]$

$\vec{\alpha}_2^T = [b_0 , b_1 , b_2 , b_3]$

$\vec{\alpha}_3^T = [c_0 , c_1 , c_2 , c_3]$

und $\vec{R}^T(x,y,z) = [1 , x , y , x^2y^2z]$

schreiben wir

$$\begin{bmatrix} u(x,y,z) \\ v(x,y,z) \\ w(x,y,z) \end{bmatrix} = \begin{bmatrix} \vec{R}^T(x,y,z) & \vec{0} & \vec{0} \\ \vec{0} & \vec{R}^T(x,y,z) & \vec{0} \\ \vec{0} & \vec{0} & \vec{R}^T(x,y,z) \end{bmatrix} \cdot \begin{bmatrix} \vec{\alpha}_1 \\ \vec{\alpha}_2 \\ \vec{\alpha}_3 \end{bmatrix}$$

●

Allgemein definieren wir

$$\begin{aligned} u_1(x,y,z) &= p_1(x,y,z) \\ u_2(x,y,z) &= p_2(x,y,z) \\ &\vdots \\ u_f(x,y,z) &= p_f(x,y,z) \end{aligned} \tag{6.107}$$

oder vektoriell

$$\vec{d}^T(x,y,z) = \left[p_1(x,y,z),p_2(x,y,z),\dots,p_f(x,y,z)\right] \ .$$

Wie in Beispiel 6.8 gezeigt stellen wir die Polynome als Skalarprodukte des Vektors $\vec{R}^T(x,y,z)$ der Potenzen mit dem Vektor $\vec{\alpha}_j$ der jeweiligen

Koeffizienten dar:

$$u_1(x,y,z) = \vec{R}^T(x,y,,z)\cdot\left[a_{11},a_{12},\ldots,a_{1k}\right] = \vec{R}^T(x,y,z)\cdot\vec{\alpha}_1$$
$$u_2(x,y,z) = \vec{R}^T(x,y,z)\cdot\left[a_{21},a_{22},\ldots,a_{2k}\right] = \vec{R}^T(x,y,z)\cdot\vec{\alpha}_2$$
$$\vdots$$
$$u_f(x,y,z) = \vec{R}^T(x,y,z)\cdot\left[a_{f1},a_{f2},\ldots,a_{fk}\right] = \vec{R}^T(x,y,z)\cdot\vec{\alpha}_f$$

bzw. mit (6.103) in Matrizendarstellung (6.108)

$$\vec{d}(x,y,z) = \begin{bmatrix} \vec{R}^T & \vec{0} & \vec{0} & \ldots & \vec{0} \\ \vec{0} & \vec{R}^T & \vec{0} & \ldots & \vec{0} \\ & & \cdot & & \\ & & & \cdot & \\ \vec{0} & \vec{0} & \ldots & \cdot & \vec{R}^T \end{bmatrix} \cdot \begin{bmatrix} \vec{\alpha}_1 \\ \vec{\alpha}_2 \\ \\ \\ \vec{\alpha}_f \end{bmatrix} .$$

Als erstes sollen die Polynomkoeffizienten durch die Verschiebungswerte an den Knoten ersetzt werden. Das bedeutet, daß zu den $f\cdot k$ Verschiebungswerten genausoviele Koeffizienten bereitgestellt werden müssen. Da wir f Verschiebungsfunktionen in (6.108) definiert haben, muß jedes Polynom aus genau k unbekannten Koeffizienten bestehen, d.h. $\vec{\alpha}_j$ muß k Komponenten besitzen.

● Beispiele 6.9:

① *Stab mit 2 Knoten:*

Ansatz a):
$$u(x) = a_0 + a_1 x = \left[1\ ,\ x\right]\cdot\begin{bmatrix} a_0 \\ a_1 \end{bmatrix} = \vec{R}^T(x)\cdot\vec{\alpha}$$

Den Verschiebungswerten u_1, u_2 stehen 2 Polynomkoeffizienten a_0, a_1 gegenüber.

Ansatz b):
$$u(x) = a_0 + a_1 x + a_2 x^2$$

Dieser Ansatz ist nicht möglich, da den 3 Koeffizienten a_0, a_1, a_2 nur 2 Verschiebungen u_1, u_2 gegenüberstehen.

Ansatz c):
$$u(x) = a_0 + a_1 x^2$$

Dieser Ansatz ist zwar formal möglich, läßt sich aber bei den linearen Festigkeitsverhältnissen am Zug-Druck-Stab nicht verwenden, da ε_{xx} konstant ist, im Ansatz aber kein linearer Anteil vorhanden ist, der bei Differentiation konstant ist:

$$\varepsilon_{xx} = \frac{du}{dx} = 2a_1 x \quad .$$

② *Stab mit 3 Knoten:*

Ansatz: $u(x) = a_0 + a_1 x + a_2 x^2 = \left[1\ ,\ x\ ,\ x^2\right] \cdot \begin{bmatrix} a_0 \\ a_1 \\ a_2 \end{bmatrix}$

Der Ansatz muß ein quadratisches Glied enthalten, da zu drei Verschiebungen u_1 , u_2 , u_3 *drei Koeffizienten vorhanden sein müssen.*

③ *Ebenes Dreieck mit 4 Knoten:*

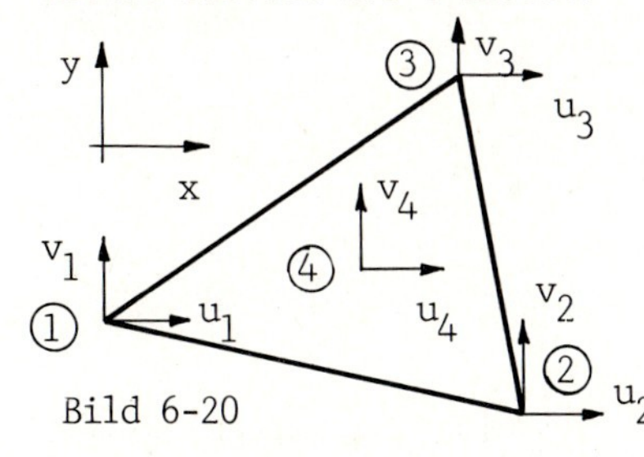

Bild 6-20

Der lineare Ansatz aus (6.85) kann schmiegsamer gemacht werden, wenn ein Glied der Form $x \cdot y$ *hinzugenommen werden kann:*

$$u(x,y) = a_0 + a_1 x + a_2 y + a_3 xy$$
$$v(x,y) = b_0 + b_1 x + b_2 y + b_3 xy \quad .$$

Da die Koeffizienten $a_0, \ldots, a_3$, $b_0, \ldots, b_3$ *durch Verschiebungen ersetzt werden sollen, muß für das Dreieck ein weiterer Knotenpunkt definiert werden, so daß dann 8 Verschiebungen* $u_1, \ldots, v_4$ *vorhanden sind. Als 4. Knotenpunkt kann man den Schwerpunkt der Dreiecksfläche wählen. Der obige Ansatz kann entsprechend (6.108) umgeformt werden:*

$$\vec{d}(x,y) = \begin{bmatrix} u(x,y) \\ v(x,y) \end{bmatrix} = \begin{bmatrix} 1 & x & y & xy & 0 & 0 & 0 & 0 \\ 0 & 0 & 0 & 0 & 1 & x & y & xy \end{bmatrix} \cdot \begin{bmatrix} a_0 \\ \vdots \\ a_3 \\ b_0 \\ \vdots \\ b_3 \end{bmatrix} = \begin{bmatrix} \vec{R}^T & \vec{0} \\ \vec{0} & \vec{R}^T \end{bmatrix} \cdot \begin{bmatrix} \vec{\alpha}_1 \\ \vec{\alpha}_2 \end{bmatrix} \quad .$$

Den Vorteil der verbesserten Schmiegsamkeit des Verschiebungsansatzes haben wir allerdings durch eine größere ES-Matrix, eine (8,8)-Matrix erkauft, durch die dann auch die GS-Matrix sich aufbläht. ●

Es gibt noch eine Reihe von weiteren Gründen außer dem im Beispiel genannten dafür, daß man die Verschiebungsansätze nicht beliebig wählen darf. Es sei bemerkt, daß z.B. die Stetigkeit des Verschiebungsfeldes an den Rändern des Elements im Übergang zum Nachbarelement eine mögliche Forderung ist. Verlangen wir z.B. weiter geometrische Isotropie, d.h. sollen bei Koordinatentransformationen die Verschiebungsansätze invariant sein, bedeutet dies eine weitere Einschränkung in der Wahl der Verschiebungsfunktionen. Wir wollen in diesem Abschnitt nicht über die optimale Wahl von Ansatzfunktionen diskutieren, sondern die Konstruktion der ES-Matrix aus dem Verschiebungsansatz erläutern.

Wir knüpfen jetzt an die Beziehung (6.108) an und wollen die Koeffizienten $\vec{\alpha}_j$, j=1,...,f durch die Verschiebungswerte an den Elementknoten ersetzen. Dies führen wir für die $\vec{\alpha}_j$ getrennt durch. Dazu betrachten wir die Verschiebungen des Freiheitsgrades j an allen Knoten des Elements, für die nach (6.108) gilt:

$$
\begin{aligned}
u_{j1} &= u_j(x_1,y_1,z_1) = \vec{R}^T(x_1,y_1,z_1)\cdot\vec{\alpha}_j \\
u_{j2} &= u_j(x_2,y_2,z_2) = \vec{R}^T(x_2,y_2,z_2)\cdot\vec{\alpha}_j \\
&\vdots \\
u_{jk} &= u_j(x_k,y_k,z_k) = \vec{R}^T(x_k,y_k,z_k)\cdot\vec{\alpha}_j \quad .
\end{aligned}
$$

Zusammengefaßt haben wir

$$
\begin{bmatrix} u_{j1} \\ u_{j2} \\ \vdots \\ u_{jk} \end{bmatrix} = \begin{bmatrix} \vec{R}^T(x_1,y_1,z_1) \\ \vec{R}^T(x_2,y_2,z_2) \\ \vdots \\ \vec{R}^T(x_k,y_k,z_k) \end{bmatrix} \cdot \vec{\alpha}_j = A \cdot \vec{\alpha}_j \quad . \tag{6.109}
$$

Da $\vec{\alpha}_j$ aus k Koeffizienten besteht, ist A eine quadratische Matrix. Außerdem ist A regulär. Wir bilden die inverse Beziehung

$$
\vec{\alpha}_j = A^{-1} \cdot \begin{bmatrix} u_{j1} \\ u_{j2} \\ \vdots \\ u_{jk} \end{bmatrix} \quad . \tag{6.110}
$$

Dies setzen wir in die j-te Zeile von (6.108) ein:

$$
u_j(x,y,z) = \vec{R}^T(x,y,z)\cdot A^{-1} \cdot \begin{bmatrix} u_{j1} \\ u_{j2} \\ \vdots \\ u_{jk} \end{bmatrix} \quad . \tag{6.111}
$$

Das Produkt $\vec{R}^T \cdot A^{-1}$ ist ein Zeilenvektor aus k Komponenten:

$$
\vec{R}^T \cdot A^{-1} = \left[N_1(x,y,z), N_2(x,y,z), \ldots, N_k(x,y,z) \right] \quad . \tag{6.112}
$$

Die $N_i(x,y,z)$ heißen die *Formfunktionen* des Verschiebungsansatzes. Die Beziehung (6.111) gilt für alle Verschiebungsfunktionen, d.h. für j=1,...,f. Damit wird aus (6.108):

$$
\vec{d}(x,y,z) = \begin{bmatrix} N_1 N_2 \ldots N_k & 0\ 0 \ldots 0 & \ldots & 0 \\ 0\ 0 \ldots 0 & N_1 N_2 \ldots N_k & 0 \ \ldots & 0 \\ & & & \\ 0\ 0 \ldots 0 & 0\ 0 \ldots 0 & \ldots & 0 \ N_1 N_2 \ldots N_k \end{bmatrix} \cdot \begin{bmatrix} u_{11} \\ \vdots \\ u_{1k} \\ \vdots \\ u_{f1} \\ \vdots \\ u_{fk} \end{bmatrix} \quad . \tag{6.113}
$$

Die Verschiebungen auf der rechten Seite sind nach den Freiheitsgraden geordnet. Wenn wir die Verschiebungen knotenweise umordnen, erhalten wir wieder den Vektor $\vec{w}_e^T$ aus (6.105). Dann müssen wir auch die Spalten der Matrix entsprechend umordnen:

$$\vec{d}(x,y,z) = \begin{bmatrix} N_1 & 0 \ldots 0 & N_2 & 0 \ldots 0 & N_3 & \ldots & N_k & 0 \ldots 0 \\ 0 & N_1 & 0 \ldots 0 & N_2 & 0 \ldots 0 & N_3 & 0 \ldots 0 & N_k 0 \ldots 0 \\ \\ 0 \ldots 0 & N_1 & 0 \ldots 0 & N_2 & 0 & \ldots & 0 \ldots 0 & N_k \end{bmatrix} \cdot \vec{w}_e$$

$$= N \cdot \vec{w}_e \quad . \tag{6.114}$$

Für die weitere Ausführung mit der totalen potentiellen Energie nehmen wir der einfacheren Schreibweise wegen an, daß die Anzahl der Freiheitsgrade f = 3 ist, d.h. wir haben die Verschiebungen u , v und w an jedem Knoten. Aus (6.114) wird

$$\vec{d}(x,y,z) = \begin{bmatrix} N_1 & 0 & 0 & N_2 & 0 & 0 & N_3 & 0 \ldots 0 & N_k & 0 & 0 \\ 0 & N_1 & 0 & 0 & N_2 & 0 & 0 & N_3 \ldots 0 & 0 & N_k & 0 \\ 0 & 0 & N_1 & 0 & 0 & N_2 & 0 & 0 \; N_3 \ldots 0 & 0 & 0 & N_k \end{bmatrix} \cdot \begin{bmatrix} u_1 \\ v_1 \\ w_1 \\ \vdots \\ u_k \\ v_k \\ w_k \end{bmatrix} \tag{6.115}$$

$$= N \cdot \vec{w}_e \quad .$$

Die Matrix N ist hier eine (3,3k)-Matrix.

Mit dieser Beziehung bereiten wir den Spannungsvektor und den Verzerrungsvektor auf für die totale potentielle Energie. Wir benutzen die Beziehungen (3.21) und (3.29),

$$\vec{\varepsilon} = B \cdot \vec{d}(x,y,z)$$

$$\vec{\sigma} = D \cdot \vec{\varepsilon} = D \cdot B \cdot \vec{d}(x,y,z)$$

und berechnen mit (6.115) zunächst $\vec{\varepsilon}$:

$$\vec{\varepsilon} = \begin{bmatrix} \frac{\partial N_1}{\partial x} & 0 & 0 & \frac{\partial N_2}{\partial x} & 0 & 0 & \frac{\partial N_3}{\partial x} & \ldots & \frac{\partial N_k}{\partial x} & 0 & 0 \\ 0 & \frac{\partial N_1}{\partial y} & 0 & 0 & \frac{\partial N_2}{\partial y} & 0 & 0 & \ldots & 0 & \frac{\partial N_k}{\partial y} & 0 \\ 0 & 0 & \frac{\partial N_1}{\partial z} & 0 & 0 & \frac{\partial N_2}{\partial z} & 0 & \ldots & 0 & 0 & \frac{\partial N_k}{\partial z} \\ \frac{\partial N_1}{\partial y} & \frac{\partial N_1}{\partial x} & 0 & \frac{\partial N_2}{\partial y} & \frac{\partial N_2}{\partial x} & 0 & \frac{\partial N_3}{\partial y} & \ldots & \frac{\partial N_k}{\partial y} & \frac{\partial N_k}{\partial x} & 0 \\ 0 & \frac{\partial N_1}{\partial z} & \frac{\partial N_1}{\partial y} & 0 & \frac{\partial N_2}{\partial z} & \frac{\partial N_2}{\partial y} & 0 & \ldots & 0 & \frac{\partial N_k}{\partial z} & \frac{\partial N_k}{\partial y} \\ \frac{\partial N_1}{\partial z} & 0 & \frac{\partial N_1}{\partial x} & \frac{\partial N_2}{\partial z} & 0 & \frac{\partial N_2}{\partial x} & \frac{\partial N_3}{\partial z} & \ldots & \frac{\partial N_k}{\partial z} & 0 & \frac{\partial N_k}{\partial x} \end{bmatrix} \cdot \begin{bmatrix} u_1 \\ v_1 \\ w_1 \\ \vdots \\ \\ u_k \\ v_k \\ w_k \end{bmatrix} \tag{6.116}$$

Wir bezeichnen die Matrix in (6.116) mit C und benutzen für die Verschiebungen (6.105):

$$\vec{\varepsilon} \quad = \quad C \cdot \vec{w}_e \quad = \quad C \cdot \begin{bmatrix} \vec{d}_1 \\ \vdots \\ \vec{d}_k \end{bmatrix} \quad , \tag{6.116a}$$

bzw. für den Spannungsvektor

$$\vec{\sigma} \quad = \quad D \cdot C \cdot \vec{w}_e \quad = \quad D \cdot C \cdot \begin{bmatrix} \vec{d}_1 \\ \vdots \\ \vec{d}_k \end{bmatrix} \quad . \tag{6.116b}$$

① Die totale potentielle Energie für das Element:

ⓐ Die innere Energie:

Das Bauteil besteht aus s Elementen. Ein beliebiges Element e, e=1,...,s , hat das Volumen V_e und die Oberfläche O_e. Mit (6.116a,b) ergibt sich für die innere Energie

$$U_e \quad = \quad \frac{1}{2} \cdot \int_{V_e} \vec{\sigma}^T \cdot \vec{\varepsilon} \, dV \quad = \quad \frac{1}{2} \cdot \int_{V_e} \vec{w}_e^T \cdot C^T \cdot D \cdot C \cdot \vec{w}_e \, dV \quad . \tag{6.117}$$

ⓑ Das Potential der äußeren Kräfte:

Im Element können Volumenkräfte (z.B. Eigengewicht) $\vec{F}^T = [\bar{X} , \bar{Y} , \bar{Z}]$, Oberflächenkräfte $\vec{P}^T = [P_x , P_y , P_z]$ und speziell an den Knoten Einzelkräfte $\vec{F}_e^T = [\vec{F}_1 , \vec{F}_2 , \ldots , \vec{F}_k]$ wirken, wobei an einem Elementknoten i , i = 1,...,k entweder die gegebene Kraft $\vec{F}_i$ oder aber der Nullvektor gewählt wird:

$$\begin{aligned} W_e \quad &= \quad - \int_{V_e} \vec{F}^T \cdot \vec{d}(x,y,z) \, dV \quad - \quad \int_{O_e} \vec{P}^T \cdot \vec{d}(x,y,z) \, dO \quad - \quad \vec{F}_e^T \cdot \vec{w}_e \\ &= \quad - \int_{V_e} \vec{F}^T \cdot N \cdot \vec{w}_e \, dV \quad - \quad \int_{O_e} \vec{P}^T \cdot N \cdot \vec{w}_e \, dO \quad - \quad \vec{F}_e^T \cdot \vec{w}_e \quad , \end{aligned} \tag{6.118}$$

wobei wir (6.115) zu Hilfe genommen haben.

ⓒ Die totale potentielle Energie:

$$\begin{aligned} \Pi_e \quad &= \quad U_e \quad + \quad W_e \\ &= \quad \frac{1}{2} \cdot \int_{V_e} \vec{w}_e^T \cdot C^T \cdot D \cdot C \cdot \vec{w}_e \, dV \; - \; \int_{V_e} \vec{F}^T \cdot N \cdot \vec{w}_e \, dV \; - \; \int_{O_e} \vec{P}^T \cdot N \cdot \vec{w}_e \, dO \; - \; \vec{F}_e^T \cdot \vec{w}_e \quad . \end{aligned} \tag{6.119}$$

Ⓓ Minimierung von Π_e hinsichtlich $\vec{w}_e$:

$$\frac{\partial \Pi_e}{\partial \vec{w}_e} = \vec{0} = \Big(\int_{V_e} C^T \cdot D \cdot C \, dV\Big) \cdot \vec{w}_e - \int_{V_e} \vec{F}^T \cdot N \, dV - \int_{O_e} \vec{P}^T \cdot N \, dO - \vec{F}_e \, . \tag{6.120}$$

Wir führen die folgenden Abkürzungen ein,

$$K_e = \int_{V_e} C^T \cdot D \cdot C \, dV \, ,$$

$$\vec{G}_e = - \int_{V_e} \vec{F}^T \cdot N \, dV - \int_{O_e} \vec{P}^T \cdot N \, dO - \vec{F}_e \tag{6.121}$$

und erhalten die ES-Beziehung

$$K_e \cdot \vec{w}_e = \vec{G}_e \, . \tag{6.122}$$

An die Stelle des Vektors $\vec{F}_e$ der Knotenkräfte tritt hier der Vektor $\vec{G}_e$ der Ersatzknotenkräfte. Das bedeutet:
Treten im Element Volumenkräfte $\vec{F}$ auf, können sie ersatzweise als äquivalente Knotenkräfte über $-\int_{V_e} \vec{F}^T \cdot N \, dV$ berechnet werden. Oberflächenkräfte werden durch das Integral $-\int_{O_e} \vec{P}^T \cdot N \, dO$ auf die Knoten verteilt. Im Abschnitt 6.2.4 werden diese Integrale beispielhaft ausgewertet.

② Die gesamte totale potentielle Energie für das Bauteil:

ⓐ Die innere Energie:

Wir summieren über alle U_e , e=1,...,s auf:

$$U_{ges} = \sum_{e=1}^{s} \Big(\frac{1}{2} \cdot \int_{V_e} \vec{w}_e^T \cdot C^T \cdot D \cdot C \cdot \vec{w}_e \, dV \Big) = \frac{1}{2} \cdot \sum_{e=1}^{s} \vec{w}_e^T \Big(\int_{V_e} C^T \cdot D \cdot C \, dV \Big) \cdot \vec{w}_e$$

$$= \frac{1}{2} \cdot \sum_{e=1}^{s} \vec{w}_e^T \cdot K_e \cdot \vec{w}_e \, . \tag{6.123}$$

Wie schon in (6.73) dargestellt, erweitern wir den Vektor $\vec{w}_e$, der aus den k Verschiebungen der k Knoten des Elements e besteht, formal zum Verschiebungsvektor aller Knoten des Bauteils,

$$\vec{w}^T = \left[\vec{d}_1 \, , \vec{d}_2 \quad \ldots \, , \vec{d}_n \right]$$

und müssen die Matrix K_e dann auch in eine $(f \cdot n, f \cdot n)$-Matrix K_e^{erw} einbetten (beispielhaft in (6.73)).

(6.123) ändert sich damit in

$$U_{ges} = \frac{1}{2} \cdot \sum_{e=1}^{s} \vec{w}^T \cdot K_e^{erw} \cdot \vec{w} \qquad (6.124)$$

(b) Das Potential der äußeren Kräfte:

Wir summieren über alle W_e , e=1,...,s auf:

$$W_{ges} = - \sum_{e=1}^{s} \left(\int_{V_e} \vec{F}^T \cdot N \cdot \vec{w}_e \, dV + \int_{O_e} \vec{P}^T \cdot N \cdot \vec{w}_e \, dO + \vec{F}_e^T \cdot \vec{w}_e \right)$$

$$= - \sum_{e=1}^{s} \left(\int_{V_e} \vec{F}^T \cdot N \, dV \cdot \vec{w}_e + \int_{O_e} \vec{P}^T \cdot N \, dO \cdot \vec{w}_e + \vec{F}_e^T \cdot \vec{w}_e \right) \qquad (6.125)$$

Unter der Summe stehen Skalarprodukte von Vektoren mit je k Komponenten. Auch hier betten wir die Vektoren in Vektoren der gesuchten GS-Beziehung, z.B. $\vec{w}_e$ in $\vec{w}$. Indem wir die Abkürzungen

$$\vec{f}_e^T = \int_{V_e} \vec{F}^T \cdot N \, dV \quad , \qquad (6.126)$$

dies ist der Lastvektor der Volumenkräfte im Element e,

$$\vec{p}_e^T = \int_{O_e} \vec{P}^T \cdot N \, dO \quad , \qquad (6.127)$$

dies ist der Lastvektor der Oberflächenkräfte des Elements e, einführen und beachten, daß die dritte Summe,

$$- \sum_{e=1}^{s} \vec{F}_e^T \cdot \vec{w}$$

die Summe der Knotenkräfte aller Elemente in allen Knoten bedeutet, d.h. wegen der Gleichgewichtsbedingungen in den Knoten gleich den vorgegebenen äußeren Knotenkräften $\vec{G}_i$, i=1,...,n sein muß,

$$\sum_{e=1}^{s} \vec{F}_e^T \cdot \vec{w} = \vec{G}^T \cdot \vec{w} \quad \text{mit} \quad \vec{G}^T = \left[\vec{G}_1, \vec{G}_2, \ldots, \vec{G}_n \right] ,$$

erhalten wir für (6.125)

$$W_{ges} = - \sum_{e=1}^{s} \left(\vec{f}_e^T \cdot \vec{w} + \vec{p}_e^T \cdot \vec{w} \right) - \vec{G}^T \cdot \vec{w} \quad . \qquad (6.128)$$

(c) Die totale potentielle Energie:

$$\Pi_{ges} = U_{ges} + W_{ges}$$

$$= \frac{1}{2} \cdot \sum_{e=1}^{s} \vec{w}^T \cdot K_e^{erw} \cdot \vec{w} - \sum_{e=1}^{s} (\vec{f}_e^T + \vec{p}_e^T) \cdot \vec{w} - \vec{G}^T \cdot \vec{w} \quad . \qquad (6.129)$$

ⓓ Minimierung von Π_{ges} hinsichtlich $\vec{w}$:

$$\frac{\partial \Pi_{ges}}{\partial \vec{w}} = \vec{0} = (\sum_{e=1}^{s} K_e^{erw}) \cdot \vec{w} - \sum_{e=1}^{s} (\vec{f}_e + \vec{p}_e) - \vec{G}$$

oder mit den Abkürzungen

$$K_{ges} = \sum_{e=1}^{s} K_e^{erw} \quad , \qquad (6.130)$$

$$\vec{G}^* = \sum_{e=1}^{s} (\vec{f}_e + \vec{p}_e) + \vec{G} \qquad (6.131)$$

ergibt sich die Gesamtsteifigkeitsbeziehung

$$K_{ges} \cdot \vec{w} = \vec{G}^* \quad . \qquad (6.132)$$

Sind weder Volumen- noch Oberflächenkräfte vorhanden, wirken nur die vorgegebenen Lasten $\vec{G}$ an den Knoten und es gilt

$$\vec{G}^* = \vec{G} \quad .$$

Der Lastvektor $\vec{G}^*$, wenn er Volumen- und/oder Oberflächenkräfte enthält, stellt einen Ersatzvektor von Knotenlasten dar. Dieses Thema wurde schon in Abschnitt 5.4 behandelt. Im folgenden Abschnitt werden die Ersatzkräfte über (6.126) und (6.127) für einige Fälle ausgerechnet.

Da die ES-Matrizen $\int_{V_e} C^T \cdot D \cdot C \, dV$ wegen $(C^T \cdot D \cdot C)^T = C^T \cdot D \cdot C$ symmetrisch sind (Satz 1.1), also auch die ES-Matrizen K_e^{erw} und weiter das Einbetten der ES-Matrizen in die GS-Matrix ein symmetrischer Vorgang ist, folgt, daß auch die GS-Matrix K_{ges} symmetrisch ist. Da die innere Energie, wie gezeigt, eine positiv definite Form ist, folgt über (6.124), daß K_{ges} eine positiv definite Matrix ist. Zur Lösung des Gleichungssystems bietet sich also unter anderen das Cholesky-Verfahren an.

6.2.4 Darstellung von stetig verteilten Volumen- und Flächenlasten

Wenn wir auf ein Bauteil nur Einzellasten auf gewisse Knoten aufbringen, entfallen für die totale potentielle Energie die Anteile $\vec{f}_e$ und $\vec{p}_e$ und in der GS-Beziehung (6.132) reduziert sich der Lastvektor $\vec{G}^*$ auf

$$\vec{G}^T = \left[\vec{G}_1 , \vec{G}_2 , \ldots , \vec{G}_n\right] .$$

Liegt am Knoten i eine äußere Last vor, wird sie als $\vec{G}_i$ in $\vec{G}$ eingetragen. Liegt dagegen keine Last vor, wird $\vec{G}_i = \vec{0}$ gesetzt. Ist andererseits im Knoten i z.B. ein Auflager vorgesehen, das alle Freiheitsgrade festsetzt, wird $\vec{G}_i$ als unbekannter Vektor in $\vec{G}$ angenommen.

Wenn Strecken-, Flächen- oder Volumenlasten vorliegen, sind zunächst diejenigen Elemente festzuhalten, auf denen solche Kräfte wirken. Betrachten wir ein solches Element e. Indem wir die Integrale (6.126) und (6.127) auswerten, ergeben sich die zusätzlichen Knotenersatzlasten an den Elementknoten, die wir zum Vektor $\vec{G}$ an den richtigen Stellen aufaddieren.

● Beispiel 6.10: *Über der Länge eines Zug-Druck-Stabes ist eine Volumenlast $F(x) = p_0$ für $0 \leqq x \leqq L$ gegeben. Die aufsummierte Gesamtlast beträgt bei einer Querschnittsfläche A daher*

$$p_{ges} = p_0 \cdot A \cdot L \quad .$$

Wir betrachten der Einfachheit halber das Problem im lokalen Koordinatensystem des Stabes.

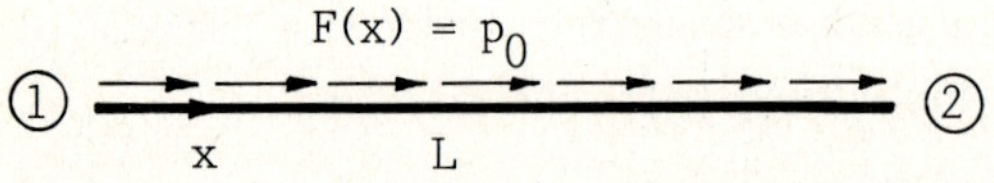

F(x) = p_0

① ② x L

Bild 6-21

Die Matrix bzw. hier der Vektor der Formfunktionen ist für den Zug-Druck-Stab nach (6.60)

$$N = \left[1 - \frac{x}{L} , \frac{x}{L}\right] \quad .$$

Wir berechnen den Ersatzlastvektor mit (6.126):

$$\vec{f}_e^T = \int_{V_e} \vec{F}^T \cdot N \, dV = \int_0^L \int_A p_0 \cdot \left[1-\frac{x}{L} , \frac{x}{L}\right] dA \, dx$$

$$= p_0 \cdot A \cdot \int_0^L \left[1-\frac{x}{L} , \frac{x}{L}\right] dx = p_0 \cdot A \cdot \left[x - x^2/2L , x^2/2L\right] \Big/_0^L$$

$$= \left[\frac{p_0 \cdot A \cdot L}{2} , \frac{p_0 \cdot A \cdot L}{2}\right] .$$

Hat der Stab z.B. bei einem ebenen Fachwerk eine allgemeine Lage (Bild 1-4), müssen wir die beiden Ersatzknotenkräfte in $\vec{f}_e$ über den Winkel α transformieren:

$$\vec{f}_e = \frac{p_0 \cdot A \cdot L}{2} \begin{bmatrix} \cos\alpha \\ \sin\alpha \\ \cos\alpha \\ \sin\alpha \end{bmatrix} \begin{matrix} \} \text{ Knoten } 1 \\ \\ \} \text{ Knoten } 2 \end{matrix}$$

● Beispiel 6.11: *Linienlast auf der Kante des ebenen Scheibendreiecks*

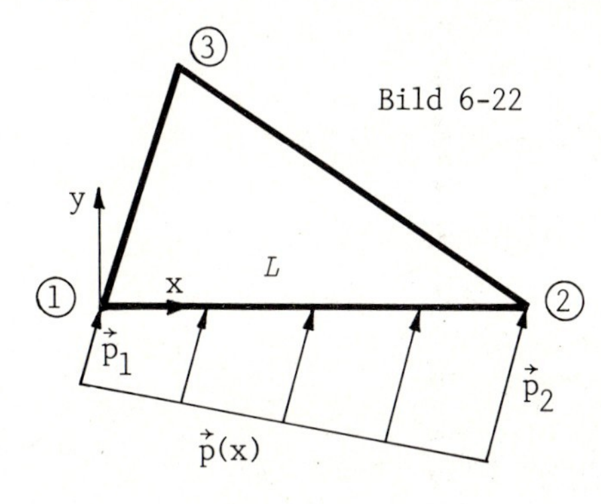

Bild 6-22

Wir legen ein lokales Koordinatensystem mit der x-Achse längs der Lastkante in die Dreiecksebene. Die Last $\vec{p}(x)$ wirkt in x- und y-Richtung trapezförmig, d.h. sie ist durch die beiden Kräfte $\vec{p}_1$ und $\vec{p}_2$ festgelegt:

$$\vec{p}_1 = \begin{bmatrix} p_{x1} \\ p_{y1} \end{bmatrix}, \quad \vec{p}_2 = \begin{bmatrix} p_{x2} \\ p_{y2} \end{bmatrix}.$$

Daraus können wir $\vec{p}(x)$ berechnen:

$$\vec{p}(x) = \begin{bmatrix} \frac{p_{x2} - p_{x1}}{L} \cdot x + p_{x1} \\ \frac{p_{y2} - p_{y1}}{L} \cdot x + p_{y1} \end{bmatrix} = \begin{bmatrix} p_x(x) \\ p_y(x) \end{bmatrix} . \quad (6.133)$$

Bei den vorgelegten Knotenkoordinaten $P_1(0/0)$, $P_2(L/0)$, $P_3(x_3/y_3)$ ist der Flächeninhalt des Dreiecks

$$\lambda = \frac{1}{2} \cdot L \cdot y_3 .$$

Die Matrix N der Formfunktionen steht für das Scheibendreieck in (6.89) und oben auf der folgenden Seite. Für die einzelnen Formfunktionen ergibt sich mit obigen Koordinaten und Dreiecksfläche:

$$N_1(x,y) = \frac{1}{2\lambda} \cdot ((L-x) \cdot y_3 + (x_3 - L) \cdot y)$$

$$N_2(x,y) = \frac{1}{2\lambda} \cdot (x \cdot y_3 - y \cdot x_3)$$

$$N_3(x,y) = \frac{1}{2\lambda} \cdot L \cdot y .$$

Das Integrationsgebiet zur Berechnung der Knotenersatzlasten ist die Strecke von Knoten 1 nach Knoten 2. Dort ist aber $y = 0$. Wir können daher vereinfachen zu

$$N_1(x,0) = \frac{1}{2\lambda}\cdot(L-x)\cdot y_3 \quad , \quad N_2(x,0) = \frac{1}{2\lambda}\cdot y_3\cdot x \quad , \quad N_3(x,0) = 0 \quad .$$

Um $\vec{p}_e$ über (6.127) zu erhalten, berechnen wir zunächst den Integranden $\vec{p}^T\cdot N$:

$$\vec{p}^T\cdot N = \left[\frac{p_{x2}-p_{x1}}{2}\cdot x + p_{x1} \, , \, \frac{p_{y2}-p_{y1}}{2}\cdot x + p_{y2}\right]\cdot\begin{bmatrix} N_1 & 0 & N_2 & 0 & N_3 & 0 \\ 0 & N_1 & 0 & N_2 & 0 & N_3 \end{bmatrix}$$

$$= \left[p_x(x)\cdot\frac{L-x}{L} \, , \, p_y(x)\cdot\frac{L-x}{L} \, , \, p_x(x)\cdot\frac{x}{L} \, , \, p_y(x)\cdot\frac{x}{L} \, , \, 0 \, , \, 0\right] \quad .$$

Wir berechnen die Ersatzkräfte:

$$\vec{p}_e^T = \int_{O_e} \vec{p}^T\cdot N \, dO = h\cdot\int_0^L \vec{p}^T\cdot N \, dx$$

$$= \frac{h\cdot L}{6}\cdot\left[2p_{x1} + p_{x2} \, , \, 2p_{y1} + p_{y2} \, , \, p_{x1} + 2p_{x2} \, , \, p_{y1} + 2p_{y2} \, , \, 0 \, , \, 0\right] .$$

Bei allgemeiner Lage des Dreiecks, d.h. der Kante von Knoten 1 nach 2 müssen p_{x1}, p_{y1}, p_{x2}, p_{y2} entsprechend der Neigung dieser Kante analog Beispiel 6.10 transformiert werden.

Das Ergebnis zeigt, daß nur in den Knoten 1 und 2 Ersatzlasten, aber nicht in Knoten 3, genommen werden müssen.

Nehmen wir beispielsweise eine konstante senkrecht auf die Kante wirkende Streckenlast an, d. h. $p_{x1} = p_{x2} = 0$ und $p_{y1} = p_{y2} = p_0$,

$$\vec{p}(x) = \begin{bmatrix} 0 \\ p_0 \end{bmatrix} \quad , \quad 0 \leq x \leq L$$

lauten die Ersatzkräfte in den Knoten

$$\vec{p}_e^T = \Big[\underbrace{0 \, , \, \frac{p_0}{2}\cdot h\cdot L}_{\text{Knoten 1}} \, , \, \underbrace{0 \, , \, \frac{p_0}{2}\cdot h\cdot L}_{\text{Knoten 2}} \, , \, \underbrace{0 \, , \, 0}_{\text{Knoten 3}}\Big] \quad .$$

●

6.2.5 *Auswahlkriterien für Verschiebungsansätze*

Für die Verschiebungsansätze der behandelten Elementtypen sind durchweg Polynomansätze verwendet worden. Es sind andere Ansatzfunktionen möglich, auf die hier nicht eingegangen werden kann. Die Entwicklung der ES-Matrizen über die Polynomansätze ließ nicht erkennen, ob in der Wahl des Polynomansatzes Beschränkungen notwendig sind. In den folgenden Abschnitten werden einige Forderungen erläutert.

① *Stetigkeitsforderungen*

Geometrisch verträgliche Verschiebungen sind nur möglich, wenn die Verschiebungsansätze innerhalb der Elementfläche stetig sind. Aus dem gleichen Grund muß Stetigkeit an den Elementrändern beim Übergang von einem Element zum benachbarten gefordert werden. Elementansätze mit dieser Eigenschaft heißen *konform*.

Unter mathematischen Gesichtspunkten, bezogen auf die totale potentielle Energie Π , ergeben sich schärfere Bedingungen. Im allgemeinsten Fall ist Π ein Funktional, das von den Verschiebungskomponenten u , v und w abhängt, wobei partielle Ableitungen dieser Größen bis zur Ordnung n vorkommen können:

$$\Pi = \int_V F(u,v,w, \ldots , \frac{\partial^n u}{\partial x^n}, \ldots) \, dV + \ldots \quad .$$

Man muß dann die Stetigkeit der in das Funktional einzusetzenden Verschiebungsansätze bis zum Grad n-1 fordern, um die Existenz des Integrals zu sichern.

● Beispiel 6.12: *Beim Stabelement und ebenen Scheibendreieck ist die Stetigkeit innerhalb des Elements und an den Elementrändern dadurch gesichert, daß erstens die Verschiebungen der Elemente in gemeinsamen Knoten gleich ist und zweitens die Verschiebungsansätze linear sind. Die beiden Bilder zeigen dies, wobei für das Scheibendreieck nur der Verschiebungsanteil u dargestellt wird.*

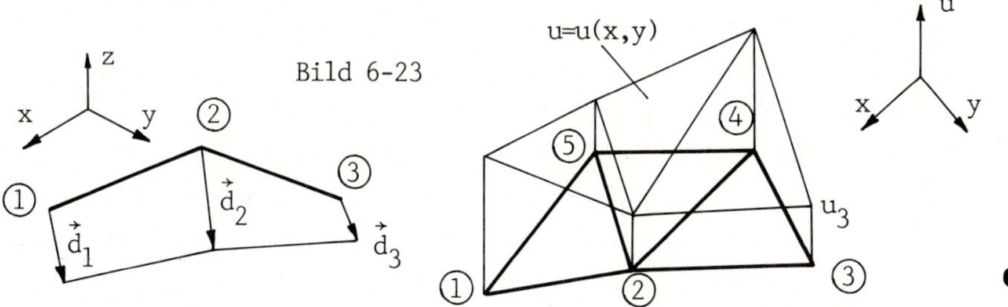

Bild 6-23 ●

Beim Balkenelement aus Beispiel 6.6 muß die Stetigkeit für w(x) und w'(x) gefordert werden. Dies ist notwendig einmal, weil w''(x) im Funktional für die totale potentielle Energie vorkommt und andererseits $\phi = w'(x)$ eine in der ES-Beziehung auftretende Verschiebungsgröße (Verdrehung) ist.

② *Starrkörperbewegungen*

Eine Starrkörperbewegung des Bauteils bzw. eines Elements darf keine Verzerrungen innerhalb des Elements hervorrufen, d.h. keine Spannungen im Element erzeugen. Der Verschiebungsansatz muß also so gewählt werden, daß diese Forderung erfüllt ist.

● Beispiel 6.13: *Das Scheibendreieck aus Abschnitt 6.2.2 erfüllt diese Forderung. Wir prüfen dies am Beispiel der Parallelverschiebung eines Elements. In (6.92) werden die Verzerrungen über die Formfunktionen des Verschiebungsansatzes ausgedrückt, z.B. entnehmen wir*

$$\varepsilon_{xx} = \frac{1}{2\lambda}\cdot\left((y_2-y_3)\cdot u_1 + (y_3-y_1)\cdot u_2 + (y_1-y_2)\cdot u_3 \right) \quad .$$

Bei einer Parallelverschiebung ist $u_1 = u_2 = u_3$. Oben eingesetzt folgt hieraus sofort $\varepsilon_{xx} = 0$. Genauso werden ε_{yy} und γ_{xy} zu Null. Auch bei Rotation des Dreiecks um einen Knotenpunkt entstehen keine Verzerrungen. Beim Nachweis mit den Drehgleichungen für die Ebene ist zu beachten, daß innerhalb der linearen Elastizitätstheorie kleine Drehwinkel ϕ berücksichtigt werden, so daß man mit $\cos\phi \cong 1$ und $\sin\phi \cong \phi$ zum Ziel kommt. ●

③ *Konstanter Verzerrungszustand*

Es ist wünschenswert, mit dem Verschiebungsansatz im Element speziell auch einen konstanten Verzerrungszustand darstellen zu können. Bei fortschreitender Verfeinerung der FE-Struktur des Bauteils werden die Elementabmessungen so klein, daß innerhalb des Elements ein konstanter Verzerrungszustand angenommen werden kann. Der Verschiebungsansatz muß daher Anteile enthalten, die einen konstanten Verzerrungszustand beschreiben.

④ *Geometrische Isotropie*

Die Ansatzfunktionen sollten so gewählt werden, daß bei unterschiedlicher Wahl des Koordinatensystems Potenzen des Polynoms nicht verschwinden bzw. andere Potenzen sich neu bilden. Das würde bedeuten, daß in verschiedenen Koordinatensystemen auch verschiedene Näherungen für den Verschiebungszustand erzeugt werden. Diese Forderung nach koordinateninvariantem Verhalten wird geometrische Isotropie genannt. Geometrische Isotropie kann erreicht werden, wenn die Polynomansätze vollständig bzw. symmetrisch gewählt werden. Für den zweidimensionalen Fall ergibt sich über das Pascal' sche Dreieck eine symmetrische Anordnung der Potenzen:

$$
\begin{array}{ccccccc}
 & & & 1 & & & \\
 & & x & & y & & \\
 & x^2 & & xy & & y^2 & \\
x^3 & & x^2y & & xy^2 & & y^3 \\
 & & & \vdots & & &
\end{array}
$$

.

Der Ansatz

$$u(x,y) = a_0 + a_1x + a_2y + a_3x^2 + a_4xy + a_5y^2 \quad ,$$

$$v(x,y) = b_0 + b_1x + b_2y + b_3y^2 + b_4xy + b_5y^2$$

ist ein vollständiger Polynomansatz 2. Grades, der Ansatz

$$u(x,y) = a_0 + a_1x + a_2y + a_4xy \quad ,$$

$$v(x,y) = b_0 + b_1x + b_2y + b_4xy$$

ist ein unvollständiger, aber symmetrischer Ansatz.

Die Flexibilität des Verschiebungsansatzes nimmt mit steigender Anzahl der Potenzen zu. Dies erfordert eine entsprechend erhöhte Anzahl von Knoten bzw. Freiheitsgraden pro Knoten.

● Beispiel 6.14: *Der lineare Ansatz für das ebene Scheibendreieck soll flexibler werden. Zu diesem Zweck wählen wir zusätzlich 3 Knoten auf dem Elementrand. Bei je 2 Freiheitsgraden pro Knoten, also insgesamt 12 Freiheitsgraden, benötigen wir 12 unbekannte Koeffizienten im Verschiebungsansatz. Wir wählen einen vollständigen Verschiebungsansatz:*

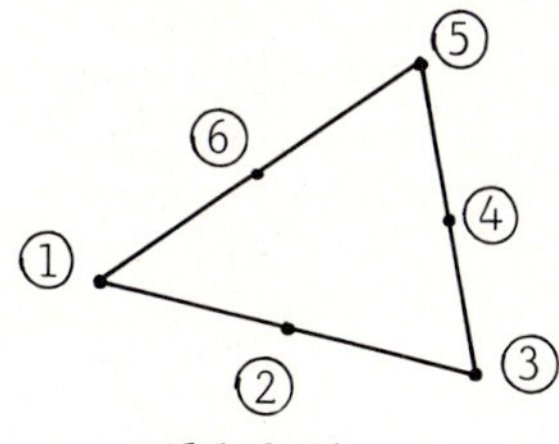

Bild 6-24

$$u(x,y) = a_0 + a_1x + a_2y + a_3x^2 + a_4xy + a_5y^2 \quad ,$$

$$v(x,y) = b_0 + b_1x + b_2y + b_3x^2 + b_4xy + b_5y^2 \quad .$$

●

VERZEICHNIS DER BEISPIELE

VERWENDETE FORMELZEICHEN

$\vec{a}\ ,\ \vec{x}\ ,\ \vec{F}$	Vektoren
$\vec{a} = \begin{bmatrix} a_1 \\ a_2 \\ a_3 \end{bmatrix}$	Vektor $\vec{a}$ in Komponenten als Spaltenvektor
$\vec{a}^T = \begin{bmatrix} a_1\ ,\ a_2\ ,\ a_3 \end{bmatrix}$	Vektor $\vec{a}$ transponiert, Zeilenvektor
$\vec{F}\ ,\ \vec{G}\ ,\ \vec{p}\ ,\ \vec{q}$	Kräfte
$\vec{F} = \begin{bmatrix} X \\ Y \\ Z \end{bmatrix}$	Kraft $\vec{F}$ in Komponenten
$\vec{M} = \begin{bmatrix} M_x \\ M_y \\ M_z \end{bmatrix}$	Momentenvektor
$\vec{s} = \begin{bmatrix} s_x(x,y,z) \\ s_y(x,y,z) \\ s_z(x,y,z) \end{bmatrix}$	allgemeiner Spannungsvektor eines Spannungsfeldes
$\sigma_{xx}\ ,\ \sigma_{yy}\ ,\ \sigma_{zz}$	Normalspannungen
$\tau_{xy}\ ,\ \tau_{yz}\ ,\ \tau_{zx}$	Schubspannungen
$\vec{\sigma}^T = \begin{bmatrix} \sigma_{xx}, \sigma_{yy}, \dots , \tau_{zx} \end{bmatrix}$	Spannungsvektor der zusammengefaßten Normal- und Schubspannungen
$\phi(x,y)$	zweidimensionale Spannungsfunktion
$\vec{A} = \begin{bmatrix} A_x \\ A_y \\ A_z \end{bmatrix}$	Auflagerreaktionskraft im Auflager A
$\vec{d}(x,y,z) = \begin{bmatrix} u(x,y,z) \\ v(x,y,z) \\ w(x,y,z) \end{bmatrix}$	allgemeiner Verschiebungsvektor eines Verschiebungsfeldes
$\vec{d}_i = \begin{bmatrix} u_i \\ v_i \\ w_i \end{bmatrix}$	Verschiebungsvektor im Knoten i
$\hat{\vec{d}}_i = \begin{bmatrix} \hat{u}_i \\ \hat{v}_i \\ \hat{w}_i \end{bmatrix}$	Verschiebungsvektor im Knoten i in lokalen Koordinaten
$\varepsilon_{xx}\ ,\ \varepsilon_{yy}\ ,\ \varepsilon_{zz}\ ,\ \gamma_{xy}\ ,\ \gamma_{yz}\ ,\ \gamma_{zx}$	Verzerrungen

$\vec{\varepsilon}^T = [\varepsilon_{xx}, \varepsilon_{yy}, \dots, \gamma_{zx}]$	Verzerrungsvektor der zusammengefaßten Verzerrungen
A , B , S usw.	Matrizen
D	Hooke'sche Matrix
S	Spannungsmatrix
A^{-1}	Kehrmatrix der Matrix A
A^T	zur Matrix A transponierte Matrix
B	Differentialoperatormatrix der Verzerrungen
H	Nachgiebigkeits- oder Flexibilitätsmatrix
K_e	Elementsteifigkeitsmatrix (ES-Matrix) im globalen Koordinatensystem
$\hat{K}_e$	Elementsteifigkeitsmatrix im lokalen Koordinatensystem
K_{ges}	Gesamtsteifigkeitsmatrix (GS-Matrix)
$\vec{G}$	Kräftegruppe an mehreren oder allen Knoten eines Bauteils
$\vec{w}$	Verschiebungen mehrerer oder aller Knoten eines Bauteils
$\vec{w}_e$	Verschiebungen der Knoten eines Elements
E	Elastizitätsmodul
ν	Querkontraktion
G	Gleitmodul
I	Trägheitsmoment
U	innere Energie
W	Potential der äußeren Kräfte
Π	totale potentielle Energie
$N_i(x,y,z)$	Formfunktionen des Verschiebungsansatzes für ein Element
N	Matrix der Formfunktionen
h	Scheibendicke bei ebenen Elementen

dx	Differential
ds	Bogenelement
$\frac{\partial u}{\partial x}$	partielle Ableitung
$\frac{\partial f}{\partial \vec{x}}$	Gradient der Funktion $y = f(\vec{x})$
δu	Variation der Größe u (virtuelle Verschiebung)
δI	1. Variation des Funktionals I
$\delta^2 I$	2. Variation des Funktionals I
$\delta \Pi$	Variation der totalen potentiellen Energie
n	Anzahl der Knoten einer Struktur
f	Anzahl Freiheitsgrade pro Knoten
s	Anzahl der Elemente einer Struktur
k	Anzahl Knoten pro Element
G	zweidimensionales Gebiet
C	Randkurve eines Gebietes
O	Oberflächengebiet
$\vec{n} = \begin{bmatrix} \cos\alpha \\ \cos\beta \\ \cos\gamma \end{bmatrix}$	Einheitsnormalenvektor einer Oberfläche O
V	Volumenintegrationsgebiet
R_a	Rand (Oberflächengebiet) mit Sollverschiebungen (Auflager)
R_b	Rand (Oberflächengebiet) mit äußeren Lasten
$\vec{R}(x,y,z)$	Vektor der Potenzen eines Verschiebungsansatzes
$\vec{\alpha}$	Vektor der Koeffizienten eines Verschiebungsansatzes

LITERATUR

Cheung,Y.K., Yeo,M.F.: A practical introduction to Finite Element Analysis, Pitman 1979

Dankert,J.: Numerische Methoden der Mechanik, Springer 1977

Eschenauer,H., Schnell,W.: Elastizitätstheorie I, Bibliographisches Institut 1981

Gallagher,R.H.: Finite-Element-Analysis, Springer 1976

Hahn,H.G.: Methode der finiten Elemente in der Festigkeitslehre, Akademische Verlagsgesellschaft 1975

Huston,R.L., Passerello,C.E.: Finite Element Methods. An Introduction, Marcel Dekker 1984

Lawo,M., Thierauf,G.: Stabtragwerke. Matrizenmethoden der Statik und Dynamik. Teil I: Statik, Vieweg 1980

Lehmann,T.: Elemente der Mechanik I: Einführung, Elemente der Mechanik II: Elastostatik, Vieweg 1984, 1975

Link,M.: Finite Elemente in der Statik und Dynamik, Teubner Stuttgart 1984

Marsal,D.: Die numerische Lösung partieller Differentialgleichungen, Bibliographisches Institut 1976

Pestel,E., Wittenburg,J.: Technische Mechanik, Band 2: Festigkeitslehre, Bibliographisches Institut 1981

Reckling,K.-A.: Mechanik II. Festigkeitslehre, Vieweg 1974

Robinson,J.: Understanding Finite Element Stress Analysis, Robinson and Associates 1981

Schwarz,H.-R.: Methode der finiten Elemente, Teubner Stuttgart 1984

Schwarz,H.-R.: FORTRAN-Programme zur Methode der finiten Elemente, Teubner Stuttgart 1981

Segerlind,L.J.: Applied Finite Element Analysis, John Wiley & Sons 1976

Szilard,R.: Finite Berechnungsmethoden der Strukturmechanik. Band 1: Stabwerke, Wilhelm Ernst & Sohn 1982

Törnig, W.: Numerische Mathematik für Ingenieure und Physiker. Band 1 und 2, Springer 1979

Washizu, K.: Variational Methods in Elasticity and Plasticity, Pergamon Press 1975

SACHVERZEICHNIS

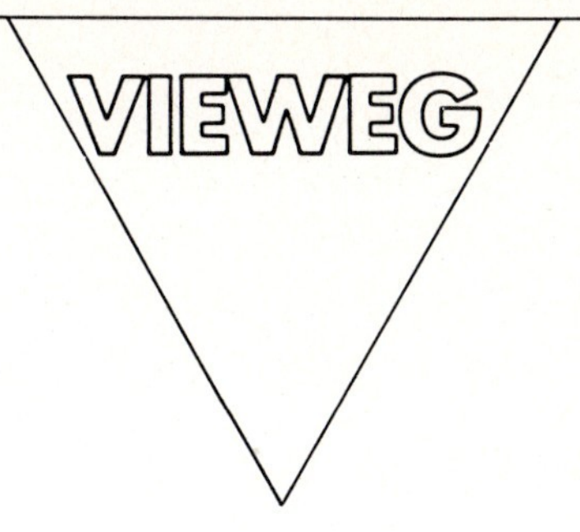

Wilfried Gawehn

FORTRAN IV/77-Programm zur Finite-Elemente-Methode

Ein EFM-Programm für die Elemente Stab, Balken und Scheibendreieck. 1985. VI, 132 S. mit 22 Abb. und 15 Beispielen. 16,2 X 22,9 cm. Kart.

Inhalt: Lokale und globale Elementsteifigkeitsmatrizen – Beschreibung der Eingabestruktur für das Programm – Beschreibung der Unterprogramme, Programmlisting – Beispiele.

Dieses Buch ermöglicht den Einstieg in die Programmierung der FEM. Das dargestellte Programm ist hinsichtlich der Strukturdaten leicht handhabbar und wegen der ausführlichen Programmbeschreibung leicht zu ändern bzw. zu erweitern.

Theodor Lehmann

Elemente der Mechanik

Band 2: Elastostatik

2., durchges. Aufl. 1984. 355 S. mit 210 Abb. 15,5 X 22,6 cm. (Studienbücher Naturwissenschaft und Technik, Bd. 15.) Pb.

Inhalt: Allgemeine Grundlagen der Mechanik deformierbarer Körper – Materialgesetz für elastische Körper – Stab-Biegung mit Normal- und Querkraft – Torsion prismatischer Stäbe – Eben gekrümmte Stäbe (Bogen) – Energiebetrachtungen in der linearen Elasto-Statik – Stabilitätsprobleme der Elasto-Statik – Statik der Seile – Einfache rotationssymmetrische Probleme der linearen Elasto-Statik – Zweidimensionale ebene Probleme der linearen Elasto-Statik – Elasto-Statik der Scheiben, Platten und Schalen – Elemente der theoretischen Beschreibung des inelastischen Werkstoffverhaltens.

Das Buch vermittelt dem Studenten des Maschinenbaus und des Bauingenieurwesens eine sorgfältige Einführung in die Elastostatik, die auch als Grundlage für ein vertieftes Studium dienen kann, ergänzt durch eine Einführung in das inelastische Verhalten von Werkstoffen.

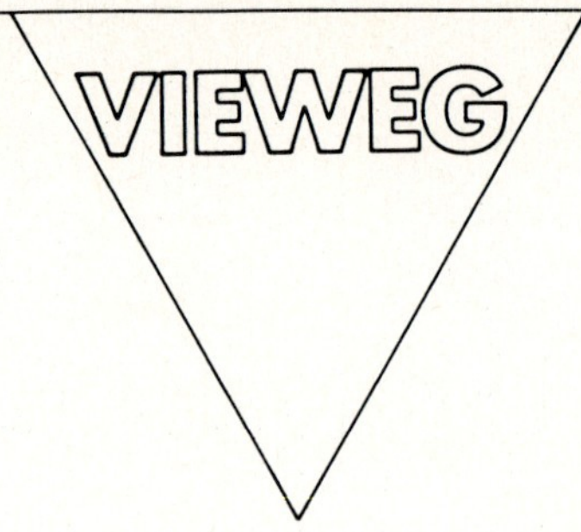
VIEWEG